T0268248

# Una red viva

David Eagleman

# Una red viva

La historia interna de nuestro cerebro
en cambio permanente

Traducción de Damià Alou

EDITORIAL ANAGRAMA
BARCELONA

*Título de la edición original*:
Livewired
Pantheon Books
Nueva York, 2020

*Ilustración*: © lookatcia

*Primera edición*: *enero 2024*

Diseño de la colección: Julio Vivas y Estudio A

© De la traducción, Damià Alou, 2024

© David Eagleman, 2020

© EDITORIAL ANAGRAMA, S. A., 2024
   Pau Claris, 172
   08037 Barcelona

ISBN: 978-84-339-2194-9
Depósito Legal: B. 17600-2023

Printed in Spain

Liberdúplex, S. L. U., ctra. BV 2249, km 7,4 - Polígono Torrentfondo
08791 Sant Llorenç d'Hortons

Todo hombre nace como muchos hombres
y muere como uno solo.

MARTIN HEIDEGGER

# 1. EL TEJIDO VIVO Y ELÉCTRICO

Imagine lo siguiente: en lugar de enviar un vehículo de exploración de doscientos kilos a Marte, mandamos al planeta una sola esfera que cabe en el extremo de una aguja. La esfera, utilizando energía de las fuentes que la rodean, se divide en un ejército diversificado de esferas parecidas. Las esferas se unen entre sí y de ellas comienzan a brotar diversos accesorios: ruedas, lentes, sensores de temperatura y un completo sistema de dirección interno. Se quedaría atónito al ver cómo se va formando ese sistema.

Sin embargo, solo hay que ir a cualquier guardería para encontrarnos con algo parecido. Allí podrá observar a niños pequeños que lloran y que comenzaron siendo apenas un solo óvulo microscópico fertilizado; ahora, en cambio, se están desarrollando para convertirse en seres humanos enormes, repletos de detectores de fotones, apéndices multiarticulados, sensores de presión, bombas de sangre y una maquinaria para metabolizar la energía de todo cuanto les rodea.

Y ni siquiera es esta la mejor parte de los humanos: hay algo mucho más sorprendente. Nuestra maquinaria no está completamente preprogramada, sino que descifra el mundo interactuando con él. Nos enfrentamos a tareas diversas y sabemos cómo abordarlas. A medida que vamos creciendo, constantemente re-

9

escribimos nuestros propios circuitos para comprender mejor el lenguaje y las ideas de los que nos rodean.

Nuestra especie ha conquistado con éxito todos los rincones del globo porque representa la expresión superior de un truco que descubrió la Madre Naturaleza: no hay que predeterminar del todo el funcionamiento del cerebro, basta con colocar los componentes básicos y enfrentarlo al mundo. El bebé que llora al final dejará de hacerlo, mirará a su alrededor y asimilará el mundo que lo rodea. Se amoldará al entorno. Se empapará de todo: desde las normas sociales hasta la cultura. Propagará las creencias y los prejuicios de aquellos que lo criaron. Cualquier preciado recuerdo que posea, cualquier lección que aprenda, cualquier mínima información que asimile: todo ello conforma sus circuitos para que desarrolle algo que en ningún momento estuvo predeterminado, sino que refleja el mundo que lo rodea.

Este libro nos mostrará que nuestro cerebro reconfigura sin cesar sus propios circuitos, y lo que eso significa para nuestras vidas y nuestro futuro. Por el camino, numerosas cuestiones iluminarán nuestro relato: ¿por qué la gente de la década de 1980 (y solo la de esa década) veía las páginas de los libros un tanto rosadas? ¿Por qué el mejor arquero del mundo no tiene brazos? ¿Por qué soñamos cada noche, y qué tiene eso que ver con la rotación del planeta? ¿Qué tienen en común dejar la droga y que tu amor te abandone? ¿Por qué el enemigo del recuerdo no es el tiempo, sino otros recuerdos? ¿Cómo puede un ciego aprender a ver con la lengua o un sordo aprender a escuchar con la piel? ¿Algún día podremos ser capaces de leer detalles aproximados de la vida de alguien a partir de la estructura microscópica grabada en su bosque de neuronas?

EL NIÑO CON MEDIO CEREBRO

Mientras Valerie S. se preparaba para ir a trabajar, su hijo Matthew, que tenía tres años, se desplomó en el suelo.[1] No hubo manera de hacerlo volver en sí. Los labios se le volvieron azules.

Presa del pánico, Valerie llamó a su marido. «¿Por qué me llamas a mí?», le gritó él. «¡Llama al médico!»

Después de ir a urgencias, a Matthew le hicieron un seguimiento médico. El pediatra recomendó que le examinaran el corazón. El cardiólogo le colocó un monitor cardíaco, que Matthew desconectaba una y otra vez. Sus visitas no revelaron nada en particular. Lo que había ocurrido aquella mañana había sido un suceso aislado.

O eso pensaban. Un mes más tarde, mientras comían, la cara de Matthew adquirió una extraña expresión. Su mirada se volvió muy intensa, su brazo derecho se quedó rígido y levantado por encima de la cabeza, y estuvo sin reaccionar durante casi un minuto. De nuevo, Valerie lo llevó corriendo al médico; y de nuevo no hubo ningún diagnóstico claro.

Al día siguiente ocurrió lo mismo.

Un neurólogo le conectó a Matthew un gorro de electrodos para medir su actividad cerebral, y en ese momento descubrieron actividad epiléptica. A Matthew le recetaron medicamentos contra los ataques.

La medicación ayudó, pero no por mucho tiempo. Matthew no tardó en sufrir una serie de ataques intratables, separados por un intervalo de una hora al principio, después cuarenta y cinco minutos, y al final apenas treinta, igual que se acorta la duración entre las contracciones de una mujer que está de parto. Al cabo de un tiempo sufría un ataque cada dos minutos. Valerie y su marido, Jim, lo llevaban a toda prisa al hospital cada vez que comenzaba una serie, y se quedaba allí durante días y a veces semanas. Después de repetir esta rutina en diversas ocasiones, esperaban a que sus «contracciones» alcanzaran la marca de veinte minutos, llamaban al hospital antes de ir, se subían al coche y, de camino, le hacían comer algo a Matthew en el McDonald's.

Matthew, mientras tanto, procuraba disfrutar de la vida entre ataque y ataque.

La familia lo ingresaba en el hospital diez veces al año, una rutina que continuó durante tres años. Valerie y Jim comenzaban a lamentar la mala salud de su hijo, no porque fuera a morir, sino porque ya no podía llevar una vida normal. Pasaron por la fase de ira y rechazo. Su idea de la normalidad cambió. Finalmente, después de una estancia de tres semanas en el hospital, los neurólogos tuvieron que reconocer que se trataba de un problema más grave de lo que podían tratar en su hospital.

La familia tomó una ambulancia aérea desde Albuquerque, Nuevo México, donde residían, hasta el hospital Johns Hopkins de Baltimore, Maryland. Fue allí, en la unidad de vigilancia intensiva de pediatría, donde se dieron cuenta de que Matthew padecía la encefalitis de Rasmussen, una enfermedad inflamatoria crónica muy poco corriente. El problema de esta enfermedad es que no solo afecta a una pequeña fracción del cerebro, sino a toda una mitad. Valerie y Jim analizaron sus opciones y se quedaron alarmados al descubrir que solo se conocía un tratamiento para la dolencia de Matthew: una hemisferectomía, o extirpación quirúrgica de la mitad entera del cerebro. «Soy incapaz de repetir lo que los médicos dijeron después de eso», me contó Valerie. «Te desconectas, como si todos los demás hablaran una lengua desconocida.»

Valerie y Jim buscaron otras opciones, pero ninguna dio fruto. Cuando, meses más tarde, Valerie telefoneó al hospital Johns Hopkins para programar la hemisferectomía, el médico le preguntó:

–¿Está usted segura?

–Sí –le contestó ella.

–¿Será capaz de mirarse al espejo cada día y saber que ha elegido la mejor opción?

Valerie y Jim no podían dormir por culpa de esa angustia

atroz. ¿Sobreviviría Matthew a la operación? ¿Se podía vivir sin la mitad del cerebro? Y si se podía, ¿le merecería la pena a Matthew seguir viviendo después de quedar tan mermado?

Pero no había más opciones. No podía llevar una vida normal con la amenaza de múltiples ataques cada día. No tuvieron más remedio que sopesar si las evidentes desventajas que afectarían a Matthew compensaban el incierto resultado quirúrgico.

Volaron los tres al hospital de Baltimore, y, bajo una pequeña máscara de tamaño infantil, Matthew fue sucumbiendo a la anestesia. Un bisturí abrió meticulosamente una rendija en su cráneo afeitado. Un taladro óseo le práctico un agujero en el cráneo.

Durante varias horas, el cirujano operó con paciencia hasta extirpar la mitad del delicado material rosáceo que constituye la base del intelecto, la emoción, el lenguaje, el sentido del humor, los miedos y los amores de Matthew. El tejido cerebral extraído, inútil fuera de su medio biológico, quedó almacenado en unos pequeños recipientes. La mitad vacía del cráneo de Matthew se

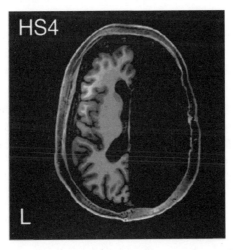

En una hemisferectomía, se extirpa quirúrgicamente la mitad del cerebro.

13

llenó lentamente de líquido cefalorraquídeo, y en las imágenes cerebrales aparecía como un vacío negro.[2]

En la sala de recuperación, sus padres bebían el café del hospital y esperaban a que Matthew abriera los ojos. ¿Cómo sería su hijo ahora? ¿Quién sería con medio cerebro?

De todos los objetos que nuestra especie ha descubierto en el planeta, ninguno rivaliza con la complejidad de nuestro cerebro. El cerebro humano está formado por 86 mil millones de células llamadas neuronas: células que transmiten rápidamente información en forma de picos de voltaje que se desplazan.[3] Las neuronas están intensamente interconectadas; forman redes complejas que son como bosques, y el número total de conexiones entre las neuronas de su cabeza es del orden de centenares de billones (unos 0,2 trillones). Para calibrarlo, considere lo siguiente: hay veinte veces más conexiones en un milímetro cúbico de tejido cortical que seres humanos en todo el planeta.

De todas formas, la razón por la que el cerebro es tan interesante no es el número de partes que lo conforman, sino la manera en que estas partes interactúan.

En los libros de texto, en los anuncios en los medios de comunicación y en la cultura popular, el cerebro suele retratarse como un órgano con diferentes regiones dedicadas a tareas específicas. Esta área de aquí es para la vista, esa zona de allí es necesaria para saber cómo utilizar herramientas, esa región se activa cuando nos resistimos a tomar un caramelo, y esa franja se ilumina cuando nos enfrentamos a un dilema moral. Todas las zonas pueden clasificarse y categorizarse de manera nítida.

Pero este modelo de manual es inadecuado, pues pasa por alto la parte más interesante de la historia. El cerebro es un sistema dinámico que altera constantemente sus propios circuitos de manera acorde con las exigencias del entorno y las capacidades del cuerpo. Si dispusiéramos de una cámara de vídeo mágica con la que se pudiera hacer un zoom y acercarse al cosmos microscópico que hay en el interior del cráneo, observaríamos el desplegarse de las extensiones tentaculares de los neuronas, cómo tientan, chocan unas con otras, buscan las conexiones adecuadas para formar un circuito o abandonarlo, igual que cuando los ciudadanos de un país crean amistades, matrimonios, vecindades, partidos políticos, vendettas y redes sociales. Hay que considerar que el cerebro es una comunidad viva de billones de organismos que se entrelazan. El cerebro es mucho más extraño que lo que describen los manuales: se trata de un material computacional de tipo críptico, una tela viva tridimensional que se desplaza, reacciona y se adapta para maximizar su eficiencia. La elaborada estructura de conexiones del cerebro –sus circuitos– está llena de vida: las conexiones entre las neuronas florecen sin cesar, mueren y se reconfiguran. Es usted una persona distinta a la que era el año pasado, porque el descomunal tapiz de su cerebro ha creado algo nuevo.

Cuando aprende algo –la localización de un restaurante de primera categoría, algún chismorreo sobre su jefe, el nombre de alguna nueva canción adictiva por la radio–, su cerebro cambia físicamente. Lo mismo ocurre cuando experimenta un éxito económico, un fiasco social o mantiene una conversación emotiva. Cuando intenta encestar la pelota, disiente de un colega, vuela a una ciudad desconocida, contempla con nostalgia una foto o escucha el tono melifluo de una voz querida, las inmensas junglas que se entrelazan en su cerebro evolucionan hacia algo un tanto distinto de lo que eran un momento antes. Entre otras cosas, esos cambios se añaden a nuestros recuerdos: el resultado de nuestro vivir y amar. Los innumerables cambios del cerebro se acumulan a lo largo de minutos, meses y décadas y acaban conformando lo que denominamos el yo.

O al menos el yo en este momento. Ayer era un tanto distinto. Y mañana será otra persona.

En 1953, Francis Crick irrumpió en el pub The Eagle. Anunció ante los estupefactos bebedores que él y James Watson acababan de descubrir el secreto de la vida: habían descifrado la estructura de doble hélice del ADN. Fue uno de los grandes momentos de la ciencia divulgados en un pub.

Pero resulta que Crick y Watson solo habían descubierto *la mitad* del secreto. La otra mitad no la encontrará escrita en una secuencia de pares de bases de ADN, ni tampoco en un libro de texto. Ni ahora ni nunca.

Porque la otra mitad está a su alrededor. La forman todas las experiencias de sus interactuaciones con el mundo: las texturas y los sabores, las caricias y los accidentes de coche, los idiomas y las historias de amor.[4]

Para comprenderlo, imagine que nació hace treinta mil años. Tiene exactamente el mismo ADN, pero al salir del seno materno se encuentra con un periodo temporal distinto. ¿Cómo sería, entonces? ¿Disfrutaría bailando vestido con pieles alrededor del fuego mientras contempla maravillado las estrellas? ¿Sería el encargado de advertir con un grito desde la copa de un árbol cuándo se acercan los tigres dientes de sable? ¿Le daría miedo dormir al aire libre cuando se forman nubes de tormenta?

Piense lo que piense, se equivoca. Es una cuestión peliaguda.

Porque usted no sería usted. Ni de lejos. Ese hombre de las cavernas con un ADN idéntico al suyo podría parecerse un poco a usted, pues posee el mismo recetario genómico. Pero el hombre de las cavernas no pensaría como usted. Tampoco crearía estrategias, imaginaría, amaría o simularía el pasado y el futuro como hace usted.

¿Por qué? Porque las experiencias del hombre de las cavernas son diferentes de las suyas. Aunque el ADN es una parte de la historia de su vida, no es más que una pequeña parte. El resto de la historia tiene que ver con la riqueza de los detalles de sus experiencias y su entorno, que, en su conjunto, tejen el vasto y microscópico tapiz de sus neuronas y sus conexiones. Eso que consideramos el «yo» es un recipiente de experiencias en el que vertimos una pequeña muestra del espacio y el tiempo. Se empapa de su cultura y tecnología local a través de sus sentidos. La persona que es usted debe tanto a su entorno como al ADN que lleva en su interior.

Contrastemos esta historia con un varano de Komodo nacido hoy y otro nacido hace treinta mil años. Es de suponer que sería más difícil distinguirlos por su comportamiento.

¿Cuál es la diferencia?

Los varanos de Komodo llegan al mundo con un cerebro que cada vez presenta más o menos el mismo resultado. Las habilidades de su currículum están en su mayor parte programadas (*¡come! ¡copula! ¡nada!*), y le permiten ocupar un nicho estable en el ecosistema. Pero son trabajadores inflexibles. Si los transportáramos por el aire desde su hogar en el sureste asiático hasta el nevado Canadá, no tardarían en extinguirse.

En comparación, los humanos son capaces de prosperar en ecosistemas de toda la Tierra, y no tardarán en salir de su propio planeta. ¿Cuál es el truco? No es que seamos más robustos, más resistentes ni más duros que otras criaturas: con esos parámetros, perderíamos contra casi todos los demás animales. Por el contrario, la diferencia es que llegamos al mundo con un cerebro en gran medida incompleto, a resultas de lo cual en nuestra infancia pasamos por un periodo de desamparo extraordinariamente largo. Pero el precio vale la pena, porque nuestro cerebro invita al mundo a modelarlo, y así es cómo asimilamos ávidamente nuestras lenguas, culturas, modas, política, religiones y moralidades locales.

Llegar al mundo con un cerebro a medio formar ha resultado ser una estrategia ganadora para los humanos. Hemos superado a todas las demás especies del planeta, y hemos cubierto la masa terrestre, conquistado los mares y dado el salto a la Luna. Hemos triplicado nuestra esperanza de vida. Componemos sinfonías,

17

levantamos rascacielos y medimos con creciente precisión los detalles de nuestro cerebro. Ninguna de estas empresas estaba genéticamente codificada.

Al menos, no de manera directa. Por el contrario, nuestra genética obedece a un principio sencillo: «No construyas un hardware inflexible, sino un sistema que se adapte al mundo que te rodea». Nuestro ADN no consiste en un plano fijo para construir un organismo, sino que más bien elabora un sistema dinámico que continuamente reescribe sus circuitos para reflejar el mundo que lo rodea... y para optimizar su eficacia dentro de él.

Pensemos en cómo un escolar contempla un globo terráqueo y asume que las fronteras de los países son algo esencial e inmutable. Por el contrario, un historiador profesional sabe que las fronteras son fruto de la casualidad, y que nuestra historia podría haber tenido lugar con ligeras variaciones: un futuro rey muere en la infancia, se evita una plaga del maíz o se hunde un barco de guerra y el resultado de la batalla es distinto. Pequeños cambios acaban produciendo diferentes mapas del mundo.

Lo mismo ocurre con el cerebro. Aunque los dibujos de los libros de texto tradicionales sugieren que las neuronas están felizmente empaquetadas unas junto a otras igual que caramelos en un tarro, no deje que esta representación le engañe: las neuronas compiten por su supervivencia. Igual que las naciones vecinas, las neuronas marcan su territorio y lo defienden de manera constante. Luchan por el territorio y la supervivencia a todos los niveles del sistema: cada neurona y cada conexión entre las neuronas se enfrenta por los recursos disponibles. Mientras libran estas guerras de frontera durante toda la vida del cerebro, los mapas se redibujan para que las experiencias y objetivos de una persona se reflejen siempre en la estructura cerebral. Si un contable abandona su carrera para hacerse violinista, el territorio neuronal dedicado a los dedos de la mano izquierda se expandirá; si esa persona se hace

18

microscopista, su corteza visual desarrollará una resolución mayor para los pequeños detalles que busca; si se hace perfumista, las zonas cerebrales asignadas al olor se agrandarán.

Solo desde esta distancia desapasionada el cerebro provoca la ilusión de un globo terráqueo de fronteras definitivas y predestinadas.

El cerebro distribuye sus recursos según lo que es importante, y para hacerlo lleva a cabo una competición a vida o muerte entre todas las partes que lo componen. Este principio básico iluminará diversas cuestiones con las que nos encontraremos en breve: ¿por qué a veces tiene la impresión de que el móvil le está vibrando en el bolsillo cuando en realidad está sobre la mesa? ¿Por qué el actor austríaco Arnold Schwarzenegger tiene un acento tan marcado cuando habla inglés americano, mientras que Mila Kunis, la actriz nacida en Ucrania, no tiene ninguno? ¿Por qué un niño con el síndrome del sabio autista es capaz de resolver el cubo de Rubik en cuarenta y nueve segundos y es incapaz de mantener una conversación normal con un semejante? ¿Pueden los humanos utilizar la tecnología para construir nuevos sentidos y obtener así una percepción directa de la luz infrarroja, los patrones del clima global o flujos de datos del mercado de valores?

SI LE FALTA LA HERRAMIENTA, CRÉELA

A finales de 1945, Tokio se encontraba en un aprieto. Durante el periodo que abarcaba la guerra ruso-japonesa y las dos guerras mundiales, Tokio había dedicado cuarenta años de recursos intelectuales al pensamiento militar, con lo que la nación estaba equipada con talentos que solo servían para una cosa: para más guerra. Pero las bombas atómicas y la fatiga de combate habían reducido su espíritu de conquista en Asia y el Pacífico. La guerra había terminado. El mundo había cambiado, y Japón iba a tener que cambiar con él.

El cambio suscitaba una difícil pregunta: ¿qué harían con el enorme número de ingenieros militares que, desde el amanecer del siglo, había sido adiestrado para producir un armamento cada vez mejor? Estos ingenieros no encajaban con el recién descubierto deseo de tranquilidad de los japoneses.

O eso parecía. Pero durante los años siguientes, Tokio transformó su paisaje social y económico asignando nuevas tareas a sus ingenieros. A unos cuantos miles se les encargó la construcción del tren bala de alta velocidad conocido como el Shinkansen.[5] Los que anteriormente habían diseñado aviones aerodinámicos ahora creaban vagones de tren aerodinámicos. Los que habían trabajado en el caza Mitsubishi Zero ahora ideaban ruedas, ejes y un sistema de rieles para que el tren bala pudiera funcionar de manera segura a altas velocidades.

Tokio adaptó sus recursos para que encajaran con el mundo exterior. Convirtió sus espadas en arados. Transformó su maquinaria para adaptarla a las exigencias del presente.

Tokio hizo lo que hacen los cerebros.

El cerebro periódicamente se adapta para reflejar sus retos y objetivos. Moldea sus recursos para adaptarse a lo que requieren las circunstancias. Cuando no posee lo que necesita, lo esculpe.

¿Por qué es esta una buena estrategia para el cerebro? Después de todo, la tecnología construida por los humanos ha tenido un gran éxito, y nosotros utilizamos una estrategia completamente distinta. Construimos dispositivos de hardware fijo con programas de software para conseguir lo que necesitamos. ¿Cuál sería la ventaja de eliminar las distinciones entre esas capas para que la maquinaria pudiera rediseñarse constantemente gracias al funcionamiento del software?

La primera ventaja es la velocidad.[6] Escribe rápidamente en su ordenador portátil porque no tiene que pensar en los detalles de la posición, objetivos y metas de sus dedos: todo ocurre sin que se dé cuenta, como por arte de magia, porque el hecho de teclear está integrado en sus circuitos. Al reconfigurar el cableado neuronal, tareas como esta se automatizan, lo que permite decisiones y acciones rápidas. Millones de años de evolución no presagiaron la llegada del lenguaje escrito, mucho menos del teclado, y sin embargo nuestro cerebro no tuvo ningún problema a la hora de aprovechar estas innovaciones.

Comparémoslo con el hecho de dar con las teclas adecuadas en un instrumento musical que no ha tocado nunca. En el caso de las tareas para las que no está entrenado, confía en el pensamiento consciente, cosa que, en comparación, es bastante lenta. Esta diferencia de velocidad entre el aficionado y el profesional explica por qué un jugador de fútbol aficionado pierde la pelota constantemente, mientras que el profesional lee las señales de su oponente, es habilidoso con las piernas y chuta con una gran precisión. Las acciones inconscientes son más rápidas que la deliberación consciente. El arado ara más deprisa que la espada.

La segunda ventaja de especializar la maquinaria para las tareas importantes es la eficiencia energética. El futbolista novato no entiende cómo encaja todo el movimiento de los jugadores en el campo, mientras que el profesional es capaz de manipular el juego para conseguir marcar un gol. ¿Qué cerebro está más activo? Podría suponer que es el del futbolista que marca muchos goles, porque comprende la estructura del juego y sortea velozmente posibilidades, decisiones y movimientos complejos. Pero se equivocaría. El cerebro de un buen futbolista ha desarrollado un circuito neuronal específico para el fútbol que le permite llevar a cabo sus movimientos con una actividad cerebral sorprendentemente escasa. En cierto sentido, el buen futbolista se ha integrado completamente en el juego. Por el contrario, el cerebro del aficionado bulle de actividad. Intenta averiguar qué movimientos son los más importantes. Baraja múltiples interpretaciones de la situación e intenta determinar cuál es la correcta, si es que hay alguna.

A resultas de integrar el fútbol en el circuito, la actuación del profesional es rápida y eficiente. Ha utilizado su cableado interno para lo que es importante en su mundo exterior.

El concepto de un sistema que se puede transformar mediante acontecimientos externos –mientras mantiene su nueva forma– condujo al psicólogo norteamericano William James a acuñar el término «plasticidad». Un objeto plástico es aquel al que se le puede dar una forma... y la «mantiene». Por eso se le puso ese nombre al material que llamamos plástico: moldeamos cuencos, juguetes y teléfonos, y el material no recupera su forma original. Lo mismo ocurre con el cerebro: la experiencia lo cambia, y conserva ese cambio.

La plasticidad cerebral (también llamada «neuroplasticidad») es el término que utilizamos en la neurociencia. Pero en este libro no lo usaré demasiado, porque tengo la impresión de que a veces no es del todo exacto. Sea de manera intencionada o no, «plasticidad» sugiere que la idea principal consiste en moldear algo y mantenerlo así para siempre: darle forma al juguete de plástico y que nunca más vuelva a cambiar. No es así como funciona el cerebro. Sigue moldeándose durante toda la vida.

Imaginemos una ciudad en desarrollo, y observemos cómo crece, se optimiza y reacciona ante el mundo que la rodea. Observemos dónde construye la ciudad sus áreas de servicio, cómo lleva a cabo sus políticas de inmigración, cómo modifica su educación y sus sistemas legales. Una ciudad siempre fluye. No la diseñan unos urbanistas y luego queda petrificada como una pieza de museo. Está en incesante evolución.

Igual que las ciudades, el cerebro nunca alcanza un punto final. Pasamos la vida convirtiéndonos en algo, aun cuando el objetivo no sea siempre el mismo. Consideremos la sensación de toparse con una entrada de diario que uno escribió hace muchos años. Representa los pensamientos, opiniones y puntos de vista de alguien que es un poco diferente del que es usted ahora, y esa persona a veces puede bordear lo irreconocible. A pesar de que quien lo escribió tenía el mismo nombre y la misma biografía que usted, entre los años en que anotó esas palabras y la interpretación actual el narrador ha cambiado.

La palabra «plástico» se puede estirar para que encaje en esta idea de cambio permanente, y, para no desvincularme de la literatura existente, de vez en cuando utilizaré el término.[7] Pero los días en que el moldeado plástico nos impresionaba puede que ya hayan pasado. Nuestro objetivo consiste en comprender cómo funciona este sistema vivo, y para ello acuñaré el término que recoge mejor ese punto: «livewired».* Como veremos, resulta imposible considerar el cerebro como algo divisible en capas de hardware y software. Por el contrario, necesitaremos la idea de liveware para captar su sistema de búsqueda de información adaptable y dinámica.

Para apreciar la capacidad de un órgano que se autoconfigura, regresemos a la historia de Matthew. Después de extirparle todo un hemisferio del cerebro, era incontinente, no podía hablar ni caminar. Los peores temores de sus padres se habían hecho realidad.

Pero gracias a una terapia física y logopédica diaria, poco a poco consiguió reaprender el lenguaje. Su adquisición seguía las mismas etapas que las de un niño pequeño: primero una palabra, luego dos, después frases breves.

A los tres meses, su desarrollo ya era el correcto: volvía a estar donde debía.

Ahora, muchos años después, Matthew es incapaz de utilizar bien la mano derecha, y cojea un poco.[8] Pero por lo demás lleva una vida normal que prácticamente no delata que haya vivido una aventura tan extraordinaria. Su memoria a largo plazo es excelen-

---

* Al ser un término inventado por el autor a semejanza de software y hardware, que no suelen traducirse habitualmente, he preferido mantener también en castellano la palabra, así como sus derivados *livewired* y *livewiring*. (N. del T.)

te. Fue a la universidad durante tres semestres, pero a causa de las dificultades de tomar notas con la mano derecha, la dejó para trabajar en un restaurante en el que contesta al teléfono, anota los pedidos de los clientes, sirve los platos y es capaz de hacer cualquier tarea que surja. La gente que lo conoce ni sospecha que le falta la mitad del cerebro. Tal como lo expresa Valerie: «Si no lo dijéramos, no lo adivinarían nunca».

¿Cómo es posible que la gente no se dé cuenta de esa importante ausencia neuronal?

El motivo es que el resto del cerebro de Matthew se ha recableado de manera dinámica para asumir las funciones que le faltan. Los planos de su sistema nervioso se adaptan para ocupar un solar más pequeño, abarcando la totalidad de la vida con la mitad de la maquinaria. Si secciona por la mitad el sistema electrónico de su smartphone ya no seguirá funcionando, porque el hardware es frágil. En cambio el liveware perdura.


En 1596, el cartógrafo flamenco Abraham Ortelius examinó un mapa de la Tierra y tuvo una revelación: las dos Américas y África daban la impresión de encajar como piezas de un puzle. El encaje parecía claro, pero no tenía ni idea de qué «las había separado». En 1912, el geofísico alemán Alfred Wagner planteó la idea de la deriva continental: aunque anteriormente se creía que la ubicación de los continentes era inmutable, a lo mejor flotaban como gigantescos nenúfares. La deriva es lenta (los continentes se desplazan a la misma velocidad a la que crecen sus uñas), pero una película del globo rodada durante un millón de años revelaría que las masas terrestres forman parte de un sistema dinámico y fluido que se redistribuye según las reglas del calor y la presión.

Al igual que el globo terráqueo, el cerebro es un sistema dinámico y fluido. Sin embargo, ¿cuáles son sus reglas? El número de artículos científicos sobre la plasticidad cerebral ha aumentado hasta los centenares de miles. Aun así, incluso hoy, mientras observamos este extraño material rosado que se autoconfigura, no existe ningún marco general que nos diga por qué y cómo el cerebro hace lo que hace. Este libro expone ese marco, permitiéndonos comprender mejor quiénes somos, cómo hemos llegado a serlo, y hacia dónde vamos.

En cuanto nos ponemos a pensar en el liveware, las máquinas actuales que funcionan con hardware parecen de lo más inadecuadas para nuestro futuro. Después de todo, en la ingeniería tradicional, todo lo importante se especifica de antemano. Cuando una empresa automovilística rediseña el chasis de un vehículo, pasa meses produciendo el motor para que encaje. Imaginemos que podemos cambiar la carrocería como nos apetezca y dejar que el motor se reconfigure solo para encajar. Como veremos, en cuanto comprendamos los principios del livewiring, podremos aprovechar el genio de la Madre Naturaleza para fabricar nuevas máquinas: dispositivos que determinan dinámicamente sus propios circuitos optimizándose a partir de sus inputs y aprendiendo de la experiencia.

Lo emocionante de la vida no tiene que ver con quiénes somos, sino con aquello en lo que nos estamos convirtiendo. De manera parecida, la magia de nuestro cerebro no reside en sus elementos constituyentes, sino en la manera en que esos elementos se recomponen constantemente para formar un tejido vivo, dinámico y eléctrico.

Con tan solo leer catorce páginas de este libro, su cerebro ya ha cambiado: los símbolos que hay en la página han orquestado millones de diminutos cambios en los vastos mares de sus conexiones neuronales, convirtiéndole en alguien un tanto distinto del que era al principio del capítulo.

## 2. NO HAY MÁS QUE AÑADIR EL MUNDO

CÓMO CRIAR UN BUEN CEREBRO

El cerebro no viene al mundo como una página en blanco. Por el contrario, ya llega equipado con expectativas. Consideremos el nacimiento de un polluelo: momentos después de eclosionar el huevo, se tambalea sobre sus patitas y es capaz de correr y cambiar de dirección torpemente. En su entorno, no puede pasarse meses o años aprendiendo cómo desplazarse.

Los humanos también llegan al mundo con una gran parte programada. Examinemos, por ejemplo, el hecho de que llegamos equipados para asimilar el lenguaje. O el hecho de que los bebés imiten a un adulto cuando este saca la lengua, una proeza que requiere una sofisticada capacidad de traducir la vista en una acción motora.[1] O el hecho de que las fibras de su ojo no necesiten aprender cómo encontrar sus objetivos en el fondo del cerebro; simplemente siguen pistas moleculares y dan con su meta: cada vez. Para toda esta especie de hardware podemos dar gracias a nuestros genes.

No obstante, el hardware genético no lo es todo, especialmente en el caso de los humanos. La organización del sistema es demasiado compleja, y los genes son demasiado pocos. Incluso teniendo en cuenta la segmentación y la fragmentación que producen muchos sabores diferentes del mismo gen, el número de neuronas y sus conexiones superan con mucho el número de combinaciones genéticas.

Sabemos, pues, que en los detalles de las conexiones cerebrales interviene mucho más que la genética. Hace dos siglos, los pensadores comenzaron a sospechar con acierto que los detalles de la experiencia tenían su importancia. En 1815, el fisiólogo Johann Spurzheim propuso que el cerebro, igual que los músculos, podía aumentar mediante el ejercicio: su idea era que la sangre transportaba la nutrición para el crecimiento, y que «la llevaba en más abundancia a las partes que estaban excitadas».[2] En 1874, Charles Darwin se preguntó si esta idea básica podría explicar por qué los conejos que vivían al aire libre tenía un cerebro más grande que los conejos domésticos: sugirió que los conejos de campo se veían más obligados a utilizar su inteligencia y sus sentidos que los domésticos, cosas que redundaban en el tamaño de su cerebro.[3]

En la década de 1960, los investigadores comenzaron a estudiar en serio si el cerebro podía cambiar de un modo mensurable como resultado directo de la experiencia. La manera más simple de examinar la cuestión consistía en criar ratas en entornos distintos: por ejemplo, un entorno más rico con juguetes y ruedas

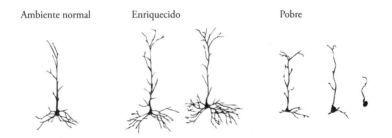

Ambiente normal    Enriquecido    Pobre

Una neurona normal crece como un árbol ramificado, lo que le permite conectarse con otras neuronas. En un entorno enriquecido, las ramas crecen más profusamente. En un entorno más pobre, las ramas se marchitan.

de ejercicio o el entorno más austero de una jaula vacía y solitaria.[4] Los resultados fueron sorprendentes: el entorno transformó la estructura cerebral de las ratas, y la estructura iba en relación con las capacidades memorística y de aprendizaje de los animales. Las ratas criadas en entornos más ricos llevaban a cabo mejor sus tareas posteriores, y durante la autopsia se descubrió que tenían unas dendritas (esas figuras en forma de árbol que brotan de las neuronas) más exuberantes y ramificadas.[5] Por el contrario, las ratas procedentes de un entorno austero aprendían con dificultad y sus neuronas estaban anormalmente encogidas. Se demostró que el mismo efecto del entorno se puede generalizar a pájaros, monos y otros mamíferos.[6] Para el cerebro, el contexto es importante.

¿Ocurre lo mismo con los humanos? A principios de la década de 1990, unos investigadores de California comprendieron que podían utilizar las autopsias para comparar los cerebros de aquellos que habían completado la educación secundaria con aquellos que habían cursado estudios universitarios. De manera análoga a los estudios con animales, descubrieron que el área que interviene en la comprensión del lenguaje contenía dendritas más elaboradas en aquellos que habían recibido educación universitaria.[7]

De manera que la primera lección que tenemos que aprender es que la estructura fina del cerebro refleja el entorno al que se expone. Y no se trata solo de las dendritas. Como veremos en breve, la experiencia con el mundo modula casi todos los detalles mensurables del cerebro, desde la escala molecular a la anatomía cerebral global.

LA EXPERIENCIA ES NECESARIA

¿Por qué Einstein era *Einstein*? Sin duda la genética tuvo algo que ver, pero si permanece en nuestros libros de historia es por todas las experiencias que tuvo: que tocara el violín, el profesor de física que tuvo en su último año del instituto, el rechazo de una chica a la que amaba, la oficina de patentes en la que trabajaba, los problemas de matemáticas por los que fue elogiado, los relatos que leía, y millones de otras experiencias: todo ello conformó su sistema nervioso hasta dar lugar a la maquinaria biológica que distinguimos con el nombre de Albert Einstein. Cada año hay miles de niños que poseen el mismo potencial, pero que se ven expuestos a condiciones culturales o económicas, o a estructuras familiares que no les proporcionan una reacción lo bastante positiva. Y no los llamamos Einstein.

Si el ADN fuera lo único que importara, no habría ninguna razón para crear programas sociales relevantes que aportaran buenas experiencias a los niños y los protegieran de malas experiencias. Para desarrollarse correctamente, el cerebro requiere un tipo de entorno adecuado. Cuando, en el cambio de milenio, se completó el primer borrador del Proyecto del Genoma Humano, una de las grandes sorpresas fue que los humanos solo contaban con veinte mil genes.[8] El número sorprendió a los biólogos: dada la complejidad del cerebro y del cuerpo, habían imaginado que harían falta centenares de miles de genes.

Así pues, ¿cómo es posible que ese cerebro tan tremendamente complicado, con sus ochenta y seis mil millones de neuronas, se pueda construir a partir de un recetario tan simple? La respuesta es que todo pivota sobre una estrategia inteligente que lleva a cabo el genoma: construir de manera incompleta y dejar que la experiencia con el mundo lo refine. Así, cuando nacen los humanos, su cerebro está de lo más inacabado, y la interacción con el mundo es necesaria para completarlo.

Consideremos el ciclo del sueño y la vigilia. Este reloj interno, conocido como ritmo circadiano, funciona más o menos siguiendo un ciclo de veinticuatro horas. Sin embargo, si descendemos a una gruta y pasamos allí varios días —sin ninguna pista que nos indique cuándo hay luz y cuándo oscuridad en la superficie–, el ritmo circadiano acabará oscilando en una horquilla entre las veintiuna y las veintisiete horas. Esto lleva al cerebro a una solución sencilla: construir un reloj no exacto y después calibrarlo con el ciclo solar. Gracias a este elegante truco, no hay necesidad de codificar genéticamente un reloj perfectamente afinado. Es el mundo quien le da cuerda.

La flexibilidad del cerebro permite que los acontecimientos de su vida se inserten directamente en el tejido neuronal. Es un magnífico truco por parte de la Madre Naturaleza, pues le permite al cerebro aprender idiomas, montar en bicicleta y comprender la física cuántica, todo ello a partir de las semillas de un pequeño grupo de genes. Nuestro ADN no es ningún plano; es simplemente la primera ficha de dominó que hace mover todas las demás.

Desde este punto de vista, es fácil comprender por qué algunos de los problemas más corrientes de la vista –tales como la incapacidad de ver la profundidad correctamente– surgen de desequilibrios en el patrón de actividad que los dos ojos transmiten a la corteza visual. Por ejemplo, cuando un niño nace bizco o estrábico, la actividad de los dos ojos no está bien correlacionada (cosa que sí ocurriría si tuviera los ojos bien alineados). Si el problema no se aborda, el niño no desarrollará una visión estereoscópica normal: es decir, la capacidad de determinar la profundidad a partir de las pequeñas diferencias entre lo que ven los dos ojos. Uno de los dos ojos se irá debilitando progresivamente, a menudo hasta alcanzar la ceguera. Volveremos a ello más adelante para comprender por qué, y cómo se puede remediar. Por el momento, lo más importante es que el desarrollo de los circuitos de la visión normal se basa en inputs visuales normales. Algo que *depende de la experiencia*.

De manera que las instrucciones genéticas juegan un papel menor en el detallado ensamblaje de las conexiones corticales. No podría ser de otro modo: con veinte mil genes y doscientos billones de conexiones entre las neuronas, ¿cómo se podrían especificar de antemano los detalles? Ese modelo nunca habría funcionado. Por el contrario, la red neuronal exige la interacción con el mundo para su adecuado desarrollo.⁹

## LA GRAN APUESTA DE LA NATURALEZA

El 29 de septiembre de 1812 nació un bebé que heredaría el gran trono ducal de Baden, Alemania. Por desgracia, la criatura murió diecisiete días después. Y eso fue todo.

¿O no? Dieciséis años más tarde, un joven llamado Kaspar Hauser apareció en Núremberg, Alemania. Llevaba una nota que explicaba que de pequeño su familia lo había dado en custodia, y al parecer el muchacho solo sabía unas cuantas frases, entre ellas: «Quiero ser un soldado de caballería, tal como lo fue mi padre». Su caso atrajo una gran atención, y gente muy poderosa le concedió audiencia; muchos comenzaron a sospechar que era el príncipe heredero de Baden, y que durante las primeras semanas de vida lo habían cambiado por un bebé moribundo en un infame complot llevado a cabo por aquellos que se postulaban para heredar el trono.

La historia se hizo famosa más allá de la intriga real: Kaspar se convirtió en el ejemplo de niño salvaje. Según su propio relato, había pasado toda su juventud solo en una celda oscura que solo medía un metro de ancho, dos de largo y uno y medio de altura. Dormía en un jergón de paja con un pequeño caballo de madera. Cada mañana, al despertar, encontraba un poco de pan y agua, nada más. No veía entrar o salir a nadie. De vez en cuando el agua tenía un sabor un poco diferente, y cuando eso ocurría le entraba sueño, y cuando despertaba le habían cortado el pelo y las uñas. Pero hasta poco antes de su liberación no tuvo contacto con ningún otro ser humano: entonces apareció un hombre que le enseñó a escribir, pero que siempre llevaba la cara tapada.

La historia de Kaspar Hauser despertó mucho interés en todo

31

el mundo. Él mismo acabó escribiendo de manera prolífica y conmovedora sobre su infancia. Su historia perdura en obras de teatro, libros, música y películas; es quizá la historia más famosa de un niño salvaje.

Sin embargo, su relato es, casi con toda certeza, falso. Además de un detallado análisis histórico que lo desmiente, existe un argumento neurobiológico: un niño criado sin interacción humana no acaba caminando, hablando, escribiendo, dando conferencias y prosperando como lo hizo Kaspar. Después de un siglo de prensa popular acerca de Kaspar, el psiquiatra Karl Leonhard lo clarifica:

> De haber vivido desde niño en las condiciones que describe, no habría acabado siendo más que un idiota; de hecho, no habría vivido mucho. Su historia está tan llena de absurdos que es asombroso que se llegara a creer alguna vez, y que incluso hoy la crea mucha gente.[10]

Después de todo, a pesar de cierta preespecificación genética, el enfoque de la naturaleza a la hora de desarrollar un cerebro se basa en una amplia serie de experiencias, como son la interacción social, la conversación, el juego, la exposición al mundo, y el resto del paisaje de la experiencia humana normal. La estrategia de interacción con el mundo permite que la colosal maquinaria del cerebro adquiera su forma a partir de una serie de instrucciones relativamente escasas. Es un ingenioso enfoque para extraer un cerebro (y un cuerpo) de un solo óvulo microscópico.

Esta estrategia es también una apuesta. Se trata de una aproximación ligeramente arriesgada, en la que la labor de dar forma al cerebro se relega parcialmente a la experiencia del mundo en lugar de al hardware. Después de todo, ¿y si realmente naciera un niño como el de la historia de Kaspar y su infancia se caracterizara por una absoluta negligencia paternal?

Danielle, una niña salvaje descubierta en Florida en 2005. Aunque la fotografía revela ahora a una niña de cara hermosa, carece de los comportamientos y expresiones inherentes a la interacción humana normal: se le cerró la ventana crítica en la que entran los inputs adecuados procedentes del mundo.

La tragedia es que sabemos la respuesta a esta pregunta. En julio de 2005, la policía de Plant City, Florida, aparcó delante de una casa medio en ruinas para llevar a cabo una investigación. Un vecino les había alertado de que había visto a una niña en la ventana en un par de ocasiones, aunque nunca salir de casa, ni tampoco a ningún adulto con ella en la ventana.

Los agentes estuvieron un rato llamando a la puerta hasta que les abrió una mujer. Le dijeron que tenían una orden para buscar a su hija en el interior de la casa. Recorrieron los pasillos, inspeccionaron algunas habitaciones, y al final entraron en un pequeño dormitorio en el que había una niña. Uno de los agentes vomitó.

Danielle Crockett, una niña de siete años de tamaño inferior al normal a su edad, había pasado toda su infancia encerrada en un armario a oscuras. Iba salpicada de materia fecal y la recorrían las cucarachas. Aparte del mantenimiento básico, nunca había recibido afecto físico ni mantenido una conversación normal, y probablemente nunca había salido de casa. Era totalmente incapaz de hablar. Cuando tuvo delante a los agentes de policía (y posteriormente a los asistentes sociales y a los psicólogos), los miraba como si fueran transparentes; no exhibía la menor muestra de reconocimiento ni ningún indicio de interacción humana normal. Era incapaz de masticar comida sólida; no sabía utilizar el retrete; solo podía asentir y negar con la cabeza; y un año más tarde todavía no dominaba el uso de la taza con boquilla. Después de muchas pruebas, los médicos consiguieron verificar que no padecía ningún problema genético como parálisis cerebral, autismo o síndrome de Down. Por el contrario, el desarrollo normal del cerebro se había visto mermado por una severa privación social.

Pese a los intentos de médicos y asistentes sociales, el pronóstico para Danielle no es bueno: lo más probable es que viva para siempre en una residencia y que con el tiempo sea capaz de prescindir de los pañales.[11] Por desgarradora que resulte, la suya es una historia como la de Kaspar Hauser pero real, con consecuencias reales.

El desenlace de Danielle es deprimente porque el cerebro humano llega al mundo inacabado. Un desarrollo adecuado exige inputs adecuados. El cerebro asimila la experiencia para poner en marcha sus programas, y solo puede hacerlo durante una ventana temporal que se cierra rápidamente. En cuanto la ventana se cierra, es difícil o imposible volver a abrirla.

La historia de Danielle encuentra su paralelismo en una serie de experimentos con animales llevados a cabo a principios de la década de 1970. Harry Harlow, científico en la Universidad de Wisconsin, utilizó monos para estudiar el vínculo entre madre e hijo. Tuvo una carrera científica activa, pero cuando su mujer murió de cáncer en 1971, Harlow se hundió en la depresión.

Siguió trabajando, pero sus amigos y colaboradores percibían que no era el mismo. Pasó a dedicarse al estudio de la depresión. Utilizó monos para modelar la depresión humana y llevar a cabo un estudio del aislamiento. Colocó a una cría de mono dentro de una jaula con paredes de acero y sin ventanas. Un espejo de dos vías permitía que Harlow viera el interior de la jaula, aunque el mono no podía verlo a él. Harlow tuvo a un mono allí dentro durante treinta días. Luego probó con otro durante seis meses. Y a otros monos los tuvo encarcelados un año entero.

Como las crías de mono no habían tenido oportunidad de desarrollar vínculos normales (se les había colocado dentro de la jaula poco después de nacer), salieron con trastornos profundos. Los que permanecieron aislados más tiempo acabaron prácticamente como Danielle: no exhibían ninguna interacción normal con los demás monos, y no participaban en las actividades recreativas, cooperativas ni de competencia. Apenas se movían. Hubo dos que no comieron y murieron de hambre. Harlow también observó que los monos eran incapaces de mantener relaciones sexuales normales.

Del mismo modo, cogió algunas de las hembras aisladas y las fecundó para ver cómo estos monos alterados interactuarían con sus propios hijos. Los resultados fueron desastrosos. Los monos aislados eran completamente incapaces de criar a sus hijos. En el mejor de los casos, los ignoraban por completo; y en el peor, les hacían daño.[12]

La lección que podemos extraer de los monos de Harlow es la misma que la de Danielle: cuando la Naturaleza escoge la estrategia de darnos un cerebro en evolución, este necesita una experiencia del mundo adecuada. Sin ella, el cerebro queda mal formado y patológico. Igual que un árbol que necesita un suelo rico en nutrientes para echar ramas, un cerebro necesita el suelo fértil de la interacción social y sensorial.

En este contexto, nos damos cuenta de que el cerebro aprovecha su entorno para modelarse. Pero ¿cómo asimila el mundo exactamente, sobre todo desde el interior de su oscura caverna? ¿Qué ocurre cuando una persona pierde un brazo o se queda sorda? ¿Los ciegos desarrollan un mejor oído? ¿Y qué tiene que ver todo esto con por qué soñamos?

## 3. EL INTERIOR REFLEJA EL EXTERIOR

EL CASO DE LOS MONOS DE SILVER SPRING

En 1951, el neurocirujano Wilder Penfield hundió la punta de un fino electrodo en el interior del cerebro de un paciente al que estaban operando.[1] En el tejido cerebral situado justo debajo de donde solemos llevar los auriculares, descubrió algo sorprendente. Si emitía una pequeña descarga eléctrica en ese punto en concreto, el paciente tenía la misma sensación que cuando le tocaban la mano. Si estimulaba otro punto cercano, tenía la impresión de que le estaban tocando el torso. En otro punto, la rodilla. Cada punto del cuerpo estaba representado en el cerebro.

Penfield descubrió algo más profundo: las partes contiguas del cuerpo estaban representadas por partes contiguas del cerebro. La mano estaba representada cerca del brazo, que a su vez estaba representado cerca del codo, que a su vez estaba representado cerca de la parte superior del brazo, etc. En esa franja del cerebro había un mapa detallado de todo el cuerpo. Moviéndose lentamente de un punto a otro en la corteza somatosensorial, podría descubrir toda la figura humana.[2]

Y no fue el único mapa que descubrió. A lo largo de la corteza motora (la franja que hay delante de la corteza somatosensorial), obtuvo el mismo resultado: una pequeña descarga

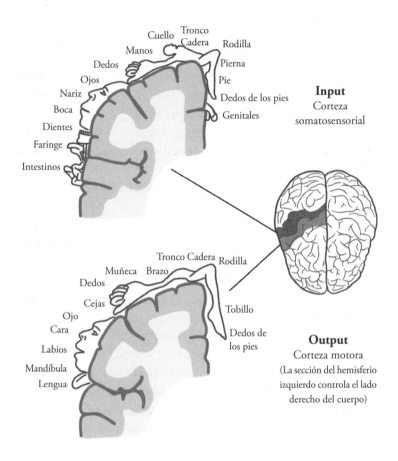

Cuello
Tronco
Cadera
Manos
Dedos
Ojos
Nariz
Boca
Dientes
Faringe
Intestinos

Rodilla
Pierna
Pie
Dedos de los pies
Genitales

**Input**
Corteza
somatosensorial

Tronco Cadera Rodilla
Muñeca Brazo
Dedos
Cejas
Ojo
Cara
Labios
Mandíbula
Lengua

Tobillo
Dedos de
los pies

**Output**
Corteza motora
(La sección del hemisferio
izquierdo controla el lado
derecho del cuerpo)

Los mapas del cuerpo se encuentran allí donde los inputs entran en el cerebro (corteza somatosensorial, arriba) y los outputs salen del cerebro (corteza motora, abajo). Las áreas que se controlan con más precisión, o que poseen una sensación más detallada, tienen más terreno.

eléctrica provocaba que los músculos sufrieran espasmos en zonas específicas y colindantes del cuerpo. De nuevo, se disponían de una manera ordenada.

A estos mapas del cuerpo los denominó homúnculos, u «hombrecitos».

La existencia de los mapas es extraña e inesperada. ¿Cómo *existen*? Después de todo, el cerebro está encerrado en una oscuridad total dentro del cráneo. Este kilo y medio de tejido no sabe qué aspecto tiene su cuerpo; el cerebro no puede ver directamente su cuerpo, y solo puede acceder a un vibrante flujo de pulsos eléctricos que ascienden por los gruesos haces de cables de datos que llamamos nervios. Oculto en esta prisión de huesos, el cerebro no debería tener ni idea de dónde se conectan las extremidades, ni de cuáles están junto a las otras. Entonces, ¿cómo es que en esa bóveda sin luz existe una descripción de la distribución del cuerpo?

Si nos paramos a pensarlo, se nos ocurrirá la solución más directa: el mapa del cuerpo debe de estar genéticamente programado. ¡Buena conjetura!

Pero errónea.

Por el contrario, la respuesta al misterio es más diabólicamente inteligente.


Tres décadas más tarde llegó una pista para el misterio del mapa, en un giro inesperado de los acontecimientos. Edward Taub, científico en el Instituto de Investigación del Comportamiento de Silver Spring, Maryland, investigaba si los nervios seccionados se podían regenerar. Para tal fin se hizo con diecisiete monos. En cada uno cortó meticulosamente un haz de nervios que unía el cerebro a uno de los brazos o a una de las piernas. Como era de esperar, los desdichados monos perdieron toda sensibilidad de los miembros afectados, y Taub se puso a investigar si existía alguna manera de conseguir que los monos volvieran a utilizarlos.

En 1981, un joven voluntario llamado Alex Pacheco comenzó a trabajar en el laboratorio. Aunque dijo que era un estudiante fascinado con el tema, en realidad era un espía de una organización incipiente, las Personas por el Trato Ético a los

39

Animales (PETA). Por la noche, Pacheco sacó algunas fotos. Al parecer, algunas se manipularon para exagerar el sufrimiento de los monos,[3] pero en cualquier caso se consiguió el efecto deseado. En septiembre de 1981, la policía del condado de Montgomery registró el laboratorio y lo cerró. El doctor Taub fue condenado por seis cargos por no haberles proporcionado una atención veterinaria adecuada. Todos los cargos fueron revocados en la apelación; sin embargo, los acontecimientos condujeron a la creación de la Ley de Bienestar Animal de 1985, en la que el Congreso definió unas nuevas reglas para el cuidado de los animales en los laboratorios de investigación.

De todos modos, lo que nos interesa de la historia aquí no es lo que le ocurrió al doctor Taub, ni el bienestar de los animales, sino que les pasó a los diecisiete monos. Inmediatamente después de la acusación, la PETA se coló en el laboratorio y los liberó, lo que condujo a una acusación de robo de pruebas. Indignada, la institución de investigación de Taub exigió la devolución de los monos. La batalla legal se fue caldeando progresivamente, y la batalla por la posesión de los monos llegó al Tribunal Supremo de Estados Unidos. El Tribunal rechazó la petición de la PETA de quedarse con los monos, otorgando la custodia a una tercera institución, los Institutos Nacionales de Salud. Mientras los humanos se gritaban en tribunales lejanos, los monos discapacitados disfrutaban de una jubilación precoz en la que se dedicaron a comer, beber y jugar juntos durante diez años.

Casi al final de ese periodo, uno de los monos contrajo una enfermedad terminal. El tribunal acordó que había que sacrificar al mono, y ahí fue donde la trama dio un giro. Un grupo de investigadores neurocientíficos le hicieron una propuesta al juez: al mono no se le habría seccionado el nervio en vano si se permitía que los investigadores llevaran a cabo un estudio del mapeo cerebral del mono mientras estaba bajo la anestesia, justo antes de que le practicaran la eutanasia. Tras cierto debate, el tribunal les concedió el permiso.

El 14 de enero de 1990, el equipo de investigación implantó un electrodo de registro en la corteza somatosensorial del mono. Exactamente igual que había hecho Wilder Penfield con su paciente humano, los investigadores tocaron al mono en el brazo, la mano, la cara, etc., mientras registraban la reacción de las neuronas del cerebro. Así fue como desvelaron el mapa del cuerpo en el cerebro.

Sus descubrimientos tuvieron gran repercusión en la comunidad neurocientífica. El mapa del cuerpo había cambiado a lo largo de los años. Como era de esperar, un leve toque en la mano con el nervio seccionado del mono ya no activaba ninguna respuesta en la corteza. Pero la sorpresa fue que el pequeño fragmento de corteza que solía representar la mano ahora se excitaba al tocarle la cara.[4] El mapa del cuerpo se había reorganizado. El homúnculo seguía pareciendo un mono, pero un mono que carecía de brazo derecho.

Este descubrimiento descartó la posibilidad de que el mapa cerebral del cuerpo esté genéticamente programado. Lo que ocurre, por el contrario, es mucho más interesante. El mapa del cerebro queda definido de manera flexible por los inputs del cuerpo. Cuando el cuerpo cambia, también cambia el homúnculo.

Los mismos estudios de mapeo cerebral se llevaron a cabo ese mismo año con otros monos de Silver Springs. En cada uno de ellos, la corteza somatosensorial se había reordenado de manera drástica: las áreas que antaño representaban las extremidades con los nervios seccionados ahora las ocupaban zonas contiguas de la corteza. Los homúnculos se habían transformado para adaptarse a los nuevos planos corporales de los monos.[5]

¿Qué se siente cuando el cerebro se reorganiza así? Por desgracia, los monos no nos lo pueden decir. Pero las personas sí.

El almirante de la armada británica lord Horatio Nelson (1758-1805) es el héroe que nos encontramos subido a un pedestal y dominando Trafalgar Square, en Londres.[6] La estatua es un importante testimonio de su carismático liderazgo, su fuerza estratégica y sus inventivas estratagemas, que combinadas le condujeron a decisivas victorias en las aguas de las dos Américas, y del Nilo a Copenhague. Murió heroicamente en su enfrentamiento final –la batalla de Trafalgar–, una de las mayores victorias marítimas de Inglaterra.

Y de manera accidental, aparte de su impacto naval, también hizo su aportación a la neurociencia. Todo comenzó durante su ataque a Santa Cruz de Tenerife, cuando a las once de la noche del 24 de julio de 1797, una bala salió del cañón de un mosquete español a trescientos metros por segundo y finalizó su trayectoria en el brazo derecho de almirante Nelson. El hueso se hizo trizas. El hijastro de Nelson le vendó el brazo con el pañuelo que llevaba al cuello para parar la hemorragia, y los marineros de Nelson remaron vigorosamente hacia el barco principal, donde el cirujano esperaba tenso. Tras un rápido examen físico, la buena noticia fue que Nelson probablemente sobreviviría. La mala era que el riesgo de gangrena exigía la amputación. El brazo derecho de Nelson fue amputado por encima del codo y arrojado por la borda.

Durante las semanas siguientes, Nelson aprendió a vivir sin el brazo derecho: a comer, a lavarse e incluso a disparar. En broma se refería al muñón que le había quedado como su «aleta».

Pero algunos meses después, aquel suceso tuvo extrañas consecuencias. El almirante Nelson comenzó a sentir –literalmente a *sentir*– que el brazo todavía estaba presente. Experimentaba sensaciones producidas por él. Estaba seguro de que las uñas ausentes de sus dedos ausentes se clavaban en su palma derecha ausente produciéndole dolor.

Aunque los cuadros y esculturas del almirante Nelson adornan los museos británicos, pocos visitantes se dan cuenta de que le falta el brazo derecho. Su amputación, en 1797, condujo a un temprano caso clínico de sensación de miembro fantasma, y a una interpretación metafísica interesante, aunque incorrecta, por parte del propio Nelson.

Nelson tenía una interpretación optimista de su sensación de miembro «fantasma»: concluyó que ahora poseía una prueba incontrovertible de la vida después de la muerte. Al fin y al cabo, si un miembro ausente podía dar lugar a un sentimiento consciente –un omnipresente fantasma de sí mismo–, entonces un cuerpo ausente también podría hacer lo mismo.

Nelson no fue el único en experimentar esas extrañas sensaciones. Al otro lado del Atlántico, unos años después, un médico llamado Silas Weir Mitchell documentó numerosos casos de amputados de la Guerra de Secesión en un hospital de Filadelfia.

Se quedó fascinado por el hecho de que muchos insistían en que seguían teniendo sensaciones en sus miembros ausentes.[7] ¿Era eso una prueba de la inmortalidad corpórea de Nelson?

Resultó que la conclusión de Nelson era prematura. Su cerebro se estaba remapeando, exactamente igual que ocurriría con los monos de Silver Spring. Con el tiempo, a medida que los historiadores seguían el desplazarse de las fronteras del Imperio Británico, los científicos descubrían cómo seguir el desplazamiento de las fronteras del cerebro humano.[8] Con las técnicas modernas de producción de imágenes, podemos ver que cuando se amputa un brazo, su representación en la corteza se ve invadida por las áreas contiguas. En este caso, las áreas corticales que rodean la mano y el antebrazo son los territorios de la parte superior del brazo y la cara. (¿Por qué la cara? Pues porque ahí es donde están las cosas cuando el cuerpo se representa en un mapa lineal.) Así, estas representaciones acaban ocupando el territorio donde solía

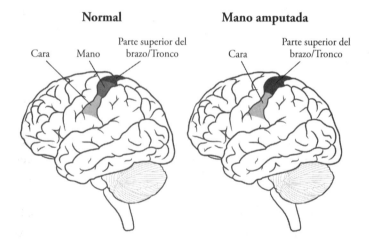

El cerebro se adapta a cualquier plano corporal. Cuando se amputa una mano, los territorios corticales adyacentes intentan usurpar el territorio que antes poseía la mano.

44

estar la mano. Al igual que ocurría con los monos, los mapas acaban reflejando la forma actual del cuerpo.

Sin embargo, aquí nos encontramos con otro misterio. ¿Por qué Nelson seguía teniendo la sensación de conservar la mano, y por qué, cuando le tocaban la cara, decía que le estaban tocando su mano fantasma? ¿No habían ocupado las áreas contiguas la representación de la mano? La respuesta es que, para la mano, el tacto no solo está representado por células de la corteza somato-sensorial, sino también por las células a las que habla río abajo, y por las células a las que *ellas* hablan. De manera que, aunque se modificaba rápidamente en la corteza somatosensorial prima-ria, el mapa se desplazaba cada vez menos en áreas más profundas. En un niño que naciera sin un brazo, el mapa sería completamente distinto. Pero en el caso de un adulto como el almirante Nelson, el sistema posee menos flexibilidad para reescribir su manifiesto. En lo más profundo del cerebro del almirante Nelson, las neuro-nas río abajo de la corteza somatosensorial no cambiaban tanto sus conexiones, y por esa razón creían que cualquier actividad que recibían se debía al tacto en la mano. Como resultado, Nelson percibía la presencia fantasmal de su miembro ausente.[9]

Los monos, los almirantes y los veteranos de la Guerra de Secesión cuentan todos la misma historia: cuando los inputs cesan de repente, las áreas corticales sensoriales no quedan en barbecho, sino que son invadidas por sus vecinas.[10] Ahora que se han estudiado miles de casos de amputaciones en escáneres cere-brales, vemos lo poco que la materia cerebral se parece a un hardware, y cómo se reubica dinámicamente.

Aunque las amputaciones conducen a una reorganización cortical drástica, el cambio de forma del cerebro se puede provo-car modificando el cuerpo de manera más modesta. Por ejemplo, si coloca en su brazo un tensiómetro apretado, su cerebro se adaptará a las señales de entrada más débiles dedicando menos territorio a esa parte del cuerpo.[11] Lo mismo ocurre si los nervios de su brazo quedan bloqueados durante mucho tiempo por anestésicos. De hecho, basta con que junte dos dedos de la mano y los ate –de manera que ya no puedan operar por separado, sino como una unidad– para que su representación cortical acabe fusionando dos regiones distintas en una sola área.[12]

Así pues, ¿cómo consigue el cerebro, confinado en su oscuro recinto, seguir la pista del aspecto del cuerpo?

## EL MOMENTO LO ES TODO

Imagine que es capaz de ver su barrio a vista de pájaro. Ve que cada mañana a las seis algunas personas sacan a pasear a su perro. Otros no lo hacen hasta las nueve. Otros esperan a después de comer. Y hay quien opta por sacarlo de noche. Si observara la dinámica del barrio durante una temporada, se daría cuenta de que la gente que saca a pasear al perro a la misma hora suele trabar amistad: se encuentran, charlan y con el tiempo acaban invitándose a una barbacoa. La amistad llega en su momento.

Lo mismo ocurre con las neuronas. Pasan una pequeña fracción de su tiempo enviando repentinos pulsos eléctricos (también llamados «potenciales de acción»). El momento en que tiene lugar cada uno de estos pulsos es de una importancia crítica. Fijémonos en una neurona típica. Acaba contactando con diez mil vecinos. Pero no forma una relación igualmente intensa con los diez mil. La intensidad de cada relación depende del momento. Si nuestra neurona se activa, y una neurona conectada se activa justo después de esa, el vínculo entre ambas se refuerza. Esta regla se puede resumir diciendo que *las neuronas que se activan juntas acaban conectándose.*[13]

En el joven vecindario de un cerebro que acaba de nacer, los nervios procedentes del cuerpo se ramifican profusamente. Para echar raíces permanentes en lugares donde se activan de manera casi simultánea a otras neuronas. Gracias a esta sincronía refuerzan sus vínculos. No montan barbacoas, pero liberan más neurotransmisores, o estimulan más receptores para recibir los neurotransmisores, lo que provoca un vínculo más fuerte entre ellos.

¿Cómo es posible que un truco tan sencillo acabe creando un mapa del cuerpo? Consideremos lo que ocurre cuando chocamos, tocamos, abrazamos, pateamos, golpeamos y acariciamos los objetos del mundo. Cuando coge una taza de café, ciertas partes de la piel de sus dedos suelen estar activas al mismo tiempo. Cuando lleva un zapato, algunas partes de la piel de su pie suelen estar activas al mismo tiempo. Por el contrario, el tacto de su dedo anular y el meñique del pie suelen disfrutar de menos correlación, porque hay pocas situaciones en la vida en las que estén activos en el mismo momento. Lo mismo se puede decir de todo su cuerpo: las partes contiguas suelen ser más coactivas que las partes que no lo son. Cuando llevan un tiempo interactuando con el mundo, las zonas de la piel que suelen ser coactivas a menudo se conectan unas junto a las otras, y las que no se correlacionan tienden a estar más apartadas. El resultado de años de coactivaciones es un atlas de zonas contiguas: un mapa del cuerpo. En otras palabras, el cerebro contiene un mapa del cuerpo debido a una regla sencilla que gobierna cómo las células individuales del cerebro se conectan la una con la otra: las neuronas que se activan más o menos al mismo tiempo suelen mantener conexiones entre ellas. Así es como surge de la oscuridad el mapa del cuerpo.[14]

Sin embargo, ¿por qué cambia el mapa cuando cambian los inputs?


LA COLONIZACIÓN ES UN NEGOCIO A TIEMPO COMPLETO

A principios de la década de 1600, Francia comenzó a colonizar Norteamérica. ¿Su técnica? Mandar barcos llenos de franceses. Funcionó. Los colonos franceses echaron raíces en aquel territorio recién descubierto. En 1609, los franceses instalaron un puesto de comercio de pieles que con el tiempo se convertiría en la ciudad de Quebec, que estaba destinada a convertirse en la capital de Nueva Francia. Veinticinco años después los franceses habían llegado a Wisconsin. A medida que nuevos colonos franceses cruzaban el Atlántico, su territorio aumentaba.

Pero Nueva Francia no era fácil de mantener: constantemente tenía que competir con las demás potencias que también mandaban embarcaciones en esa dirección, sobre todo los británicos y los españoles. Así las cosas, el rey de Francia, Luis XIV, comenzó a intuir una importante lección: si quería que Nueva Francia acabara arraigando, tenía que mandar embarcaciones, porque los británicos mandaban todavía *más* embarcaciones. Tras comprender que Quebec no iba a crecer lo bastante rápido por falta de mujeres, mandó a ochocientas cincuenta jóvenes (llamadas las «Hijas del Rey») para estimular la población francesa del lugar, cosa que fue de cierta ayuda, pues la población de Nueva Francia paso de siete mil habitantes en 1674 a quince mil en 1689.

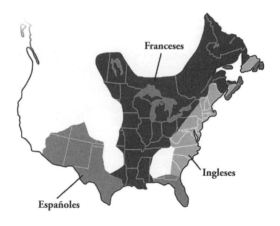

Norteamérica, 1750.

El problema era que los británicos mandaban a muchos más jóvenes, hombres y mujeres. En 1750, cuando Nueva Francia tenía sesenta mil habitantes, las colonias británicas habían alcanzado ya el millón, cosa que tuvo una gran importancia en las guerras subsiguientes entre las dos potencias: los franceses, a pesar de su alianza con los americanos nativos, se vieron enormemente superados en número. Durante un periodo breve, el gobierno de Francia obligó a los prisioneros recién liberados a casarse con las prostitutas locales, después de lo cual a las parejas de recién casados se las encadenaba y se las mandaba a Luisiana para que colonizaran el territorio. Pero ni así los esfuerzos de Francia fueron suficientes.

Al final de la sexta guerra, los franceses comprendieron que habían perdido. Nueva Francia se disolvió. Canadá pasó a ser controlado por Gran Bretaña, y el Territorio de Luisiana quedó en manos de Estados Unidos, que se había creado hacía poco.[15]

Los vaivenes del dominio francés en el Nuevo Mundo guardaban una estrecha relación con cuántos barcos enviaban. Antes de esa feroz competición, los franceses no habían enviado gente suficiente por mar para mantener el control del territorio. Como resultado, todo lo que queda ahora de la presencia francesa en el Nuevo Mundo son fósiles lingüísticos, como se ve en nombres de lugares como Luisiana, Vermont e Illinois.

Sin competencia, la colonización es fácil, pero cuando hay rivalidad, mantener el dominio del territorio exige una labor constante. Lo mismo ocurre continuamente en el cerebro. Cuando una parte del cuerpo ya no manda información, pierde territorio. El brazo del almirante Nelson era Francia, y su corteza cerebral el Nuevo Mundo. Comenzó con una extensa colonización, enviando útiles picos de información a lo largo de los nervios hacia el cerebro, y en la juventud de Nelson delimitó una buena porción del territorio. Pero entonces llegó la bala de mosquete, y horas más tarde su brazo destrozado se sumergía en las aguas oscuras... y ahora el cerebro ya no recibía nueva información de

49

esa parte del cuerpo. Con el tiempo, el brazo perdió su terreno neuronal, y al final todo lo que quedaba eran fósiles de la antigua presencia del brazo, como la sensación de un dolor fantasma.

Estas lecciones de colonización no se aplican solo a los brazos, sino a cualquier sistema que mande información al cerebro. Cuando los ojos de una persona sufren algún daño, ya no fluye ninguna señal por los caminos que van a la corteza occipital (el sector que hay en la parte posterior del cerebro, considerado a menudo como la corteza «visual»), con lo que esa parte de la corteza deja de ser visual. Los navíos que transportan datos visuales dejan de llegar, y el codiciado territorio es ocupado por los reinos de información sensorial que compiten entre ellos.[16] Como resultado, cuando una persona ciega pasa las puntas de los dedos por los puntos en relieve de un poema en braille, su corteza occipital se activa mediante el simple tacto.[17] Si esa persona sufre un ictus que daña su corteza occipital, perderá la capacidad de

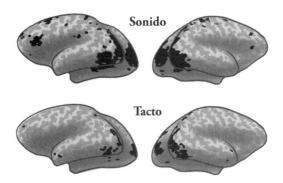

**Sonido**

**Tacto**

Reorganización cortical: la corteza sin utilizar es ocupada por territorios contiguos en competencia. En este escáner cerebral, el oído y el tacto activan la corteza occipital sin utilizar de los ciegos. Se destacan en negro las regiones del cerebro que se activan más en los ciegos que en las personas que ven. Para distinguir mejor las colinas y valles de la corteza, el cerebro se ha «inflado» de manera artificial. Figura adaptada de Renier *et al.* (2010).

comprender el braille.[18] Su corteza occipital ha quedado colonizada por el tacto.

Y eso no ocurre solo con el tacto, sino con cualquier fuente de información. Cuando una persona ciega escucha sonidos, se activa su corteza auditiva, y también su corteza occipital.[19]

No solo el tacto y el sonido son capaces de activar la corteza que antes era visual en los ciegos sino también el olor, el sabor y la reminiscencia de los acontecimientos, o el solucionar un problema matemático.[20] Al igual que ocurre con el mapa del Nuevo Mundo, el territorio va a parar a los competidores más feroces.

En los últimos años la historia se ha puesto aún más interesante: cuando algún nuevo ocupante se traslada a la corteza visual, conserva parte de su antigua arquitectura, lo mismo que las mezquitas de Turquía que antaño fueron catedrales católicas. Por poner un ejemplo, el área que procesa el lenguaje escrito visual en las personas que pueden ver es la misma que se activa cuando los ciegos leen braille.[21] De manera parecida, la zona principal para procesar el movimiento visual en las personas que pueden ver se activa para el movimiento táctil en los ciegos (por ejemplo, algo que se desplaza por las puntas de los dedos o la lengua).[22] La principal red neuronal que participa en el reconocimiento visual del objeto en las personas que ven se activa mediante el tacto en los ciegos.[23] Dichas observaciones han conducido a la hipótesis de que el cerebro es una «máquina de tareas» —desempeña funciones como detectar el movimiento o los objetos del mundo— y no tanto un sistema organizado por los sentidos en concreto.[24] En otras palabras, las regiones cerebrales se ocupan de solventar ciertos tipos de tareas sin importarles el canal sensorial por el que llega la información.

Hay aquí una nota al margen a la que regresaremos en capítulos posteriores: la edad es determinante. En el caso de los ciegos de nacimiento, la corteza occipital está completamente ocupada por otros sentidos. Si una persona se queda ciega de pequeña —pongamos a los cinco años—, la ocupación es menos absoluta. Para los «ciegos tardíos» (los que perdieron la vista después de los diez años), las invasiones corticales son incluso más pequeñas. Cuanto más viejo es el cerebro, menos flexible para su reasignación, igual que ahora las fronteras de América del Norte se desplazan muy poco después de haber quedado definidas durante cinco siglos.

Lo mismo que vemos en el caso de la pérdida de vista ocurre con la pérdida de cualquier otro sentido. Por ejemplo, en el caso de los sordos, la corteza auditiva se utiliza para la visión y otras tareas.[25] Al igual que la pérdida de un extremidad del caso del almirante Nelson condujo a ocupaciones corticales por parte de los territorios colindantes, lo mismo ocurre cuando se pierde el oído, el olor, el gusto o cualquier otro sentido. La cartografía del cerebro se desplaza constantemente para representar de la mejor manera posible los datos de entrada.[26]

En cuanto empiezas a fijarte, te das cuenta de que esta competición por el territorio ocurre en todas partes. Consideremos el aeropuerto de cualquier ciudad importante. Si una aerolínea en concreto (United) tiene mayor número de vuelos de llegada que otra (Delta), no ha de sorprendernos ver proliferar el número de mostradores de United, mientras los de Delta disminuyen. United ocupará más puertas, más zonas de recogida de equipaje y más espacio en los monitores. Si otra aerolínea dejara de operar por completo (pensemos en Trans World Airlines), entonces toda su presencia en el aeropuerto la ocuparían rápidamente otras compañías. Lo mismo se puede decir del cerebro y sus inputs sensoriales.

Ahora comprendemos cómo la competencia conduce a la ocupación. Pero eso nos lleva a otra pregunta: cuando un sentido ocupa un área mayor, ¿consigue más capacidades?

CUANTO MÁS, MEJOR

En Robbinsville, Carolina del Norte, nació un chaval llamado Ronnie. Poco después de nacer, quedó claro que estaba ciego.

Cuando tenía un año y un día de edad, su madre lo abandonó, afirmando que su ceguera era un castigo de Dios. Sus abuelos lo criaron en la pobreza hasta que tuvo cinco años, y entonces lo mandaron a una escuela para invidentes. Cuando tenía seis años, su madre pasó a visitarlo, solo una vez. Tenía otro hijo, una niña. La madre de Ronnie le dijo: «Ron, quiero que palpes sus ojos. Tiene unos ojos muy bonitos. Ella no me avergüenza, como hacías tú. Ella puede ver». Esa fue la última vez que tuvo contacto alguno con su madre.

Aunque su niñez fue dura, tenía un manifiesto don para la música. Sus profesores se dieron cuenta de su talento, y Ronnie comenzó a estudiar música clásica de manera formal. Un año después de haber escogido el violín, sus profesores afirmaron que era un virtuoso. Posteriormente estudió piano, guitarra y otros instrumentos de cuerda y algunos de viento madera.

A partir de ahí se convirtió en uno de los intérpretes más populares de su tiempo, copando los mercados de música pop y country. Ganó seis premios Grammy.

Ronnie Milsap es uno de entre muchos músicos ciegos, como Andrea Bocelli, Ray Charles, Stevie Wonder, Diane Schuur, José Feliciano y Jeff Healey. Sus cerebros han aprendido a confiar en las señales sonoras y táctiles de su entorno, y saben procesarlas mejor que las personas que pueden ver.

Un ciego no tiene garantizado convertirse en una estrella de la música, pero sí es seguro que su cerebro se reorganizará. Como resultado, el oído musical absoluto está sobrerrepresentado en los ciegos, que, además, son diez veces mejores a la hora de determinar si la altura de un sonido está un poco por encima o por debajo de lo que le corresponde.[27] Simplemente poseen más territorio cerebral dedicado a la tarea de escuchar. En un experimento reciente, a los participantes, ciegos o no, se les tapó un oído y se les pidió que señalaran de qué lado de la habitación procedían los sonidos. Como distinguir un sonido exige una comparación de las señales de ambos oídos, se esperaba que todos fallaran completamente en esa tarea. Y eso fue lo que ocurrió con los participantes que podían ver. Pero los ciegos por lo general fueron capaces de distinguir dónde estaban ubicados los sonidos.[28] ¿Por qué? Porque la forma exacta del cartílago del oído externo hace rebotar los sonidos de una manera sutil y que da pistas (incluso con un oído solo) de su emplazamiento, pero solo si está muy afinado para distinguir esa señal. Las personas que pueden ver poseen menos corteza cerebral dedicada al sonido, con lo que su capacidad para extraer información sutil del sonido está subdesarrollada.

Este tipo de talento extremo con el sonido es común entre los ciegos. Tomemos el ejemplo de Ben Underwood. Cuando tenía dos años, Ben dejó de ver con el ojo izquierdo. Su madre lo llevó al médico y este descubrió enseguida que padecía cáncer de retina en los dos ojos. Después del fracaso de la quimioterapia y la radiación, le extirparon los dos ojos. En aquella época Ben ya tenía siete años y había ideado una técnica útil e inesperada: emitía un chasquido con la boca y escuchaba el regreso del eco. Gracias a este método, podía determinar dónde había una puerta abierta, gente, coches aparcados, cubos de basura, etc. Ecolocalizaba: hacía rebotar ondas sonoras en los objetos de su entorno y escuchaba lo que le regresaba.[29]

Hay un documental sobre él que comienza con la afirmación de que «Ben es la única persona del mundo que puede ver con ecolocalización».[30] La afirmación es errónea en más de un sentido. En primer lugar, Ben puede que vea o no en el sentido de lo que una persona con vista considera «ver»; lo único que sabemos es que su cerebro es capaz de recoger la información de las ondas sonoras y hacerse una composición de lugar de los objetos grandes que tiene delante. Esto lo ampliaremos más adelante.

En segundo lugar, y más importante, Ben no es el único que utiliza la ecolocalización: hay miles de ciegos que lo hacen.[31] De hecho, este fenómeno ha sido comentado desde al menos la década de 1940, cuando se acuñó la palabra ecolocalización en un artículo de la revista *Science* titulado «Ecolocalización en los ciegos, los murciélagos y el radar».[32] Su autor escribió: «Muchos ciegos con el tiempo desarrollan una considerable capacidad para evitar los obstáculos por medio de pistas auditivas recibidas de sonidos que ellos mismos crean». Ello incluía sus propias pisadas, dar golpecitos con un bastón o chasquear los dedos. Demostró que esa capacidad de ecolocalización se reducía drásticamente cuando algún ruido los distraía o se tapaban los oídos.

Como hemos visto antes, el lóbulo occipital es capaz de asumir muchas tareas, no solo la de oír. La memorización, por ejemplo, pues aprovecha el territorio cortical extra. En un estudio, se les hizo una prueba a unos sujetos ciegos para ver hasta qué punto era capaces de recordar listas de palabras. Los que tenían una *mayor* extensión de corteza occipital ocupada obtuvieron mejores resultados: tenían más territorio dedicado a la tarea de la memoria.[33]

La conclusión es sencilla: cuanto más terreno, mejor. Aunque a veces conduce a resultados inesperados. Casi todo el mundo nace con tres tipos de fotorreceptores para la visión del color, pero hay quienes nacen solo con dos, uno o ninguno, con lo que poseen una capacidad menor (o ninguna) para discriminar los colores. No obstante, la gente ciega al color no lo tiene tan mal: distingue *mejor* los tonos de gris.[34] ¿Por qué? Porque poseen la misma cantidad de corteza visual, pero menos dimensiones de color de las que preocuparse. Utilizar la misma cantidad de territorio cortical disponible para una tarea más sencilla mejora los resultados. Aunque el ejército excluye a los soldados ciegos al color de ciertas tareas, han acabado comprendiendo que pueden distinguir mejor el camuflaje enemigo que la gente con visión del color normal.

Hemos utilizado el sistema visual para introducir algunos puntos fundamentales, sin embargo, la reasignación cortical ocurre en todas partes. Cuando la gente pierde el oído, el tejido cerebral que antes era «auditivo» acaba representando otro sentido.[35] Así, no nos tiene que extrañar averiguar que los sordos poseen una mejor atención visual periférica, o que a menudo pueden adivinar su acento: saben de qué parte del país es porque son muy buenos a la hora de leer los labios. Algo parecido ocurre cuando una persona pierde una extremidad, la sensación en el muñón se vuelve más sutil. El tacto se percibe ahora con una presión más ligera, y dos tactos muy cercanos se pueden percibir separados en lugar de como uno solo. Como el cerebro dedica ahora más territorio a las zonas restantes no dañadas, la percepción adquiere mayor resolución.

La reasignación neuronal reemplaza el antiguo paradigma de las áreas del cerebro predeterminadas con algo más flexible. El territorio se puede reasignar a tareas distintas. Las neuronas de la corteza *visual* no tienen nada especial, por ejemplo. No son más que simples neuronas que participan en el procesamiento de los contornos o los colores en personas con vista normal. Estas mismas neuronas pueden procesar otros tipos de información en los invidentes.

El viejo paradigma afirmaría que la extensión de América del Norte etiquetada como Luisiana estaba predeterminada para los franceses. El nuevo paradigma no se sorprende cuando el Territorio de Luisiana se vende y ciudadanos de todo el mundo se instalan allí.

Puesto que el cerebro tiene que distribuir todas sus tareas a través del volumen finito de la corteza, es posible que surjan algunos trastornos a causa de distribuciones no óptimas. Un ejemplo es el síndrome del sabio autista, en el que un niño que sufre graves déficits cognitivos y sociales puede ser un virtuoso, pongamos, a la hora de memorizar el listín telefónico, copiar escenas visuales o solucionar el cubo de Rubik a una velocidad pasmosa. El emparejamiento de discapacidades cognitivas con talentos sobresalientes ha provocado muchas teorías; la que es relevante aquí es la de una distribución insólita del territorio cortical.[36] La idea es que las proezas atípicas se pueden conseguir cuando el cerebro dedica una extensión inesperadamente grande de su territorio a una tarea (como la memorización, el análisis visual o los puzles). Pero esos superpoderes humanos tienen lugar a expensas de otras tareas entre las cuales el cerebro divide normalmente su territorio, como por ejemplo todas las subtareas que componen las habilidades sociales.

## CEGADORAMENTE RÁPIDOS

Las últimas décadas nos han traído diversas revelaciones acerca de la plasticidad cerebral: pero quizá la mayor sorpresa sea su rapidez. Hace algunos años, los investigadores de la Universidad McGill sometieron a un escáner cerebral a varios adultos que recientemente habían perdido la vista. Se solicitó a los participantes que escucharan unos sonidos. Como era de esperar, esos sonidos provocaron actividad en la corteza auditiva, pero también provocaron actividad en la corteza occipital, una actividad que no había estado allí semanas antes, cuando los participantes todavía veían. La actividad no fue tan poderosa como la que se vio en personas que hacía mucho tiempo que habían perdido la vista, aunque de todos modos fue detectable.[37]

Lo que se demostró con ello fue que el cerebro puede producir cambios rápidamente cuando la visión desaparece. Rápidamente, sí, pero ¿hasta qué punto?

El investigador Álvaro Pascual-Leone comenzó a preguntarse por la velocidad a la que pueden tener lugar estos importantes cambios cerebrales. Observó que se exigía a los aspirantes a instructores en una escuela para ciegos que llevaran los ojos vendados durante siete días completos para comprender de primera mano las experiencias vitales de sus estudiantes. Casi todos los instructores se dieron cuenta de que su habilidad auditiva mejoraba: eran capaces de orientarse hacia los sonidos, calcular la distancia e identificarlos:

Varios relataron que eran capaces de identificar a la gente de manera rápida y exacta cuando estos empezaban a hablar o incluso cuando caminaban guiándose por la cadencia de sus pasos. Algunos aprendieron a diferenciar los coches por el ruido de los motores, y uno de ellos describió el «placer de distinguir las motocicletas por su sonido».[38]

Estos resultados llevaron a Pascual-Leone y a sus colegas a considerar qué ocurriría si una persona que pudiera ver permaneciera varios días en un laboratorio con los ojos vendados. Pusieron en práctica el experimento, y lo que averiguaron solo se puede calificar de extraordinario. Se encontraron con que la reorganización neuronal —la misma que hemos visto en los sujetos ciegos— también sucede con la ceguera temporal de los sujetos con vista. Y rápidamente.

En un estudio, a los participantes que podían ver les vendaron los ojos durante cinco días en los que se les sometió a un aprendizaje intensivo del braille.[39] Al final de los cinco días, a los sujetos se les daba bastante bien detectar sutiles diferencias entre los caracteres de braille, mucho más que a un grupo de control de participantes con vista que se sometieron al mismo aprendizaje sin que se les vendaran los ojos.

Lo que fue especialmente sorprendente es lo que le ocurrió a su cerebro, tal como lo midió el escáner. A los cinco días, los participantes que llevaban los ojos vendados habían incorporado la corteza occipital cuando tocaban objetos. Los sujetos de control, cosa que no debería sorprendernos, solo utilizaban su corteza somatosensorial. Los sujetos que llevaban los ojos vendados también respondían a los sonidos y las palabras.

Cuando su nueva actividad del lóbulo occipital se interrumpía intencionadamente en el laboratorio mediante pulsos magnéticos, todos los avances conseguidos en la lectura de braille por parte de los que tenían los ojos vendados desaparecieron, cosa que indicaba que la incorporación de esa área cerebral no había sido un efecto secundario accidental, sino un aspecto crucial de la mejora de su rendimiento conductual. Cuando les quitaron la venda, la reacción de la corteza occipital al tacto o al sonido desapareció al cabo de un día. A partir de ese momento, el cerebro de los participantes volvía a ser indistinguible del cerebro de cualquier otra persona con vista.

En otro estudio, se maperaon con detalle las áreas visuales del cerebro utilizando técnicas de producción de imágenes cerebrales más poderosas. A los participantes se les vendaban los ojos, se les sometía a un escáner y se les pedía que llevaran a cabo una tarea relacionada con el tacto que exigía una sutil discriminación con los dedos. Bajo esas condiciones, los investigadores podrían detectar la actividad que surgía en la corteza visual primaria después de una sesión con los ojos vendados de entre apenas cuarenta y sesenta minutos.[40]

Lo que más fascinó de los descubrimientos fue la rapidez con que ese fenómeno ocurría. La remodelación del cerebro no es como la deriva glaciar de las placas continentales, sino que puede ser extraordinariamente rápida. En capítulos posteriores veremos que la privación visual provoca que el input no visual *ya existente* se revele en la corteza occipital, y comprenderemos que el cerebro siempre salta como una ratonera para llevar a cabo un veloz cambio. Por ahora, lo más importante es que los cambios cerebrales son más repentinos de lo que incluso los neurocientíficos más optimistas se habrían atrevido a imaginar a principios de este siglo.

Volvamos de nuevo a una panorámica más general. Al igual que unos dientes afilados y unas piernas veloces son útiles para la supervivencia, lo mismo ocurre con la flexibilidad neuronal: permite que el cerebro optimice su rendimiento en una variedad de entornos.

Sin embargo, la competencia en el cerebro también tiene una desventaja potencial. Cada vez que surge un desequilibrio en la actividad de los sentidos, se puede dar una invasión potencial, y puede que sea rapidísima. Una redistribución de recursos puede ser óptima cuando una extremidad o un sentido han quedado amputados o se han perdido de manera permanente, pero en otros escenarios quizá haya que combatir la rápida conquista del territorio. Y esta consideración me llevó, junto con mi antiguo alumno Don Vaughn, a proponer una nueva teoría para lo que ocurre en el cerebro en la oscuridad de la noche.

## ¿QUÉ TIENE QUE VER EL SUEÑO CON LA ROTACIÓN DEL PLANETA?

Uno de los misterios sin resolver de la neurociencia es por qué sueña el cerebro. ¿Qué son esas extravagantes alucinaciones que tenemos por la noche? ¿Poseen significado? ¿O son simplemente una actividad neuronal azarosa en busca de una narración coherente? ¿Y por qué los sueños son tan visuales, y cada noche activan la corteza occipital en una conflagración de actividad?

Consideremos lo siguiente: en la competición crónica e implacable por hacerse con territorio cerebral, el sistema visual tiene que enfrentarse a un problema singular. Debido a la rotación del planeta, queda sumido en la oscuridad una media de doce horas cada ciclo. (Y me refiero al 99,9999 % de la historia evolutiva de nuestra especie, no a los tiempos actuales bendecidos por la electricidad). Ya hemos visto que la privación sensorial provoca que los territorios adyacentes comiencen su invasión. Así pues, ¿cómo se enfrenta el sistema visual a esta injusta desventaja?

Manteniendo la corteza occipital activa durante la noche.

Lo que sugerimos es que el sueño existe para impedir que la corteza visual se vea invadida por las áreas adyacentes. Después

60

de todo, la rotación del planeta no afecta en lo más mínimo a su capacidad para tocar, oír, saborear u oler: solo la vista sufre en la oscuridad. Como resultado, la corteza visual cada noche corre el peligro de verse invadida por los demás sentidos. Y dada la sorprendente rapidez con la que pueden ocurrir esos cambios de territorio (recordemos que bastan apenas entre cuarenta y sesenta minutos), la amenaza es formidable. Los sueños son el mecanismo mediante el cual la corteza visual evita la invasión.

Para comprenderlo mejor, adoptemos una perspectiva más general. Aunque una persona que duerme parece relajada y no operativa, el cerebro se mantiene en plena actividad eléctrica. Durante la mayor parte de la noche no se sueña. Pero durante la fase REM (movimientos oculares rápidos) del sueño, sucede algo especial. El ritmo cardíaco y la respiración se aceleran, algunos músculos pequeños sufren espasmos y las ondas cerebrales se vuelven más pequeñas y rápidas. Es la fase en que ocurren los sueños.[41] La fase REM se activa mediante una serie concreta de neuronas de la estructura del tallo cerebral llamado puente de Varolio. El incremento de actividad de estas neuronas tiene dos consecuencias. La primera es que los principales grupos musculares quedan paralizados. El complejo circuito neuronal mantiene el cuerpo congelado al soñar, y esa complejidad es la base de la importancia biológica de la fase del sueño; hemos de suponer que este circuito probablemente no habría evolucionado si no tuviera detrás una importante función. La inactividad muscular permite que el cerebro simule la experiencia del mundo sin tener que poner en marcha el cuerpo.

La segunda consecuencia es en realidad la más importante: las ondas de potenciales de acción viajan desde el tallo cerebral a la corteza occipital.[42] Cuando los potenciales llegan allí, la actividad se experimenta como visual. *Vemos.* Esta actividad explica por qué los sueños son pictóricos y fílmicos en lugar de conceptuales o abstractos.

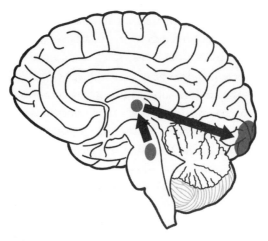

Como preludio a la fase del sueño, las ondas de actividad se desplazan desde el tallo cerebral a la corteza occipital. Lo que sugerimos es que esta infusión de actividad es necesaria cuando el planeta queda a oscuras a causa de la rotación: el sistema visual necesita estrategias especiales para mantener su territorio intacto.

Esta combinación crea la experiencia del sueño: la invasión de la corteza occipital por parte de las ondas eléctricas activa el sistema visual, mientras que la parálisis muscular impide que el que sueña actúe acorde con esas experiencias.

Nuestra teoría es que el circuito que hay detrás de los sueños visuales no es accidental. Por el contrario, para impedir la invasión, el sistema visual se ve obligado a luchar por su territorio generando brotes de actividad cuando el planeta se sume en la oscuridad.[43] Ante la competición constante por el territorio sensorial, se crea una autodefensa occipital. Después de todo, la vista transporta la información de misión crítica, pero se ve privada de ella durante la mitad de nuestras horas. Los sueños, por tanto, puede que sean el extraño hijo natural de la actividad neuronal y la rotación del planeta.

Un aspecto clave que hay que valorar es que estas descargas de actividad nocturna son anatómicamente precisas. Comienzan en el tallo cerebral y se dirigen a un único lugar: la corteza occipital. Si el circuito extendiera sus ramas de manera amplia y promiscua, sería de esperar que se conectara con muchas áreas por todo el cerebro. Pero no es así. Se dirige con anatómica exactitud a una única área: una diminuta estructura denominada núcleo geniculado lateral, que emite específicamente para la corteza occipital. A través de la lente de un neuroanatomista, la enorme especificidad del circuito sugiere un papel importante.

Desde esta perspectiva, no debería sorprendernos que incluso una persona ciega de nacimiento conserve el mismo circuito del tallo cerebral al lóbulo occipital que cualquier otra persona. ¿Y los sueños de los ciegos? ¿Sería de esperar que no soñaran debido a que a su cerebro le da igual la oscuridad? La respuesta es instructiva. Los ciegos de nacimiento (o los que han quedado ciegos de muy pequeños) no experimentan imaginería visual en sus sueños, pero poseen *otras* experiencias sensoriales, como la sensación de ir a tientas por la sala de estar donde se ha cambiado la disposición de los muebles o escuchar el ladrido de animales extraños.[44] Es algo que encaja perfectamente con lo que hemos averiguado hace un momento: que a la corteza occipital de una persona ciega se le acaban anexionando otros sentidos. Así, en los ciegos de nacimiento, sigue dándose la activación occipital nocturna, solo que se experimenta como algo *no visual*. En otras palabras, en circunstancias normales su genética espera que la mejor manera de combatir la injusta desventaja de la oscuridad sea enviando ondas de actividad nocturna al lóbulo occipital, y a ninguna otra parte, cosa que sigue siendo cierta en el cerebro de los ciegos, aun cuando el propósito original se haya perdido. Observemos también que la gente que se queda ciega *después* de los siete años posee un contenido visual mayor en sus sueños que aquellos que quedaron ciegos anteriormente; esto es coherente con el hecho de que el lóbulo occipital de los ciegos tardíos está menos conquistado por los otros sentidos, con lo que la actividad se experimenta de manera más visual.[45]

Como comentario al margen, es interesante observar que hay otras dos áreas cerebrales, el hipocampo y la corteza prefrontal, que están menos activas durante el sueño que durante la vigilia, lo que probablemente explica por qué nos resulta tan difícil recordar los sueños. ¿Por qué el cerebro desactiva esas áreas? Una posibilidad es que no hay necesidad de guardarlo en la memoria si el propósito central de la fase del sueño es mantener la corteza visual activa para combatir a sus vecinos.

Podemos aprender mucho desde una perspectiva de interespecie. Algunos mamíferos nacen *inmaduros*: con ello quiero decir que son incapaces de caminar, conseguir comida, regular su propia temperatura o defenderse. Algunos ejemplos son los humanos, los hurones o los ornitorrincos. Otros mamíferos nacen *maduros*, como por ejemplo los conejillos de indias, los corderos y las jirafas, que salen del seno materno con dientes, pelo, los ojos abiertos y la capacidad de regular su temperatura, caminar al cabo de una hora de haber nacido y tomar alimentos sólidos. Y la clave es la siguiente: los animales que nacen inmaduros tienen una fase del sueño REM mucho más larga —hasta ocho veces mayor—, y esta diferencia resulta especialmente clara en el primer mes de vida.[46] Según nuestra interpretación, cuando un cerebro enormemente plástico llega a este mundo, ha de librar una lucha continua para mantener las cosas en equilibrio. Cuando el cerebro llega solidificado en su mayor parte, no tiene tanta necesidad de enzarzarse en esta lucha nocturna.

Además, hay que tener en cuenta que el sueño REM disminuye con la edad. Todos los mamíferos pasan alguna fracción de su sueño en fase REM, y esa fracción se reduce paulatinamente a medida que envejecen.[47] En los humanos, los niños pequeños pasan la mitad de su tiempo dormidos en fase REM, mientras que para los adultos solo es entre el diez y el veinte por ciento del tiempo que duermen, y los ancianos todavía menos. Esta tendencia interespecie es coherente con el hecho de que los cerebros de los niños pequeños son mucho más plásticos (como veremos en el capítulo 9), con lo que la competencia por el territorio es incluso un más crítica. Cuando un animal envejece, las posibilidades de invasión cortical decrecen. Esta disminución de la plasticidad discurre en paralelo con la disminución del tiempo que se pasa en fase REM.

Esta hipótesis nos lleva a una predicción para el futuro lejano, cuando descubramos vida en otros planetas. Algunos planetas (sobre todo los que orbitan alrededor de estrellas enanas rojas) no rotarán, de manera que la cara que dé a su estrella será siempre la misma, y por lo tanto en un lado del planeta será siempre de día, y siempre de noche en el otro.[48] Si las formas de vida de este planeta tuvieran cerebros livewired vagamente parecidos al nuestro, la predicción sería que en el lado del planeta donde siempre es de día la gente tendría una vista como la nuestra, pero *no* sueños. Lo mismo se podría predecir de planetas que giraran a toda velocidad: si la noche fuera más corta que el tiempo que lleva una invasión cortical, entonces el sueño sería innecesario. Quizá dentro de miles de años averigüemos por fin si nosotros, los que soñamos, formamos una minoría en el universo.

DENTRO, IGUAL QUE FUERA

Es probable que pocos de los que visitan la estatua del almirante Nelson en Trafalgar Square hayan reflexionado sobre la distorsión de la corteza somatosensorial del hemisferio izquierdo de esa elevada cabeza. Pero deberían. Revela una de las proezas más extraordinarias del cerebro: la capacidad de codificar de manera óptima el cuerpo en el que reside.

Hasta ahora hemos visto que los cambios de inputs sensoriales (como es el caso de la amputación, la ceguera o la sordera) conducen a una masiva reorganización cortical. Los mapas del cerebro no están precodificados genéticamente, sino que se van moldeando con los inputs que recibe el cerebro. Se basan en la experiencia. Más que el resultado de un plan global específico, son una propiedad emergente de la competencia por la frontera. Debido a que las neuronas que se activan juntas se conectan entre ellas, la coactivación forma representaciones colindantes en el cerebro. Poco importa cuál sea la forma de su cuerpo, acabará mapeado de manera natural en la superficie de su cerebro.

Evolutivamente, dichos mecanismos basados en la actividad permiten que la selección natural pruebe en poco tiempo una innumerable variedad de tipos corporales: desde las garras a las aletas, desde las alas a las colas prensiles. La naturaleza no necesita escribir genéticamente el cerebro cada vez que quiere experimentar un nuevo plan corporal: simplemente deja que el cerebro se adapte. Esto subraya un punto que recorre todo este libro: el cerebro es muy distinto de un ordenador digital. Tenemos que abandonar nuestras ideas de la ingeniería tradicional y mantener los ojos abiertos a medida que nos adentramos en el terreno neuronal.

El cambio de forma en el plano del cuerpo ilustra lo que ocurre en todos los sistemas sensoriales. Vemos que cuando una persona es ciega de nacimiento, su corteza «visual» sintoniza con el oído, el tacto y otros sentidos. Y la consecuencia perceptiva de la invasión cortical es un aumento de la sensibilidad: cuanto más terreno dedica el cerebro a una tarea, mayor resolución tiene.

Finalmente, hemos descubierto que cuando a personas que poseen sistemas visuales normales se les vendan los ojos, aunque solo sea una hora, su corteza «visual» primaria se activa cuando llevan a cabo tareas con los dedos o cuando oyen tonos o palabras. El eliminar la venda de los ojos rápidamente devuelve la corteza visual exclusivamente a los inputs visuales. Como descubriremos en capítulos posteriores, la repentina capacidad del cerebro para «ver» con los dedos y los oídos se basa en conexiones de otros sentidos que ya están presentes pero que no se utilizan, siempre y cuando los ojos envíen datos.

En conjunto, estas consideraciones nos llevan a proponer que los sueños visuales son un producto secundario de la competición neuronal y la rotación del planeta. Un organismo que desea impedir que su sistema visual se vea invadido por los demás sentidos debe idear una manera de mantener el sistema visual activo cuando llega la oscuridad.

Ahora ya estamos preparados para abordar una cuestión. Hemos dibujado la imagen de una corteza extremadamente flexible. ¿Cuáles son los límites de esa flexibilidad? ¿Podemos introducir en el cerebro cualquier tipo de dato? ¿Sabe lo que tiene que hacer con los datos que recibe?

# 4. ENVOLVER LOS INPUTS

Todo ser humano, si se lo propone, puede ser el escultor
de su propio cerebro.

SANTIAGO RAMÓN y CAJAL
(1852-1934), neurocientífico
laureado con el Premio Nobel

Michael Chorost nació con graves problemas de oído, y de
joven fue tirando con la ayuda de un audífono. Pero una tarde,
mientras esperaba para recoger un coche de alquiler, se le acabó
la pila del audífono. O eso creyó. Cambió la batería, pero se dio
cuenta de que seguía sin oír nada. Cogió el coche y se dirigió a
las urgencias más cercanas, donde descubrió que lo que le quedaba de oído –esa fina línea auditiva que le unía al resto del
mundo– había desaparecido para siempre.[1]

Los audífonos ya no le servirían de nada; después de todo,
funcionan captando el sonido del mundo y proyectándolo a un
volumen más alto al sistema auditivo de ayuda. Esta estrategia
resulta eficaz en algunos tipos de pérdida del oído. Pero solo
sirven si todo el sistema que va del tímpano al cerebro sigue
funcionando. Si el oído interno fallece, por mucho que se ampli-
fique el sonido, el problema no tiene solución. Esa era la situación
de Michael: era como si su percepción del paisaje sonoro del
mundo hubiera llegado a su fin.

Pero luego descubrió que tenía otra opción, y en 2001 se
sometió a una operación de implante coclear. Este diminuto
dispositivo sortea el hardware estropeado del oído interno y le
habla directamente al nervio en funcionamiento (considérelo una
especie de cable de datos) que hay más allá. El implante es un

miniordenador colocado directamente en el oído interno que recibe los sonidos del mundo exterior y transmite la información al nervio auditivo por medio de diminutos electrodos, con lo que sortea la parte dañada del oído interno. No obstante, eso no significa que la experiencia de oír no tenga coste alguno. Michael ha tenido que aprender a interpretar la lengua extranjera de las señales eléctricas que ahora llegan a su sistema auditivo.

Cuando el dispositivo se puso en marcha un mes después de la operación, la primera frase que oí sonó como «¿Zzz zzz pzzz dzzzyuzzz?». Mi cerebro aprendió poco a poco interpretar esa señal ajena. Poco después, ese «¿ Zzz zzz pzzz dzzzyuzzz?» se convirtió en «¿Qué hay para desayunar?». Al cabo de meses de práctica, ya podía utilizar otra vez el teléfono, e incluso conversar en bares y cafeterías con mucho ruido.

Aunque el hecho de que le implanten un miniordenador suena un poco a ciencia ficción, los implantes cocleares están en el mercado desde 1982, y más de medio millón de personas llevan en la cabeza esos mecanismos biónicos, que les permiten disfrutar de las voces, las llamadas a la puerta, las risas y los flautines. El software del implante coclear se puede alterar y actualizar, de manera que Michael ha pasado años obteniendo una información más eficiente gracias a posteriores operaciones. Casi un año después de que se activara el implante, lo mejoró con un programa que doblaba la resolución. Tal como lo expresa el propio Michael: «Mientras el oído de mis amigos inevitablemente declina con la edad, el mío sigue mejorando».

Terry Byland vive cerca de Los Angeles, California. Le diagnosticaron una retinitis pigmentaria, una enfermedad degenerativa de la retina, que es la lámina de fotorreceptores que hay en la parte de atrás del ojo. Nos cuenta que «cuando tienes treinta y siete años, lo último que quieres oír es que te vas a quedar ciego, y que la cosa no tiene remedio».[2]

Y entonces descubrió que *sí* tenía remedio, si tenía el suficiente valor para intentarlo. En 2004 se convirtió en uno de los primeros pacientes que se sometieron a una intervención experimental: le implantaron un chip retinal biónico. Se trata de un diminuto dispositivo con una red de electrodos que se conecta con la retina, en la parte posterior del ojo. Una cámara inalámbrica montada sobre unas gafas envía señales al chip. Los electrodos emiten pequeñas señales eléctricas a las células retinales de Terry que sobreviven, lo que genera señales a lo largo de la autopista anteriormente silenciosa del nervio óptico. Después de todo, el nervio óptico de Terry funcionaba perfectamente: incluso cuando los fotorreceptores ya habían muerto, el nervio seguía estando ávido de señales para transportar al cerebro.

Un equipo de investigación de la Universidad del Sur de California implantó el chip en miniatura en el ojo de Terry. La operación tuvo lugar sin ningún problema, y a continuación comenzaron las pruebas. Conteniendo el aliento, el equipo de investigación conectó los electrodos individualmente para probarlos. Terry relató: «Ver algo fue increíble. Eran como diminutas motas de luz, más pequeñas que una moneda de diez centavos. Eso era lo que veía mientras probaban electrodos uno por uno». A lo largo de los días, Terry experimentó solo pequeñas constelaciones de luces; nada que pudiera considerarse un gran éxito. Pero su corteza visual poco a poco fue comprendiendo cómo extraer una mejor información de las señales. Al cabo de un tiempo detectó la presencia de su hijo de dieciocho años: «Era mi hijo que caminaba. Era la primera vez que le veía desde que tenía cinco años. No me importa admitir que ese día derramé algunas lágrimas».

Terry no experimentaba ninguna imagen visual clara: veía más bien una red pixelada, pero la puerta de la oscuridad había dejado entrever una rendija. Con el tiempo su cerebro ha sido

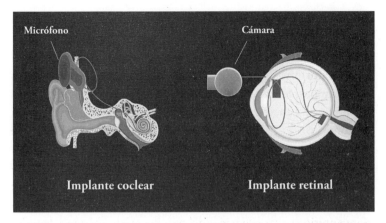

Micrófono             Cámara

Implante coclear        Implante retinal

Estos dispositivos digitales transmiten información que no encaja del todo con el lenguaje de la biología natural. Sin embargo, el cerebro comprende cómo hacer uso de los datos.

capaz de interpretar mejor las señales. Aunque es incapaz de discernir los detalles de las caras individuales, las puede distinguir débilmente. Y aunque la resolución de su chip retinal es baja, puede tocar objetos que se le aparecen en ubicaciones aleatorias, y consigue cruzar una calle de la ciudad distinguiendo las líneas blancas del paso de cebra.[3] Afirma orgulloso: «Cuando estoy en mi casa, o en la casa de otra persona, puedo entrar en cualquier habitación y encender la luz, o ver la luz que entra por la ventana. Cuando camino por la calle soy capaz de evitar las ramas bajas porque consigo ver los bordes».

Durante décadas la comunidad científica estuvo contemplando seriamente la idea de las prótesis para el oído y el ojo. Pero nadie sabía con certeza si esas tecnologías funcionarían. Después de todo, el oído interno y la retina llevan a cabo un procesamiento de los inputs sensoriales que reciben extraordinariamente sofisticado. Con lo que la pregunta era si un pequeño chip electrónico que hablara el dialecto de Silicon Valley en lugar del idioma de nuestros órganos sensoriales biológicos sería comprendido por el resto del cerebro. O mejor dicho, si sus patrones de chispas eléctricas en miniatura no serían más que un galimatías para las redes neuronales. Estos dispositivos serían como un patán que llega a una tierra extranjera y cree que todo el mundo comprenderá su idioma si grita lo suficiente.

Y lo asombroso es que, en el caso del cerebro, esa estrategia tan pedestre funciona: el resto del país aprende a comprender al extranjero.

Pero ¿cómo?

La clave para comprenderlo exige sumergirse a un nivel más profundo: ese kilo y medio de tejido cerebral no ve ni oye directamente el mundo que le rodea, sino que vive encerrado en una cripta de silencio y oscuridad dentro del cráneo. Todo lo que ve son señales electroquímicas que fluyen por diferentes cables de datos. Se las tiene que apañar con eso.

De formas diversas que todavía tenemos que comprender, el cerebro cuenta con el increíble don de coger esas señales y extraer patrones. A esos patrones les asigna un significado, y con el significado tenemos la experiencia subjetiva. El cerebro es un órgano que convierte chispas en la oscuridad en la imagen agradable de nuestro mundo. Todos los matices, aromas, emociones y sensaciones de nuestra vida están codificados en billones de señales que brillan fugazmente en la negrura, igual que un hermoso salvapantallas de su ordenador está construido simplemente a base de ceros y unos.

LA ESTRATEGIA DEL SEÑOR PATATA QUE CONQUISTÓ
EL PLANETA

Imagine que se va a una isla de gente ciega de nacimiento. Todos leen en braille, percibiendo diminutos patrones sensoriales en las puntas de los dedos. Ve cómo se tronchan de risa o se echan a llorar mientras recorren esas pequeñas protuberancias. ¿Cómo puede caber toda esa emoción en la punta del dedo?

Usted les explica que cuando disfruta de una novela, dirige las esferas de su cara hacia unas líneas y curvas concretas. Cada esfera cuenta con una extensión de células que registran colisiones con fotones, y de este modo puede registrar las formas de los símbolos. Ha memorizado un conjunto de reglas sistematizado mediante el cual las diferentes formas representan sonidos distintos, de manera que, para cada forma, usted recita un sonido en su cabeza, imaginando lo que oiría si alguien pronunciara ese sonido. El patrón resultante de ese sistema de señales neuroquímicas es lo que le hace estallar de hilaridad o prorrumpir en lágrimas. No puede culpar a esos isleños si todo eso les resulta difícil de comprender.

Usted y ellos al final tendrían que reconocer una sencilla verdad: la punta del dedo o el globo ocular no son más que el dispositivo periférico que convierte la información del mundo exterior en potenciales de acción en el cerebro. Estos dispositivos traducen la información en potenciales de acción, y el cerebro es el que se encarga de la ardua labor de interpretarla. Usted y los isleños estarían de acuerdo en que al final todo se reduce a billo-

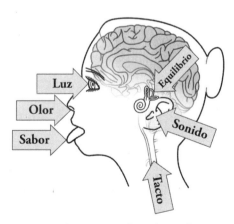

Los órganos sensoriales aportan al cerebro información de diferentes fuentes.

nes de potenciales de acción recorriendo el cerebro a gran velocidad, y que el método de entrada no es lo más importante.

El cerebro aprende a adaptar cualquier información que entra en el cerebro, y a extraer de ella todo lo que puede. Siempre y cuando los datos cuenten con una estructura que refleje algo importante sobre el mundo exterior (junto con otras exigencias que veremos en el próximo capítulo), el cerebro encontrará la manera de decodificarla.

Todo ello tiene una consecuencia interesante: su cerebro no sabe, y le da igual, de dónde proceden los datos. Cualquiera que sea la información que entra, simplemente procura aprovecharla.

Y esto es lo que convierte el cerebro en una máquina muy eficiente. Es un dispositivo computacional de uso general. Absorbe todas las señales que encuentra y determina –de manera casi óptima– qué puede hacer con ellas. Y mi teoría es que esta estrategia libera a la Madre Naturaleza de ir probando con diferentes tipos de canales de entrada.

A este modelo evolutivo lo denomino Señor Patata. Utilizo este nombre para recalcar que todos los sensores que conocemos y amamos –nuestros ojos, nuestros oídos y las puntas de nuestros dedos– no son más que dispositivos periféricos de conectar y usar. Los conectas y ya los puedes utilizar. El cerebro se encarga de saber qué hacer con los datos que entran.

Como resultado, la Madre Naturaleza puede construir nuevos sentidos simplemente construyendo nuevos periféricos. En otras palabras, en cuanto ha averiguado los principios operativos del cerebro, puede ir probando con diferentes tipos de canales de entrada para escoger diferentes fuentes de energía del mundo. La información transportada por el reflejo de la radiación electromagnética es captada por los detectores de fotones de los ojos. Las ondas de compresión del aire son captadas por los detectores de sonido de las orejas. La información del calor y la textura la recogen esas grandes láminas de material sensorial que denominamos piel. Las características químicas las olfatea la nariz o las

La teoría del Señor Patata: se enchufan los órganos sensoriales y el cerebro se encarga de saber cómo utilizarlos.

lame la lengua. Todo ello se traduce en potenciales de acción que recorren la bóveda oscura del cerebro.

Esta extraordinaria capacidad del cerebro de aceptar cualquier entrada sensorial desplaza la carga de la investigación y desarrollo de nuevos sentidos a los sensores exteriores. Del mismo modo que se pueden enchufar una nariz arbitraria o unos ojos o una boca en el Señor Patata, la naturaleza enchufa una gran variedad de instrumentos en el cerebro con el propósito de detectar fuentes de energía del mundo.

Consideremos los dispositivos periféricos de instalación automática de su ordenador. La importancia de este diseño consiste en que su ordenador no tiene que conocer la existencia de la XJ-3000 SuperWebCam que se inventará dentro de varios años; lo único que necesita es estar preparado para recibir la interfaz de un dispositivo desconocido y arbitrario y recibir flujos de datos cuando se enchufe el nuevo dispositivo. Por lo tanto, no es necesario comprarse un ordenador nuevo cada vez que sale un nuevo periférico al mercado. Simplemente hay un dispositivo central que abre sus ventanillas para que los periféricos se añadan de una manera estandarizada.[4]

Considerar nuestros detectores periféricos como dispositivos individuales y autónomos podría parecer una locura, pues, después de todo, ¿no hay miles de genes que participan en la construcción de esos dispositivos? Y ¿no se solapan esos genes con otras piezas y partes del cuerpo? ¿No podemos considerar la nariz, el ojo, el oído o la lengua dispositivos independientes? Me he dedicado a investigar profundamente este problema. Después de todo, si el modelo del Señor Patata fuera correcto, ¿no sugeriría que podemos encontrar interruptores simples en la genética que conduzcan a la presencia o ausencia de esos periféricos?

Sin embargo, no todos los genes son iguales. Los genes se activan en un orden exquisitamente preciso, y la expresión de uno activa la expresión del siguiente en un sofisticado algoritmo de retroalimentación o prealimentación. El resultado es que existen nódulos críticos en el programa genético para construir, pongamos, una nariz. El programa se puede encender o apagar.

¿Cómo lo sabemos? Veamos las mutaciones que ocurren con un problema genético. Tomemos el estado llamado arrinia, que

El bebé Eli nació sin nariz.

se da cuando un niño nace sin nariz. Simplemente no la tiene en la cara. Eli, un bebé nacido en Alabama en 2015, carece completamente de nariz, y también carece de cavidad nasal o sistema para oler.[5] Dicha mutación parece increíble y difícil de explicar, pero en nuestro marco de «instalación automática», la arrinia es predecible: con una leve modificación de los genes, el dispositivo periférico no se construye.

Si consideramos que nuestros órganos sensoriales son dispositivos de «instalación automática», podría esperarse encontrar algún caso médico en el que un niño nazca, pongamos, sin ojos. Y de hecho, eso es lo que ocurre en el caso de la anoftalmía. Analicemos el caso del bebé Jordy, nacido en Chicago en 2014.[6] Debajo de sus párpados, no encontramos más que una carne lisa y satinada. A pesar de que el comportamiento y el cerebro de Jordy indican que el resto de su cerebro funciona perfectamente, no tiene los dispositivos periféricos para captar los fotones. La abuela de Jordy afirma: «Nos conocerá tocándonos». Su madre, Brania Jackson, se hizo un tatuaje con las palabras «I love Jordy» en braille en su omóplato derecho para que Jordy pueda crecer tocándolo.

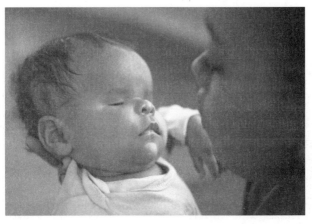

El bebé Jordy nació sin ojos; debajo de los párpados solo hay piel.

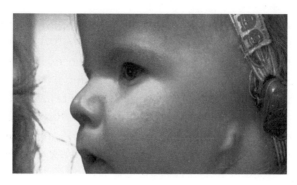

Niño sin orejas.

Algunos bebés nacen sin orejas. En un caso más raro llamado anotia, los niños nacen con una completa ausencia de la parte exterior del oído.

De manera parecida, la mutación de una sola proteína provoca que la estructura del oído *interno* esté ausente.[7] No hace falta mencionar que los niños con estas mutaciones son completamente sordos, pues carecen de los dispositivos periféricos que convierten la presión del aire en potenciales de acción.

¿Se puede nacer sin lengua, y por lo demás estar perfectamente bien de salud? Por supuesto. Eso es lo que le ocurrió a una chica brasileña llamada Auristela. Pasó años luchando para poder comer, hablar y respirar. Siendo adulta le practicaron una operación para ponerle una lengua, y en la actualidad concede elocuentes entrevistas en las que habla sobre lo que supone crecer sin lengua.[8]

La extraordinaria lista de cosas que nos pueden faltar podría continuar. Algunos niños nacen sin receptores del dolor en la piel y en los órganos internos, por lo que son totalmente insensibles a los daños de la vida cotidiana.[9] (A primera vista, podría parecer que estar libre de dolor es una ventaja. Pero no es así: los niños incapaces de experimentar dolor están cubiertos de cicatrices, y a menudo mueren porque no saben qué han de evitar.) Aparte del dolor, hay otros tipos de receptores en la piel, incluyendo el estiramiento, el picor y la temperatura, y un niño puede acabar careciendo de algunos, pero no de otros. Esta ausencia colectiva se denomina anafia, la incapacidad de percibir el tacto. Cuando observamos esta constelación de trastornos, queda claro que nuestros detectores periféricos se activan mediante programas genéticos específicos. Cualquier mal funcionamiento de los genes puede detener el programa, y entonces el cerebro no recibe ese flujo de datos concreto.

La idea de una sola corteza para todos los usos sugiere que durante la evolución se pueden ir añadiendo habilidades sensoriales: con un dispositivo periférico mutado, un nuevo flujo de datos entra en algunas zonas del cerebro, y la maquinaria de procesamiento neuronal se pone en marcha. De este modo, las nuevas habilidades solo requieren el desarrollo de nuevos dispositivos sensoriales.

Y por eso si nos fijamos en el reino animal podemos descubrir todo tipo de extraños dispositivos periféricos, cada uno de ellos elaborado a lo largo de millones de años de evolución. Si fuera usted una serpiente, su secuencia de ADN fabricaría fosas de calor que recogerían información infrarroja. Si fuera usted un pez cuchillo fantasma negro, sus letras genéticas activarían electrosensores que detectarían las perturbaciones en el campo eléctrico. Si fuera un sabueso, su código escribiría instrucciones para tener un enorme hocico abarrotado de receptores de olor. Si fuera una gamba mantis, sus instrucciones fabricarían ojos con dieciséis tipos de fotorreceptores. El topo de nariz estrellada posee lo que parecen veintidós dedos en la nariz, y con ellos tantea a su alrededor y construye un modelo en tres dimensiones de sus sistemas de túneles. Muchos pájaros, vacas e insectos están dotados de magnetorrecepción, que les permite orientarse con respecto al campo magnético del planeta.

Para acomodar esa variedad de periféricos, ¿tiene la naturaleza que rediseñar el cerebro cada vez? Sugiero que no. La evolución por mutaciones aleatorias introduce nuevos periféricos extraños, y los cerebros que los reciben simplemente averiguan cómo sacar provecho de ellos. La naturaleza no tiene que rediseñar el cerebro continuamente. Una vez establecidos los principios de cómo opera el cerebro, solo tiene que preocuparse por diseñar nuevos sensores.

Esta perspectiva nos enseña una lección: los dispositivos con los que nacemos —ojos, nariz, orejas, lengua y dedos— no son los únicos instrumentos que podríamos haber tenido. Son tan solo los que hemos heredado tras una prolongada y compleja evolución.

Quizá no debamos conformarnos con ese grupo específico de sensores.

Después de todo, la capacidad del cerebro de manejar tipos distintos de información implica la extravagante predicción de que podría conseguir que un canal sensorial transportara información de otro. Por ejemplo, ¿y si el flujo de datos de una cámara de vídeo pudiera convertirse en el tacto en su piel? ¿Acabaría interpretando el cerebro el mundo visual con tan solo sentirlo?

Bienvenidos al curiosísimo mundo de la sustitución sensorial.

SUSTITUCIÓN SENSORIAL

La idea de que se pueden introducir datos en el cerebro a través de canales insólitos puede parecer hipotética y extravagante. Pero el primer artículo que lo demostraba se publicó en la revista *Nature* hace más de medio siglo.

La historia comienza en 1958, cuando un médico llamado Paul Bach-y-Rita recibió una terrible noticia: su padre, un profesor de sesenta y cinco años, acaba de sufrir un grave ictus que le confinaría en una silla de ruedas, y apenas podría hablar ni moverse. Paul y su hermano George, estudiante de medicina en la

80

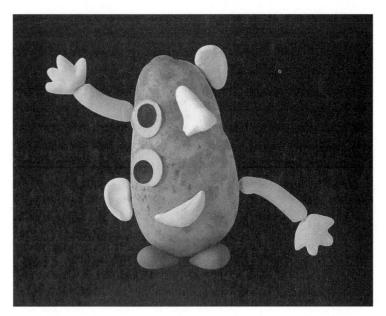

Sustitución sensorial: entrada de información en el cerebro a través de vías insólitas.

Universidad de México, buscaron maneras de ayudar a su padre. Y juntos elaboraron un programa de rehabilitación pionero, peculiar e individual.

Tal como lo describió Paul: «Fue a base de mano dura. [George] tiraba algo al suelo y decía: "Papá, recógelo"».[10] O le obligaba a intentar barrer el porche, incluso ante la consternación de los vecinos. Pero para su padre la lucha valió la pena. Según Paul, él mismo lo expresó con las siguientes palabras: «Este hombre inútil está haciendo algo».

Las víctimas de un ictus con frecuencia se recuperan solo de manera parcial –y a menudo no se recuperan–, así que los hermanos procuraron no darle falsas esperanzas. Sabían que cuando el tejido cerebral muere por culpa de un ictus, nunca se recupera.

Aun así, la recuperación de su padre avanzaba inesperadamente bien. Tan bien, de hecho, que volvió a ejercer de profesor y murió mucho después, víctima de un ataque al corazón mientras estaba de excursión en Colombia a tres mil metros de altura.

Paul quedó muy impresionado por lo bien que se había recuperado su padre, y aquella experiencia fue un punto de inflexión en su vida. Comprendió que el cerebro podía reentrenarse solo, y que incluso cuando alguna de sus partes desaparecía, otras asumían su función. Paul abandonó una cátedra en Smith-Kettlewell en San Francisco para comenzar una residencia de medicina de rehabilitación en el Centro Médico del Valle de Santa Clara. Quería estudiar a gente como su padre. Quería comprender lo que le hacía falta al cerebro para reentrenarse.

A finales de la década de 1960, Paul Bach-y-Rita había elaborado un proyecto que casi todos sus colegas consideraron un disparate. Hacía sentarse a un voluntario ciego en un sillón de dentista reconfigurado en su laboratorio. En la parte de atrás del sillón había insertadas cuatrocientas puntas de teflón colocadas en una retícula de veinte por veinte. Las puntas se extendían y retraían mediante solenoides mecánicos. Sobre la cabeza de la

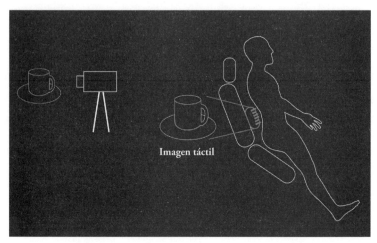

Una fuente de vídeo se traduce en tacto en la espalda.

persona ciega se colocaba una cámara montada sobre un trípode. El flujo de vídeo de la cámara activaba las puntas, que presionaban la espalda del voluntario. Los objetos pasaban delante de la cámara mientras el participante ciego sentado en el sillón prestaba mucha atención a lo que sentía en la espalda. Después de días de entrenamiento mejoraba a la hora de identificar los objetos mediante el tacto. Algo parecido a cuando una persona juega a dibujar con el dedo en la espalda de otra y después le pide que identifique la forma o letra. La experiencia no era exactamente igual que ver, pero suponía un principio. Lo que Bach-y-Rita descubrió dejó asombrados a sus colegas: los sujetos ciegos podían aprender a distinguir las líneas horizontales y verticales de las diagonales. Los usuarios más avanzados podían aprender a distinguir objetos sencillos e incluso caras simplemente mediante la actividad de las puntas en su espalda. Publicó sus hallazgos en la revista *Nature*, en un artículo con el sorprendente título de «Sustitución de la vista mediante la proyección de imágenes táctiles». Aquello supuso el inicio de una nueva era, la de la sustitución sensorial.[11] Bach-y-Rita resumió sus descubrimientos de una manera muy sencilla: «El cerebro es capaz de utilizar información procedente de la piel igual que si procediera de los ojos».

La técnica mejoró drásticamente cuando Bach-y-Rita y sus colaboradores efectuaron un simple cambio: en lugar de montar la cámara en la silla, permitieron que la persona ciega la enfocara ella misma, utilizando su propia voluntad para controlar hacia dónde miraba el «ojo».[12] ¿Por qué? Porque el input sensorial se aprende mejor cuando uno es capaz de interactuar con el mundo. Permitir que los usuarios controlaran la cámara cerró el circuito entre el output muscular y el input sensorial.[13] La percepción no se puede comprender como algo pasivo, sino que es una manera de explorar activamente el entorno, de que una acción concreta encaje con un cambio específico en lo que regresa al cerebro. Al cerebro tanto le da cómo se establezca el circuito: ya sea moviendo los músculos extraoculares que mueven el ojo o utilizando los músculos del brazo para inclinar una cámara. Ocurra lo que ocurra, el cerebro se esfuerza por comprender cómo el output encaja con el input.

La experiencia subjetiva que tenían los usuarios era que los objetos visuales se localizaban «ahí fuera» en lugar de en la piel de la espalda.[14] En otras palabras, era algo que se parecía a la vista. Aun cuando ver la cara de un amigo en la cafetería afecta a tus fotorreceptores, no percibes que la señal está en el ojo. Percibes que está *ahí fuera*, que te saluda a lo lejos. Pues lo mismo ocurría en el caso de los usuarios del sillón de dentista modificado.

A pesar de que el dispositivo de Bach-y-Rita fue el primero que llamó la atención del público, no fue primer intento de sustitución sensorial. En la otra punta del mundo, a finales de la década de 1890, un oftalmólogo polaco llamado Kazimierz Noiszewski desarrolló el Elektroftalm (del griego «electricidad» + «ojo») para los ciegos. En la frente de la persona ciega se colocaba una fotocélula; cuanto más luz incidía en ella, más fuerte era el sonido que percibía. Basándose en la intensidad del sonido, la persona ciega podría indicar qué zonas estaban iluminadas y cuáles a oscuras.

Por desgracia, se trataba de un mecanismo grande y pesado y de solo un píxel de resolución, por lo que no tuvo mucho futuro. Pero en 1960, sus colegas polacos le cogieron el relevo y prosiguieron su tarea.[15] Aunque reconocían que oír es fundamental para los ciegos, decidieron transmitir la información a través del tacto. Construyeron un sistema de motores vibratorios montado sobre un casco que «dibujaba» las imágenes en la cabeza. Los participantes ciegos podían moverse libremente por unas habitaciones especialmente preparadas, y pintadas para resaltar el contraste de los marcos de las puertas y los bordes de los muebles. Funcionó. Sin embargo, al igual que los inventos anteriores, el dispositivo era pesado y se calentaba durante su uso, con lo que el mundo tuvo que seguir esperando. Pero la prueba de concepto estaba allí.

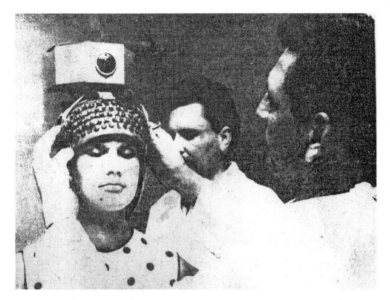

El Elektroftalm traducía la imagen de una cámara en vibraciones en la cabeza (1969).

¿Por qué funcionan todos estos enfoques? Porque los inputs que llegan al cerebro –fotones en los ojos, ondas de compresión del aire en las orejas, presión en la piel– se convierten en esa moneda única que son las señales eléctricas. Siempre y cuando los potenciales de acción de entrada transmitan información que represente algo importante acerca del mundo exterior, el cerebro aprenderá a interpretarla. A los inmensos bosques neuronales del cerebro les da igual la ruta mediante la cual entren los potenciales de acción. Bach-y-Rita lo describió así en una entrevista de 2003 en la PBS:

> Si yo le miro, su imagen no va más allá de mi retina [...]. Desde ahí al cerebro, son pulsos. Pulsos a lo largo de los nervios. Esos pulsos no son diferentes de los pulsos que recorren el dedo gordo del pie. Lo importante es la información que llevan y la

frecuencia y el patrón de esos pulsos. Si fuera capaz de entrenar el cerebro para extraer ese tipo de información, no necesitaría el ojo para ver.

En otras palabras, la piel es un camino para introducir datos en un cerebro que ya no posee ojos que funcionen. Pero ¿cómo funciona este sistema?

## LA ESPECIALIZACIÓN

Cuando observamos la corteza cerebral, y cruzamos sus colinas y valles, parece más o menos la misma por todas partes. Pero cuando producimos imágenes cerebrales o introducimos diminutos electrodos en esa masa gelatinosa, nos encontramos con que surgen diferentes tipos de información en diferentes regiones. Estas diferencias han permitido a los neurocientíficos etiquetar algunas áreas: una región es para la vista, otra para el oído, otra para el tacto del dedo gordo del pie izquierdo, etc. Pero ¿y si cada área acaba siendo lo que es a causa tan solo de sus inputs? ¿Y si la corteza «visual» es solamente visual por los datos que recibe? ¿Y si la especialización se desarrolla a partir de los detalles de los cables de datos que entran en lugar de a través de la preespecificación genética de los módulos? En este marco, la corteza es un mecanismo de procesamiento de datos para todo uso. Se introducen datos, los procesa y se extraen regularidades estadísticas.[16] En otras palabras, la corteza está dispuesta a aceptar cualquier input que se introduzca en ella y a llevar a cabo los mismos algoritmos básicos. Desde esta perspectiva, ninguna parte de la corteza está preespecificada para ser visual, auditiva, etc. De manera que si un organismo quiere detectar las ondas de compresión del aire o los fotones, lo único que tiene que hacer es conectar el haz de fibras de las señales que entran en la corteza, y la maquinaria de seis capas aplicará un algoritmo

86

general para extraer la información correcta. Los datos son los que crean las áreas.

Por eso la corteza tiene el mismo aspecto en todas partes: porque es la misma. Cualquier fragmento de la corteza es pluripotencial, cosa que significa que cuenta con la capacidad de asumir diversos destinos, según lo que se le enchufe. Si existe un área del cerebro dedicada al oído es solo porque los dispositivos periféricos (en este caso las orejas) envían información a lo largo de cables que se conectan en la corteza en ese punto. No es que esa sea la corteza auditiva por necesidad, sino que lo es solo porque las señales que han pasado por las orejas han modelado su destino. En un universo alternativo, podemos imaginar fibras nerviosas que transportan información visual conectadas a esa misma área; y luego podemos etiquetarla en nuestros libros de texto como corteza visual. En otras palabras, la corteza lleva a cabo las operaciones habituales en cualquier input que le llegue. Por eso tenemos la impresión de que el cerebro cuenta con áreas sensoriales específicas, pero en realidad es cosa de los inputs.[17]

Pensemos dónde están los mercados de pescado en la zona central de Estados Unidos: en las poblaciones en las que florece el pescatarianismo, en las que más proliferan los restaurantes de sushi, en las que aparecen nuevas recetas de marisco... y denominemos a esas poblaciones las zonas de pescado primarias.

¿Por qué el mapa está configurado de una forma en particular y no de otra distinta? Tiene ese aspecto porque ahí es donde fluyen los ríos, y por tanto donde están los peces. Pensemos en los peces como si fueran datos que fluyen por los cables de datos que son los ríos, y la distribución de restaurantes se organizara según ese patrón. Ningún cuerpo legislativo prescribió que los mercados de pescado se trasladaran allí, sino que fue algo natural.

Todo lo cual nos lleva a la hipótesis de que un cacho de tejido, pongamos, en la corteza auditiva, no tiene nada de especial. Podríamos cortar un pedazo de corteza auditiva de un embrión y trasplantarlo a la corteza visual y funcionaría perfectamente. De hecho, eso es precisamente lo que se demostró en los experimentos que comenzaron a principios de la década de 1990: en poco tiempo, el fragmento del tejido trasplantado tenía el mismo aspecto y se comportaba igual que el resto de la corteza visual.[18]

Y la demostración aún fue más allá. En el año 2000, unos científicos del MIT redirigieron inputs del ojo de un hurón a la corteza auditiva, de manera que esta recibía datos visuales. ¿Y qué ocurrió? La corteza auditiva adaptó sus circuitos para que se parecieran a las conexiones de la corteza visual primaria.[19] Los animales recableados interpretaban los inputs que llegaban a la corteza auditiva como si fueran los de una visión normal, lo que nos indica que el patrón de los inputs determina el destino de la corteza. El cerebro se conecta de manera dinámica para representar de la mejor manera posible los datos que llegan por la corriente (y con el tiempo actuar en consecuencia).[20]

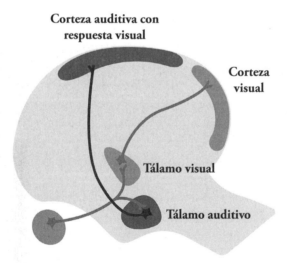

Las fibras visuales del cerebro del hurón se desviaron a la corteza auditiva, y esta comenzó a ver.

Centenares de estudios sobre el trasplante de tejido o la re-
dirección de inputs apoyan el modelo según el cual el cerebro es
un dispositivo computacional de uso general, una máquina que
lleva a cabo operaciones habituales con los datos que entran, y
que le da igual si esos datos consisten en la visión de un conejo que
brinca, el sonido de un teléfono, el sabor de la mantequilla de
cacahuete, el olor del salami o el tacto de la seda en la mejilla. El
cerebro analiza el input y lo pone en contexto (*¿qué puedo hacer
con esto?*) sin importarle de dónde proviene. Y por eso los datos
pueden resultarle útiles a una persona ciega aunque le lleguen por
la espalda, la oreja o la frente.

En la década de 1990, Bach-y-Rita y sus colegas empezaron
a buscar opciones más pequeñas que un sillón de dentista. Desarrollaron un dispositivo llamado BrainPort.[21] Se adosa una cámara a la frente de una persona ciega y se le coloca en la lengua una
pequeña red de electrodos. La «Unidad de Visualización para la
Lengua» utiliza una red de estimuladores sobre tres centímetros

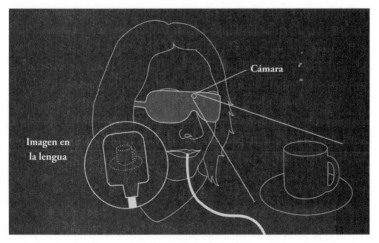

Ver con la lengua.

cuadrados. Los electrodos emiten pequeñas descargas correlacionadas con la posición de los píxeles, que se parecen un poco a los Peta Zetas de los niños en la boca. Los píxeles luminosos se codifican mediante una intensa estimulación en los puntos correspondientes de la lengua, gris con una estimulación media y oscuridad cuando no hay estimulación. El BrainPort permite distinguir objetos visuales con una agudeza visual equivalente a la visión 20/800.[22] Aunque los usuarios informan de que al principio perciben la estimulación de la lengua en forma de bordes y formas inidentificables, con el tiempo aprenden a reconocer la estimulación a un nivel más profundo que les permite discernir cualidades como la distancia, la forma, la dirección del movimiento y el tamaño.[23]

Consideramos que la lengua es un órgano del gusto, pero está cargada de receptores del tacto (así es como experimenta la textura de la comida), lo que la convierte en una excelente interfaz de la máquina cerebral.[24] Al igual que con los demás dispositivos visual-táctiles, la red de la lengua nos recuerda que la vista no surge en los ojos, sino en el cerebro. Cuando observamos la producción de imágenes cerebrales en sujetos entrenados (ciegos o videntes), el movimiento de las descargas electrotáctiles a lo largo de la lengua activa una zona del cerebro que normalmente participa en el movimiento visual.[25]

Al igual que con la red de solenoides de la espalda, los ciegos que utilizan el BrainPort comienzan a experimentar que las escenas están dotadas de «apertura» y «profundidad», y que los objetos están *ahí fuera*. En otras palabras, es algo más que una traducción cognitiva de lo que está ocurriendo en la lengua: se transforma en una experiencia perceptiva directa. La experiencia no es «siento un patrón en la lengua que codifica que mi esposa pasa por delante de mí», sino la percepción directa de que su esposa está cruzando la sala. Si su vista es normal, tenga en cuenta que así es precisamente cómo funcionan los ojos: las señales electroquímicas de sus retinas se perciben como un amigo que le hace señas, un Ferrari que pasa a toda velocidad, una cometa escarlata que se recorta en el cielo azul. Aun cuando toda actividad esté en la superficie de sus detectores sensoriales, usted lo percibe todo como si estuviera ahí delante. Es igual que el detector sea el ojo o la lengua. Un participante ciego, Roger Behm, describe la experiencia del BrainPort:

> El año pasado, cuando vine aquí por primera vez, estábamos en la mesa de la cocina y me puse un poco... emotivo, porque habían pasado treinta y tres años desde la última vez que había visto algo. Y ahora podía extender la mano y ver pelotitas de diferentes tamaños. Y me refiero a *verlas visualmente*. Podía extender el brazo y cogerlas, no ir a tientas. Cogerlas, ver la taza, levantar la mano y dejarlas caer justo en la taza.[26]

Como probablemente ya puede intuir, el input táctil puede estar casi en cualquier lugar del cuerpo. Unos investigadores de

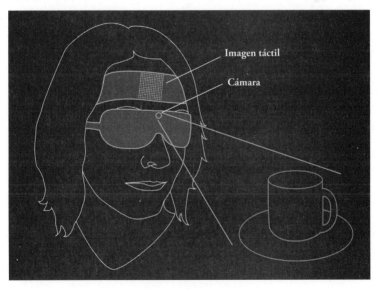

El Forehead Retina System.

Japón han desarrollado una variante de la red táctil, el Forehead Retina System, en el que las imágenes del vídeo se convierten en pequeños puntos de tacto en la frente.[27] ¿Por qué en la frente? ¿Y por qué no? Es una zona que no se utiliza para gran cosa. Otra versión alberga una red de actuadores vibrotáctiles en el abdomen, que utiliza la intensidad para representar la distancia a las superficies más cercanas.[28]

Lo que todos estos dispositivos tienen en común es que el cerebro sabe qué hacer con los inputs visuales que entran a través de canales normalmente pensados para el tacto. Pero resulta que el tacto no es la única estrategia que funciona.

«EYE TUNES»

En mi laboratorio, mi exalumno Don Vaughn camina sujetando su iPhone delante de él. Tiene los ojos cerrados, pero no choca con nada. Los sonidos que entran por sus auriculares convierten el mundo visual en un paisaje sonoro. Aprende a ver la habitación con los oídos. Mueve lentamente el teléfono delante de él como si fuera un tercer ojo, como un bastón en miniatura, girándolo hacia un lado y otro para obtener la información que necesita. Es un método para que un invidente obtenga información a través de los oídos. Aunque posiblemente no haya oído hablar nunca de esta solución a la ceguera, la idea no es nueva: comenzó hace más de medio siglo.

En 1966, un profesor universitario llamado Leslie Kay se obsesionó con la belleza de la ecolocalización de los murciélagos. Sabía que algunos humanos podían aprender a guiarse por ella, pero no era fácil. De manera que Kay diseñó unas voluminosas gafas para contribuir a que la comunidad ciega sacara provecho de esa idea.[29]

Las gafas emiten un ultrasonido dirigido al entorno. Los ultrasonidos poseen una longitud de onda corta, por lo que pueden revelar información de pequeños objetos cuando rebotan. El equipo electrónico de las gafas capta los sonidos reflejados y los convierte en sonidos que los humanos pueden oír. La nota que suena en su oído indica la distancia del objeto: los sonidos agudos codifican algo lejano, los graves algo cercano. El volumen de una señal le revela el tamaño del objeto: más fuerte significa que el objeto es grande, más flojo que el objeto es pequeño. La calidad de la señal se utiliza para representar la textura: un objeto liso se convierte en un tono puro, una textura rugosa suena como una nota corrompida por el ruido. Los usuarios aprendieron a evitar los objetos bastante bien; sin embargo, por culpa de la baja resolución, Kay y sus colegas concluyeron que el dispositivo era más un complemento que una sustitución del perro lazarillo o el bastón.

Las gafas sónicas del profesor Kay se muestran a la derecha. (Las otras son simplemente gafas gruesas, no sónicas.)

Aunque fue algo solo moderadamente útil para los adultos, seguía planteándose la cuestión de hasta qué punto el cerebro de un bebé podría aprender a interpretar las señales, teniendo en cuenta que los cerebros jóvenes son especialmente plásticos. En 1974, en California, el psicólogo T. G. R. Bower utilizó una versión modificada de las gafas de Kay para comprobar si la idea podía funcionar. Su participante era un bebé de dieciséis meses ciego de nacimiento.[30] El primer día, Bower tomó un objeto y lo movió violentamente adelante y atrás de la nariz del bebé. Informa que la cuarta vez que movió el objeto los ojos del bebé convergieron (ambos señalaron hacia la nariz), como ocurre cuando algo se acerca a la cara. Cuando Bower alejó el objeto, los ojos del bebé divergieron. Después de repetir esta operación unas cuantas veces, el bebé levantaba las manos cuando el objeto se acercaba. Bower informa también de que cuando los objetos se movían a izquierda y derecha delante del bebé, este los seguía con la cabeza e intentaba tocarlos. En el informe escrito de los resultados, Bower relata otros comportamientos:

> El bebé estaba de cara [a su madre mientras ella hablaba] y llevaba el dispositivo. Movía la mano lentamente para apartarla del campo de sonido, y luego, lentamente, volvía a atraerla hacia él. Este comportamiento se repitió varias veces, acompañado de grandes sonrisas por parte del bebé. Los tres observadores tuvieron la impresión de que practicaban una especie de juego del cucú-tras, y que le encantaba.

A continuación relata los extraordinarios resultados obtenidos durante las semanas siguientes:

> Después de estas aventuras iniciales, el desarrollo del bebé permaneció más o menos a la par que el de cualquier criatura con vista. Utilizando la guía sónica, el bebé parecía capaz de identificar su juguete favorito sin tocarlo. Comenzó a extender

las dos manos alrededor de los seis meses de edad. A los ocho, el bebé se ponía a buscar el objeto que le hubieran escondido detrás de otro objeto... Ninguno de estos comportamientos suele darse en bebés ciegos de nacimiento.

Puede que se pregunte por qué no había oído hablar del uso de estos objetos. Como hemos visto antes, la tecnología era voluminosa y pesada —no era algo que pudiera utilizar un niño que crece— y la resolución, bastante baja. Además, en los adultos los resultados eran menos satisfactorios que en el caso de los niños con las gafas ultrasónicas,[31] un tema al que volveremos en el capítulo 9. Así pues, aunque el concepto de sustitución sensorial arraigó, no prosperó hasta que no se combinaron los factores adecuados.

A principios de la década de 1980, un médico holandés llamado Peter Meijer recogió el testigo y empezó a pensar en cómo utilizar las orejas como medio de transmisión de información visual. En lugar de servirse de la ecolocalización, se preguntó si podría coger imágenes de vídeo y convertirlas en sonido.

Había visto cómo Bach-y-Rita convertía imágenes de vídeo en tacto, pero sospechaba que las orejas podrían tener una mayor capacidad para absorber información. La desventaja de utilizar las orejas era que la conversión de vídeo a sonido iba a ser menos intuitiva. En el sillón de dentista de Bach-y-Rita, la forma de un círculo, una cara o una persona se podían imprimir directamente en la piel. Pero ¿cómo convertir centenares de píxeles de vídeo en sonido? En 1991, Meijer desarrolló un prototipo en un ordenador portátil, y en 1999 se podía llevar en forma de gafas con una cámara montada y un ordenador enganchado al cinturón. Denominó su sistema vOICe (por la palabra «voz» en inglés, donde OIC representa «Oh, I See»: «Ah, ya veo»).[32] El algoritmo manipula el sonido en tres dimensiones: la altura de un objeto la representa la *frecuencia* del sonido, la posición horizontal está representada por el tiempo a través de una panorámica de la entrada del estéreo (imagine que el sonido se mueve en las orejas de izquierda a derecha, igual que cuando recorre una escena con los ojos), y el brillo de un objeto está representado por el volumen. La información visual se puede captar mediante una imagen en escala de gris de unos sesenta por sesenta píxeles.[33]

Intente imaginar la experiencia de utilizar esas gafas. Al principio todo suena como una cacofonía. A medida que uno se mueve por el entorno, los tonos zumban y chirrían de una manera ajena e inútil. Al cabo de un rato, uno empieza a comprender cómo valerse de los sonidos para desplazarse. Esta fase es un ejercicio cognitivo: uno traduce laboriosamente los tonos en algo que le permita actuar.

La parte importante viene un poco después. Al cabo de semanas o meses, los usuarios ciegos comienzan a desempeñarse bastante bien.[34] Y no solo porque han memorizado la traducción, sino porque, en cierto sentido, están viendo. De una manera extraña y con poca resolución, están experimentando la visión.[35] Uno de los usuarios del vOICe, que se quedó ciego después de veinte años pudiendo ver, relata su experiencia con el dispositivo:

> Al cabo de dos o tres semanas te haces una idea de los paisajes sonoros. Al cabo de tres meses más o menos deberías comenzar a ver los destellos de tu entorno allí donde serías capaz de identificar cosas simplemente mirando... Es la vista. Yo sé lo que es la vista. Lo recuerdo.[36]

Hace falta un riguroso entrenamiento. Al igual que con los implantes cocleares, es posible que tengan que pasar muchos meses utilizando la tecnología antes de que el cerebro comience a comprender las señales. En ese punto, los cambios se pueden medir mediante la producción de imágenes cerebrales. Hay una región concreta del cerebro (la corteza occipital lateral) que normalmente responde para modelar la información, tanto da que la forma esté determinada por la vista o por el tacto. Cuando los usuarios llevan varios días con las gafas puestas, esta región cerebral se activa mediante el paisaje sonoro.[37] Cuanto mayor es el grado de reorganización cerebral mejor se las arregla el usuario.[38] En otras palabras, el cerebro averigua cómo extraer información de las formas a partir de las señales de entrada sin importar el camino mediante el que estas señales accedan al sanctasanctórum del cráneo: ya sea mediante la vista, el tacto o el sonido. Los detalles de los detectores no importan. Lo único que cuenta es la información que llevan.

A principios de la década del 2000, diversos laboratorios comenzaron a utilizar los móviles, desarrollando aplicaciones para convertir el input de la cámara en un output de audio. Los ciegos escuchan a través de sus auriculares mientras ven la escena que tienen delante con la cámara del móvil. Por ejemplo, el vOICe ahora puede descargarse gratis en los teléfonos de todo el mundo.

El vOICe no es el único dispositivo que sustituye lo visual por lo auditivo. En años recientes hemos visto proliferar estas tecnologías. Por ejemplo, la aplicación EyeMusic utiliza tonos musicales para representar la localización de arriba abajo de píxeles: cuanto más arriba está un píxel, más aguda es la nota. El desfase se utiliza para representar la localización del píxel de izquierda a derecha: las notas que llegan primero se utilizan para algo que está a la izquierda, y las que llegan después para algo que está a la derecha. El color lo transmiten diferentes instrumentos musicales: el blanco, la voz; el azul, la trompeta; el verde, los instrumentos de viento madera; amarillo, el violín.[39] Otros grupos experimentan con versiones alternativas: por ejemplo, utilizando la ampliación del centro de la escena, exactamente igual que el ojo humano, o una ecolocalización simulada, o la modulación del volumen dependiendo de la distancia, o muchas otras ideas.[40] La ubicuidad de los smartphones ha permitido que el mundo haya pasado de los voluminosos ordenadores a un poder colosal que se lleva en el bolsillo de atrás, lo que permite no solo eficiencia y velocidad, sino también la oportunidad de crear dispositivos de sustitución sensorial de alcance global, sobre todo teniendo en cuenta que el ochenta y siete por ciento de gente con discapacidad visual vive en países en vías de desarrollo.[41] Las aplicaciones de sustitución sensorial a bajo precio se pueden encontrar ahora en todo el mundo, pues ya no tienen coste de producción, diseminación física, reposición de existencias ni reacciones médicas adversas. En definitiva, vemos cómo un enfoque de inspiración neuronal puede ser barato, se puede extender rápidamente y abordar los retos globales de la salud.

Si le parece sorprendente que una persona ciega pueda «ver» con la lengua o a través de los auriculares de un móvil, solo tiene que pensar en la manera en que los ciegos aprenden a leer el braille. Al principio se trata de experimentar con unas misteriosas protuberancias en las puntas de los dedos. Pero pronto se convierte en algo más: el cerebro va más allá de los detalles del medio (las protuberancias) en busca de una experiencia directa del significado. El lector de braille experimenta lo mismo que usted mientras sus ojos recorren el texto: aunque esas letras tienen formas arbitrarias, usted supera los detalles del medio (las letras) y consigue una experiencia directa del significado.

Para una persona que por primera vez lleva electrodos en la lengua o auriculares sónicos, los datos que entran necesitan traducción: las señales generadas por una escena visual (por ejemplo, un perro que entra en la sala con un hueso en la boca) no nos dicen gran cosa de lo que tenemos delante. Es como si los nervios transmitieran mensajes en un idioma extranjero. Pero con suficiente práctica, el cerebro puede aprender a traducirlos, y en cuanto lo hace, la comprensión del mundo visual se vuelve directamente aparente.

Teniendo en cuenta que el cinco por ciento del mundo padece problemas de oído, hace años que los investigadores se interesaron en descubrir la genética de ese fenómeno.[42] Por desgracia, la comunidad científica ha descubierto ya más de doscientos veinte genes asociados con la sordera. Aquellos que esperan una solución sencilla se sentirán decepcionados, aunque tampoco hay que sorprenderse. Después de todo, el sistema auditivo funciona como una sinfonía de muchas piezas delicadas que actúan en concierto. Y como cualquier otro sistema complejo, puede verse alterado de muchísimas maneras. En cuanto alguna de sus partes se estropea, todo él sufre, y el resultado se engloba bajo el término general de «pérdida del oído».

Muchos investigadores trabajan para encontrar una manera de reparar esas piezas y partes individuales. Pero formulemos la pregunta desde el punto de vista del livewiring. ¿Cómo pueden ayudarnos a solventar el problema los principios de la sustitución sensorial?

Teniendo en mente esta pregunta, mi exalumno de posgrado Scott Novich y yo nos propusimos a construir una sustitución sensorial para los sordos. La idea era construir algo absolutamente discreto, tanto que nadie pudiera detectarlo en quien lo llevara. A ese fin, asimilamos varios avances en el mundo de la informática de alto rendimiento para crear un dispositivo de sustitución sensorial del sonido al tacto que se pudiera llevar bajo la camisa. El chaleco Neosensory capta el sonido que le rodea y lo mapea en unos motores vibratorios sobre la piel. Quien lo lleva puede *sentir* el mundo sónico que lo rodea.

Si le parece extraño que esto pueda funcionar, fíjese en que eso es precisamente lo que hace su oído interno: descompone el sonido en diferentes frecuencias (de bajas a altas) para acto seguido enviar esos datos al cerebro para que los interprete. En esencia, simplemente transferimos el oído interno a la piel.

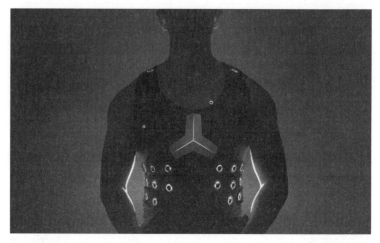

El chaleco Neosensory. El sonido se traslada a unos motores sobre la piel en tiempo real.

La piel es un material computacional sofisticado y asombroso, pero en la vida moderna no lo utilizamos mucho. Es el tipo de material por el que pagaría grandes sumas de dinero si lo sintetizaran en una fábrica de Silicon Valley, pero lo habitual es que esté escondido debajo de sus ropas y casi no se utilice. Sin embargo, podría preguntarse si la piel posee una banda ancha con suficiente capacidad para transmitir toda la información del sonido. Después de todo, la cóclea es una estructura tremendamente especializada, una obra maestra de captación y codificación del sonido. La piel, por el contrario, se centra en otras medidas, y tiene poca resolución espacial. Transportar la información del oído interno a la piel exigiría varios centenares de motores vibrotáctiles, demasiados para encajarlos en una persona. Pero si comprimimos la información del habla podemos utilizar menos de treinta motores. ¿Cómo? La compresión consiste en extraer la información importante y dejarla en una descripción mínima. Piense en cuando chatea en su móvil: habla y la otra persona oye su voz, pero la señal que representa su voz no es lo que se transmite directamente. Lo que hace el teléfono es digitalizar *muestras* de su habla, lo que significa que se capta una sola medida de su sonido, algo que ocurre ocho mil veces por segundo. Los algoritmos toman esos miles de medidas y resumen los elementos importantes. Y es esa señal comprimida lo que se envía al repetidor del móvil. Aprovechando estas técnicas, tenemos un micrófono que capta sonidos y «reproduce» una representación comprimida con múltiples motores sobre la piel.[43]

Nuestro primer participante fue un hombre de treinta y siete años llamado Jonathan, que había nacido sordo profundo. Entrenamos a Jonathan con el chaleco durante cuatro días, dos horas al día, aprendiendo una serie de treinta palabras. El quinto día, Scott se tapó la boca para que Jonathan no pudiera leerle los labios, y pronunció la palabra «tacto». Jonathan percibió el complicado patrón de vibraciones en el torso, y a continuación escribió la palabra «tacto» en la pizarra blanca. Después Scott pronunció otra palabra («dónde»), y Jonathan la escribió en la pizarra. Jonathan era capaz de traducir el complicado patrón de vibración y comprender la palabra que se le decía. La decodificación no era consciente, porque los patrones eran demasiado complicados, sino que era el cerebro el que estaba descifrando los patrones. Cuando pasamos a una nueva serie de palabras, su rendimiento siguió siendo alto, lo que indicaba que no solo estaba memorizando, sino aprendiendo a oír. En otras palabras, si su oído es normal, le puedo decir una nueva palabra («schmegegge») y la oirá perfectamente, no porque la haya memorizado, sino porque ha aprendido a escuchar.

Hemos desarrollado nuestra tecnología en diferentes formatos, como un transmisor pectoral para niños. Lo hemos estado probando con un grupo de niños entre los dos y los ocho años. Sus padres me mandan videos casi todos los días. Al principio no estaba claro si ocurría algún progreso. Pero luego observamos que los niños se quedaban quietos y atendían cuando alguien pulsaba una tecla del piano.

101

Dos niños que utilizan el transmisor pectoral vibrador.

Los niños también comenzaron a vocalizar mejor, porque por primera vez cierran el circuito: emiten un ruido y de inmediato lo registran como input sensorial. Aunque no lo recuerde, así es como aprendió a utilizar los oídos cuando era un bebé. Balbucía, murmuraba, daba palmadas, golpeaba los barrotes de su cuna... y obtenía retroalimentación en esos extraños sensores a ambos lados de su cabeza. Así es como descifraba las señales de entrada: relacionando sus propios actos con sus consecuencias. Imagine que lleva puesto el transmisor pectoral. Dice en voz alta: «el veloz zorro marrón», y lo *siente* al mismo tiempo. Su cerebro aprende a juntar las dos cosas, comprendiendo el extraño lenguaje vibrador.[44] Como veremos un poco más adelante, la mejor manera de predecir el futuro es creándolo.

También hemos fabricado una pulsera (llamada Buzz [Zumbido]) que solo tiene cuatro motores. Su resolución es menor, pero resulta más práctica para la vida de muchas personas. Uno de nuestros usuarios, feliz, nos habló de su experiencia en su trabajo, donde de manera accidental deja en marcha el compresor de aire:

Suelo dejarlo en marcha y me pongo a dar vueltas por la habitación. Entonces mis compañeros de trabajo me dicen: «Eh, te has dejado el compresor encendido». Pero ahora... con el Buzz, *percibo* que algo está en marcha y me doy cuenta de que es el compresor. Y cuando ellos se lo dejan en marcha se lo puedo recordar. Y siempre me dicen: «Eh, ¿cómo lo sabes?».

Nos cuenta que sabe cuándo ladran sus perros, o cuándo el grifo está abierto o suena el timbre de la puerta o su mujer lo llama (algo que antes no hacía nunca, pero que ahora se ha convertido en una rutina). Cuando entrevisté a Philip, después de más de seis meses de llevar la pulsera, lo sometí a un concienzudo interrogatorio sobre su experiencia interna: ¿sentía en la muñeca un zumbido que tenía que traducir o era más bien una percepción directa? En otras palabras, cuando una sirena pasaba por la calle, ¿sentía un zumbido en la piel que significaba sirena o experimentaba que *ahí fuera* había una ambulancia? Dejó muy claro que se trataba de esto último: «Percibo el sonido *en mi cabeza*». Igual que usted tiene la experiencia inmediata de un acróbata (en lugar de registrar fotones en sus ojos), o huele la canela (en lugar de introducir de manera consciente combinaciones moleculares en sus membranas mucosas), Philip estaba oyendo el mundo.

La idea de convertir el tacto en sonido no es nueva. En 1923, Robert Gault, psicólogo en la Universidad del Noroeste, oyó hablar de una niña ciega y sorda de diez años que afirmaba ser capaz de percibir el sonido a través de las puntas de los dedos, tal como había hecho Helen Keller. Escéptico, llevó a cabo algunos experimentos. Le tapó los oídos y le envolvió la cabeza con una manta de lana (y verificó con su estudiante de posgrado que eso le impidiera escuchar). Colocó el dedo de la niña en el diafragma de un «portófono» (un dispositivo para transmitir la voz), y Gault se sentó en un armario y habló a través del dispositivo. La única manera que ella tenía de comprender lo que estaba diciendo era a partir de las vibraciones en las puntas de sus dedos. Él mismo nos lo relata:

> Después de cada frase o pregunta, levantábamos la manta y ella le repetía al ayudante lo que se había dicho, aunque con unas pocas variaciones sin importancia... Creo que fue una demostración satisfactoria de que interpretaba la voz humana a través de las vibraciones de sus dedos.

Gault menciona que su colega había conseguido comunicar palabras a través de un tubo de cristal de cuatro metros. Un participante entrenado, con los oídos tapados, colocaba la palma de la mano contra el extremo del tubo e identificaba palabras cuando se pronunciaban en el otro extremo. Con este tipo de observaciones, los investigadores han intentado crear dispositivos del sonido-al-tacto, pero en décadas anteriores la maquinaria era demasiado grande y de poca capacidad computacional para que el dispositivo fuera práctico.

A principios de la década de 1930, un educador de una escuela de Massachusetts desarrolló una técnica para los estudiantes ciegos y sordos. Al ser sordos, necesitaban una manera de leer labios de los hablantes, pero eso era imposible, pues eran ciegos. Así que su técnica consistía en colocar una mano sobre la cara y el cuello de la persona que hablaba. El pulgar reposaba ligeramente sobre los labios, y los dedos se abrían para cubrir el cuello y la mejilla, y de esta manera podían percibir el movimiento de los labios, la vibración de las cuerdas vocales e incluso el aire que sale por las fosas nasales. Como los alumnos originales se llamaban Tad y Oma, la técnica acabó siendo conocido como Tadoma. Miles de niños sordociegos han aprendido este método y han conseguido comprender el lenguaje casi al mismo nivel de aquellos que oyen.[45] Lo más importante que hemos de observar para nuestros propósitos es que toda la información entra a través del sentido del tacto.

En la década de 1970, el inventor sordo Dimitri Kanevsky presentó un dispositivo vibrotáctil de dos canales; uno captaba la envoltura de las bajas frecuencias y el otro la de las altas. En la muñeca se colocaban dos motores vibradores. En la década de 1980, proliferaron los inventos en Suecia y Estados Unidos, demostrando el poder del punto de vista del livewiring. El problema de todos estos dispositivos es que eran demasiado grandes, con demasiado pocos motores (lo habitual era que solo tuvieran uno), y no prosperaron.[46] Solo ahora somos capaces de capitalizar los adelantos aparejados a la gran potencia y bajo precio de los ordenadores, el procesamiento de señales, la compresión de audio y el almacenamiento de energía, así como la llegada de ordenadores baratos, caros y lo bastante potentes como para llevar a cabo un sofisticado procesamiento de señales en tiempo real.

Además, este enfoque tiene algunas ventajas. Comparémoslo con los implantes cocleares (como el de Michael Chorost, al que conocimos al principio de este capítulo), que cuestan cien mil dólares.[47] Por el contrario, la tecnología moderna puede abordar el problema de la pérdida de oído por unos cientos de dólares, lo que convierte la solución en global. Por no hablar de que los implantes exigen una cirugía invasiva, mientras que una pulsera vibrante es algo que simplemente te colocas por la mañana, igual que un reloj.[48]

Existen muchas razones para aprovechar el sistema del tacto. Por ejemplo, un hecho poco conocido es que la gente que lleva piernas protésicas tiene que llevar a cabo un gran esfuerzo para aprender a caminar con ellas. Teniendo en cuenta la alta calidad de esas prótesis, ¿por qué es tan difícil caminar? La respuesta es, simplemente, que usted no sabe *dónde* está la pierna protésica. La pierna buena envía una gran cantidad de datos al cerebro, indicándole su posición, cómo está doblando la rodilla, cuánta presión soporta el tobillo, la inclinación y giro del pie, etc. Pero

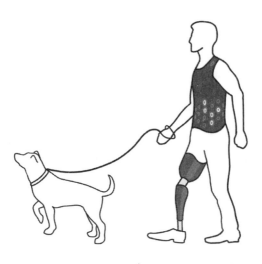

Entrada de datos procedentes de una pierna protésica a la piel del torso.

la pierna protésica permanece en silencio: el cerebro no tiene ni idea de cuál es la posición de esa extremidad. De manera que hay que añadirle sensores de presión y de ángulo y enviar los datos al chaleco. El resultado es que una persona puede percibir la posición de la pierna casi como si fuera una pierna normal, y rápidamente aprender a caminar otra vez.

Esta misma técnica se puede utilizar para una persona que ha perdido la percepción de su pierna real, tal como ocurre en el Parkinson y otras enfermedades. Utilizamos sensores en un calcetín para medir el movimiento de la presión, y enviamos los datos a la pulsera. Mediante esta técnica, una persona sabe dónde está su pie, si tiene algún peso encima y si la superficie sobre la que se encuentra es regular.

El tacto también puede utilizarse para abordar problemas del equilibrio. Recordemos la unidad de visualización para la lengua de Paul Bach-y-Rita. Puede hacer algo más que ver. Pensemos en Cheryl Schiltz, una asesora de rehabilitación que perdió el sentido del equilibrio después de que el sistema vestibular de su oído interno quedara envenenado por tratamientos con antibióticos. Era incapaz de llevar una vida normal, pues constantemente se desequilibraba y caía. Oyó decir que había salido un nuevo dispositivo que consistía en un casco con unos sensores que indicaban la inclinación de la cabeza.[49] La orientación de la cabeza llegaba a la red de la lengua: cuando estaba erguida, la estimulación eléctrica se percibía en mitad de la red de la lengua; cuando estaba inclinada hacia delante, la señal eléctrica se desplazaba hacia la punta de la lengua; y cuando se inclinaba hacia atrás, la estimulación se desplazaba hacia atrás. Las inclinaciones a uno y otro lado se codificaban mediante movimientos a derecha e izquierda de la señal eléctrica. De este modo, una persona que había perdido toda noción de hacia dónde estaba orientada su cabeza podía percibir la respuesta en la lengua.

Cuando Cheryl hizo una prueba con el dispositivo se mostró bastante escéptica. Pero el efecto fue inmediato: mientras llevaba el casco, su cerebro podía comprender la información, aunque fuera por una ruta extraña, y mantener la cabeza y el cuerpo en equilibrio. Después de unas cuantas sesiones, ella y el equipo de investigación comprendieron que existía un efecto residual: si llevaba el casco durante diez minutos, *después* de quitárselo tenía diez minutos más de equilibrio normal. Cheryl estaba tan entusiasmada que abrazó a los investigadores después de los primeros experimentos.

Pero los cosas aún mejoraron. Como su cerebro se estaba recableando gracias a la práctica con la red de la lengua, las ventajas residuales se fueron prolongando cada vez más cuando se quitaba el casco. Su cerebro comprendía cómo captar los susurros de las señales —las que estaban completas— y reforzarlas con la guía del casco. Después de varios meses de utilizar el casco, Cheryl pudo reducir su uso de manera drástica. La red de la lengua había actuado como una rueda de entrenamiento, ayudándola a interpretar más claramente los susurros de las señales residuales, y construyendo así las habilidades necesarias para superar la necesidad de utilizar el dispositivo.

La sustitución sensorial abre nuevas oportunidades para compensar la pérdida sensorial.[50] Pero ese es solo un primer paso que nos conduce al mundo que hay más allá de la sustitución sensorial: la mejora sensorial. ¿Y si pudiera coger sus sentidos tal como están ahora y conseguir que fueran mejores, más receptivos y más rápidos? ¿Y si pudiera no solo arreglar los sentidos estropeados, sino también mejorar los existentes?

LA MEJORA DE LOS PERIFÉRICOS

La meta de un dispositivo terapéutico es conseguir que un déficit vuelva a la normalidad. Pero ¿por qué quedarse ahí? En cuanto se ha llevado a cabo una operación quirúrgica, o se ha colocado algún dispositivo, ¿por qué no mejorar las cosas para poder tener unas aptitudes superiores a las de nuestra especie? No estamos hablando de teoría: a nuestro alrededor hay muchos ejemplos de cerebros con superpoderes sensoriales.

En 2004, un artista ciego al color llamado Neil Harbisson, inspirado por la promesa de una traducción de lo visual a lo auditivo, se adosó un «eyeborg» a la cabeza. Este eyeborg es un mecanismo sencillo que analiza un flujo de vídeo y convierte los colores en sonidos. Los sonidos se transmiten a través de los huesos que hay tras el oído.

Con lo que Neil oye los colores. Puede colocar la cara delante de cualquier muestra de color e identificarlo.[51] «Eso es verde», dice, o: «Eso es magenta».

Aun mejor, la cámara del eyeborg detecta la longitud de onda

| Color | Frecuencia del sonido |
|---|---|
| ultravioleta | por encima de 717,6 Hz |
| violeta | 607,5 Hz |
| azul | 573,9 Hz |
| cian | 551,2 Hz |
| verde | 478,4 Hz |
| amarillo | 462,0 Hz |
| naranja | 440,2 Hz |
| rojo | 363,8 Hz |
| infrarrojo | por debajo de 363,8 Hz |

El artista ciego al color Neil Harbisson lleva el eyeborg. Su «escala sonocromática» (derecha) traduce los colores detectados por la cámara en frecuencias de sonido de salida. La inclusión de las frecuencias más altas y más bajas permite al sistema auditivo superar las limitaciones normales del sistema visual.

de luz que está *más allá* del espectro normal; cuando traduce de colores a sonido, consigue codificar (y percibirlo en el entorno) los infrarrojos y ultravioletas, tal como hacen las serpientes y las abejas.

Cuando llegó el momento de actualizar la foto de su pasaporte, Neil insistió en que no quería quitarse el eyeborg. Argumentó que era una parte fundamental de él, como cualquier otra parte su cuerpo. La oficina de pasaportes no hizo caso de su súplica: su política prohibía los aparatos electrónicos en una foto oficial. Pero entonces la oficina de pasaportes recibió cartas de apoyo de su médico, sus amigos y sus colegas. Un mes más tarde la foto de su pasaporte incluía el eyeborg, un éxito gracias al cual Neil afirma ser el primer cyborg autorizado oficialmente.[52]

Y con animales los investigadores han llevado esta idea todavía más allá: los ratones son ciegos al color... pero pueden dejar de serlo si, mediante la ingeniería genética, se les introducen unos fotorreceptores.[53] Con un gen extra, los ratones son capaces de detectar y distinguir diferentes colores. Y lo mismo se puede hacer con los monos, que en condiciones normales solo tienen dos tipos de receptores del color, y son, por tanto, daltónicos. Pero basta con introducirles un fotorreceptor del color extra, tal como tenemos nosotros, para que disfruten de una experiencia del color como la de un humano.[54]

O quizá debería decir: una experiencia del color como la de un humano *corriente*, puesto que una pequeña fracción de mujeres no solo tiene tres tipos de fotorreceptores del color, sino cuatro. Esto significa que su cerebro aprende a utilizar toda la información para crear un nuevo tipo de experiencia sensorial. Experimentan más colores individuales y nuevas mezclas de ellos.[55] Cuando se conectan nuevos periféricos, aparece la voz de una información útil en el funcionamiento del cerebro.

A veces estas mejorías ocurren por accidente. Mucha gente se opera de cataratas y se les cambian las lentes por otras de sintéticas. Resulta que la lente bloquea de manera natural la luz ultravioleta, pero la sintética no. Así que los pacientes se encuentran con una gama del espectro electromagnético que antes no podían ver. A uno de esos pacientes, el ingeniero Alek Komarnitsky, le colocaron una lente sintética al operarlo de cataratas, y ahora encuentra en muchos objetos un resplandor azulvioleta que los demás no ven.[56] Se dio cuenta el día después de su primera operación de cataratas, cuando se fijó en los pantalones cortos de los Colorado Rockies de su hijo. Todos los demás ven esos pantalones de color negro, pero él los veía con un tenue brillo azulvioleta. Cuando se colocó un filtro ultravioleta en el ojo, los vio como todos los demás. Cuando usted mira una luz negra, no ve nada; Alek, en cambio, ve un brillante resplandor violeta. Sus nuevos superpoderes, que le permiten ver más allá del espectro normal de los colores, le otorgan nuevas experiencias cuando mira el ocaso, unos fogones de gas y las flores.

110

Uno de los ingenieros de Neosensory, Mike Perrotta, conectó una de nuestras pulseras a un sensor de infrarrojos. La primera noche que la llevé, caminaba entre edificios en la oscuridad cuando de repente sentí que la pulsera comenzaba a vibrar. ¿Por qué había una señal infrarroja justo allí? Intuí que había un error en el código del hardware, sin embargo seguí la muñeca en dirección a la señal y el zumbido se hizo más intenso. Al final acabé delante de una cámara infrarroja rodeado de luces LED infrarrojas. Normalmente, una cámara nocturna como esa permanece invisible mientras nos espía, pero con una ventana portátil a esa parte del espectro, quedó descubierta de inmediato.

Algunos animales poseen una mejora visual como esa. En 2015, los científicos Eric Thomson y Miguel Nicolelis enchufaron un detector de luz infrarroja directamente al cerebro de una rata, y la rata fue capaz de utilizarla. Podía llevar a cabo tests que exigían ver y utilizar la luz infrarroja. Cuando se le enchufó un detector individual en la corteza somatosensorial, la rata tardó cuarenta días en aprender la tarea. En un experimento diferente con otra rata, le implantaron tres electrodos adicionales, y la rata tardó cuatro días en aprender la tarea. Finalmente le implantaron el detector infrarrojo directamente en la corteza visual, y la rata tardó un solo día en aprender la tarea.

El input infrarrojo no es más que otra señal que el cerebro de la rata puede utilizar. No importa cómo se consiga la información, siempre y cuando llegue. Lo que es importante es que la incorporación del sensor infrarrojo no invada ni interfiera en el funcionamiento normal de la corteza somatosensorial: la rata podía seguir correteando y se sentía perfectamente. El nuevo sentido se integra sin ningún problema. Eric Thomson, el colega posdoctoral que conducía los estudios, expresó su entusiasmo por lo que todo eso significaba:

Estoy bastante asombrado. Sí, el cerebro siempre está ávido de nuevas fuentes de información, pero el hecho de que absorbiera esa nueva información completamente ajena de manera tan rápida es una buena señal para el campo de la neuroprotésica.

Debido a este largo camino de particularidades evolutivas, tenemos los ojos colocados en la parte delantera de nuestra cabeza, lo que nos proporciona un ángulo visual del mundo de unos 180 grados. ¿Y si pudiéramos mejorar la tecnología moderna para conseguir la visión del ojo de una mosca?

Es lo que ha hecho un grupo francés con FlyViz, un casco que permite a los usuarios ver en un ángulo de 360 grados. Es un sistema con una cámara montada sobre un casco que recorre toda la escena y la comprime  en un visor ante los ojos del usuario.[57] Los diseñadores del FlyViz observan que los usuarios han de pasar por un periodo de ajuste (con náuseas) la primera vez que se les coloca el casco. Pero es un periodo sorprendentemente breve: al cabo de quince minutos de llevar el casco, el usuario es capaz de coger un objeto colocado en cualquier lugar a su alrededor, esquivar a cualquiera que se le acerca a hurtadillas y a veces incluso de coger una pelota que se les arroja desde atrás.

¿Y si no solo pudiera ver en 360 grados, sino también percibir cosas que normalmente le resultan invisibles, como la localización de varias personas que lo rodean en la oscuridad?

Imagine que un equipo de mercenarios privados es arrojado

Ver en 360 grados.

en un territorio para perseguir androides hostiles. ¿Le suena a episodio de *Westworld*, de HBO? En efecto, como asesor científico en esa serie, les propuse nuestra tecnología para ese fin. Al final de la primera temporada, los «anfitriones» (los androides) fomentan una rebelión que en la segunda temporada un equipo militar avanzado pretende sofocar. El equipo militar, provisto de nuestros chalecos, percibe la localización de los anfitriones: en la oscuridad, detrás de las barreras, ocultos donde menos se les espera. A la izquierda, delante de ellos, a doscientos metros, o justo detrás de ellos, o al otro lado de un muro. Aunque *Westworld* está ambientada en un futuro dentro de treinta años, todo ello es fácil de conseguir con la tecnología moderna y expande la percepción humana más allá de los hermosos pero limitados globos oculares con los que venimos a este mundo.

Unos meses después de colaborar con Google, para llevar a cabo un experimento muy interesante sobre la ceguera, me acordé del argumento de *Westworld*. Varias oficinas de Google fueron equipadas con lídar (radar láser), que es el dispositivo giratorio que se puede ver en algunos coches sin conductor. En el espacio de la oficina, el lídar permite localizar la posición de cualquier objeto móvil; en este caso, los humanos que se mueven por la oficina.

Nos conectamos a la información de entrada del lídar y lo enchufamos al chaleco. Después trajimos a Alex, un joven ciego. Le colocamos el chaleco —exactamente igual que a los soldados de *Westworld*—, y pudo percibir a quienes se movieran a su alrededor. Podía ver en 360 grados y había pasado de ser ciego a ser un Jedi. Y la curva de aprendizaje era inexistente: lo pilló de inmediato.

Además de la facilidad para ampliar nuestros sentidos, la experiencia de Alex realza la importancia del modelo del Señor Patata. Basta con enchufar un nuevo flujo de datos y el cerebro

113

comprende cómo utilizarlos. El chaleco de Alex, la cámara del FlyViz y la rata con el detector de infrarrojos ilustran la irrelevancia de la tradición por lo que se refiere a la biología. Podemos ampliar nuestra percepción más allá de los hábitos de la genética heredada.

Esas ampliaciones no se limitan a la vista. Tomemos el oído. Ya existen dispositivos, desde los audífonos hasta el Buzz, que van más allá de la escala del oído normal. ¿Por qué no expandirlo hasta el ámbito ultrasónico, para poder oír lo que solo está al alcance de los perros y los gatos? ¿O al ámbito infrasónico, y poder oír los sonidos con los que se comunican los elefantes?[58] A medida que mejoran las tecnologías auditivas, no hay ninguna razón de peso para limitar los inputs a los sentidos que son típicos de nuestra especie.

Consideremos el olor. ¿Se acuerda del sabueso, capaz de percibir olores que superan nuestra comprensión? Imagine que se pudiera construir una serie de detectores moleculares y percibir diferentes sustancias. En lugar de necesitar un perro antidroga con su enorme hocico, usted mismo podría experimentar directamente la profundidad de detección del olor.

Todos estos proyectos abren nuestras ventanas al mundo, y dan visibilidad a parte de lo invisible. Pero ¿y si no solo expandiéramos los sentidos para que puedan asimilar más de lo que normalmente hacen, sino que pudiéramos crear sentidos completamente nuevos? ¿Y si pudiéramos percibir directamente los campos magnéticos, o los datos en tiempo real de Twitter? Debido a la extraordinaria flexibilidad del cerebro, existe la posibilidad de introducir estos flujos de datos directamente a la percepción. Los principios que hemos aprendido hasta ahora nos permiten pensar más allá de la sustitución sensorial y más allá de la mejora sensorial para entrar en la esfera de la adición sensorial.[59]

114

Todd Huffman es un biohacker. Suele llevar el pelo teñido de algún color primario; por lo demás, su apariencia no se puede distinguir de la de un leñador. Hace unos años, Todd pidió por correo ocho pequeños imanes de neodimio. Esterilizó los imanes, esterilizó un bisturí, se esterilizó las manos y se implantó los imanes en los dedos.

Ahora Todd percibe los campos magnéticos. Los imanes se sienten atraídos cuando se exponen a campos electromagnéticos, y sus nervios táctiles lo registran. Una información normalmente invisible a los humanos ahora fluye hasta su cerebro a través de los nervios sensoriales de sus dedos.

Su mundo perceptivo se expandió la primera vez que fue a coger una sartén de su cocina. La cocina emite un gran campo magnético (debido a la electricidad que hay en una bobina). Antes ignoraba esa información, pero ahora la *sentía*.

Al extender el brazo, puede sentir la burbuja electromagnética que emite un transformador de corriente (igual que el de su portátil). Es como tocar una burbuja invisible, cuya forma se puede percibir rodeándola con la mano. La fuerza del campo electromagnético se mide por la fuerza con que el imán se mueve dentro de su dedo. Como las diferentes frecuencias de los campos magnéticos afectan a cómo vibra el imán, algunos atribuyen diferentes cualidades a diferentes transformadores, utilizando palabras como «textura» o «color».

Otro biohacker, Shannon Larratt, explicaba en una entrevista que podía sentir la energía corriendo a través de los cables, y por lo tanto utilizar los dedos para diagnosticar problemas de hardware sin tener que sacar el voltímetro. Dice que si le sacaran los implantes, se sentiría ciego.[60] Se detecta un mundo que antes permanecía oculto: formas palpables alrededor de los microondas, ventiladores de ordenador, altavoces, transformadores eléctricos del metro bajo tierra.

¿Y si pudiera detectar no solo el campo magnético en torno a los objetos, sino también el que hay alrededor del planeta? Después de todo, los animales lo hacen. Las tortugas regresan a las mismas playas en las que nacieron para poner sus huevos. Las aves migratorias vuelan cada año de Groenlandia a la Antártida, y después regresan al mismo sitio. Las palomas que transportan mensajes entre reyes o ejércitos navegan con más precisión que los mensajeros humanos.

El científico ruso Alexander von Middendorff se preguntó cómo obraban su magia esos animales, y en 1885 intuyó correctamente que quizá utilizaban una brújula interna: «Igual que la aguja magnética de los barcos, esos marineros del aire poseen una percepción magnética que podría estar relacionada con los flujos galvanomagnéticos».[61] En otras palabras, utilizan el campo magnético del planeta para orientar su curso.

En 2005, los científicos de la Universidad de Osnabrück comenzaron a preguntarse si un dispositivo portátil podría permitir a los humanos conectarse a esa señal. Idearon un cinturón llamado feelSpace, que está rodeado de motores vibratorios, y el que apunta al norte emite un zumbido. Cuando gira el cuerpo, siempre siente el zumbido de la dirección del norte magnético.

Al principio, es como un tarareo molesto, pero con el tiempo se convierte en información espacial: la sensación de que el norte está *allí*.[62] Después de varias semanas, el cinturón cambia la manera de navegar de la gente: su orientación mejora, desarrollan nuevas estrategias, adquieren mayor conciencia de la relación entre los diferentes lugares. El entorno parece más ordenado. La distribución de las ubicaciones se puede recordar más fácilmente.

Un sujeto describió la experiencia de la siguiente manera: «La orientación en las ciudades era interesante. Cuando regresaba, podía recuperar la orientación relativa de todos los lugares, salas y edificios, aun cuando no hubiera prestado atención mientras estaba allí».[63] En lugar de pensar en una secuencia de pistas, pensaban en la situación de manera global. Otro usuario cuenta: «Era algo distinto de la mera estimulación táctil, porque el cinturón crea una sensación espacial [...]. Yo era intuitivamente consciente de la dirección de mi casa o de mi oficina». En otras palabras, su experiencia no es la de una *sustitución* sensorial (transmitir datos a la vista o el oído a través de un canal distinto), ni de una *mejora* sensorial (no es cuestión de ver u oír mejor). Se trata de una *adición* sensorial. Es un nuevo tipo de experiencia humana. El usuario nos relata:

> Durante las primeras dos semanas tenía que concentrarme, pero después fue algo intuitivo. Incluso podía imaginarme la disposición de lugares y habitaciones donde a veces me alojaba. Y lo más interesante es que cuando por la noche me quito el cinturón sigo sintiendo la vibración. Cuando me cambio de lado, la vibración también se mueve: ¡es una sensación fascinante![64]

Es interesante observar que después de quitarse el cinturón, los usuarios a menudo afirman que durante un tiempo su sentido de la orientación sigue siendo mejor. En otras palabras, el efecto sobrevive a la tecnología. Al igual que vimos con el casco para el equilibrio, los susurros internos de las señales pueden reforzarse cuando un dispositivo externo las confirma.[65]

Lo que estos humanos experimentaron se ha explorado en mayor detalle con ratas. En 2015, unos científicos suturaron los párpados de las ratas para que no pudieran ver y les enchufaron brújulas digitales en la corteza visual. Las ratas enseguida aprendieron a llegar hasta la comida en los laberintos, basándose tan solo en las señales de dirección de su cabeza.[66]

El cerebro utiliza todos los datos que recibe.

En 1938, un aviador llamado Douglas Corrigan resucitó un avión que acabó recibiendo el apodo de «Espíritu de 69,90 $». Después pilotó el avión desde Estados Unidos hasta Dublín, Irlanda. En aquellos primeros días de la aviación, había pocas ayudas para la náutica. Por lo general, apenas una brújula combinada con una cuerda para indicar la dirección del flujo del aire relativa al avión. Al relatar el hecho, *The Edwardsville Intelligencer* citó a un mecánico que describió a Corrigan como un aviador «que vuela guiándose por el fondillo de los pantalones», y según casi todas las fuentes, ese fue el principio de esa expresión. Volar por el fondillo de los pantalones significa volar prácticamente al tacto. Después de todo, la parte del cuerpo que tiene más contacto con el avión son las nalgas del piloto, de manera que así era como la información se transmitía a su cerebro. El piloto sentía los movimientos del avión y reaccionaba en consecuencia. Si el avión se deslizaba hacia el ala inferior durante un giro, las nalgas de piloto se deslizaban hacia abajo. Si el avión derrapaba hacia el exterior del giro, una leve fuerza de la gravedad tiraba de él hacia arriba. No fue hasta el final de la primera guerra mundial que se inventó un indicador de giro y deslizamiento, de manera que los pilotos pronto adquirieron práctica en calcular muchos factores (inclinación, velocidad del viento, temperatura externa, operación global del avión) prestando mucha atención a sus sentidos táctiles, sobre todo cuando volaban a través de nubes o niebla.

En este contexto, percibir los datos cuenta con una larga historia, y ahora estamos trabajando para llevarlo al siguiente nivel. Para ser específicos, estamos expandiendo el mundo perceptivo de los pilotos de drones. El chaleco transmite cinco medidas distintas procedentes de un cuadricóptero –eje lateral, eje longitudinal, eje vertical, orientación y rumbo–, cosa que mejora la capacidad de vuelo del piloto. En esencia, el piloto extiende la piel hasta *ahí arriba*, lejos, donde se encuentra el dron.

Por si le ha venido a la cabeza alguna idea romántica, los pilotos de avión no vuelan mejor cuando se guían por los fondillos de los pantalones, sin instrumentos. Una cabina llena de herramientas le permite al piloto medir elementos a los que no puede tener acceso. Sin instrumentos, no puede saber, a partir de sus posaderas, si está volando horizontal o en una curva inclinada.[67] Contar con abundantes herramientas es mejor que no tenerlas; el problema consiste en que esa profusión de datos llegue al cerebro. Cuando observamos un avión moderno, vemos que la cabina está abarrotada de instrumentos. El sistema visual tiene que ir pasando de un instrumento a otro, un proceso que es lento. Por eso es interesante replantearse una cabina de última generación: en lugar de que el piloto tenga que leerlo todo visualmente, que pueda *percibirlo*. Un flujo de datos de multidimensiones entra en el cuerpo del piloto y le transmite la situación del avión en un instante. ¿Por qué creo que esto podría funcionar? Porque el cerebro posee un gran talento a la hora de ver un flujo de datos multidimensionales procedentes del cuerpo. Por eso, por ejemplo, puede permanecer en equilibrio sobre un pie: diferentes grupos de músculos procedentes de sus piernas, torso y brazos remiten sus datos, y el cerebro resume la situación y rápidamente envía sus correcciones.

Así, la diferencia entre volar guiado por el fondillo de los pantalones o por la piel del torso tiene que ver con la cantidad de datos que entran. Y como vivimos en un mundo inflado de información, es probable que tengamos que experimentar una transición entre acceder a numerosos datos y *experimentarlos* más directamente.

Con ese espíritu, imagínese que percibe la situación de una fábrica –con docenas de máquinas funcionando al mismo tiempo–, y está enchufado para percibirla. Usted se convierte en la fábrica. Tiene acceso a docenas de máquinas al mismo tiempo, y percibe el ritmo de producción de cada una comparada con la otra. Percibe cuándo las cosas no van como debieran y hay que ajustarlas. No hablo de ninguna rotura mecánica: ese tipo de problema es fácil de detectar mediante una alerta o una alarma. Sin embargo,

119

¿cómo puede comprender si las máquinas funcionan debidamente una en relación con otra? Este enfoque *big data* permite *experimentar* las cosas con más profundidad.

Consideremos la gran variedad de aplicaciones para la expansión sensorial. Imagine que, durante una operación, se pudieran entrar datos de un paciente en tiempo real en la espalda del cirujano para que no tenga que levantar la mirada hacia los monitores. O que fuera capaz de percibir los estados invisibles del propio cuerpo, como la presión sanguínea, el ritmo cardíaco y el estado de la flora microbiana, elevando así las señales inconscientes a la esfera de la conciencia. Imagínese un astronauta capaz de percibir la situación de la estación espacial internacional. En lugar de flotar alrededor de ella y mirar los monitores constantemente, disponer de patrones de tacto que resuman los datos de las diferentes partes de la estación.

Demos un paso más. En Neosensory hemos explorado el concepto de percepción *compartida*. Imagine una pareja que percibe los datos del otro: el ritmo de respiración de su pareja, la temperatura, la respuesta galvánica de la piel, etc. Podemos medir los datos de un miembro de la pareja e introducirlos por Internet en un Buzz que lleva la otra pareja. Eso abriría nuevas profundidades de entendimiento mutuo. Imagine que su esposa lo llama desde el otro lado del país para preguntarle: «¿Te encuentras bien? Te noto estresado». Eso podría suponer la mejora o la ruina de esa relación, pero abre nuevas posibilidades de experiencia compartida.

Todo ello podría funcionar porque nuestros flujos de datos de entrada quedan en un segundo plano; solo somos conscientes de nuestros sentidos cuando nuestras expectativas se ven frustradas. Consideremos la sensación que le provoca el zapato del pie derecho. Puede prestarle atención y sentir su presencia. Pero normalmente, los datos procedentes de la piel de su pie no llegan al nivel de la conciencia. Solo cuando tiene una piedra en el zapato hace caso al flujo de información. Lo mismo ocurrirá con los datos procedentes de las estaciones espaciales o de las esposas: no les prestará atención a no ser que se centre en ellos, hasta que alguna sorpresa reclame su atención.

Imagine que utiliza patrones de vibración para introducir en su cerebro información directamente procedente de Internet. ¿Y si pudiera caminar con el chaleco y sentir datos de las células meteorológicas cercanas en un radio de trescientos kilómetros? En algún momento sería capaz de desarrollar una experiencia perceptual directa de los patrones meteorológicos de la región, a una escala mucho mayor de la que puede experimentar normalmente un ser humano. Puede hacer saber a sus amigos si va a llover quizá con mayor exactitud que un meteorólogo. Eso sería una nueva experiencia que un humano no puede experimentar en el limitado y diminuto cuerpo del que está provisto normalmente.

O imagine que el chaleco le proporciona datos en tiempo real de la bolsa, de manera que su cerebro puede interpretar correctamente los complejos y poliédricos movimientos de los mercados mundiales. El cerebro puede llevar a cabo una fantástica labor a la hora de extraer patrones estadísticos, aun cuando no considere que está prestando atención. Así que si lleva el chaleco todo el día y es consciente de lo que ocurre a su alrededor (noticias, modas que surgen en la calle, el pulso de la economía, etc.), puede que llegue a tener profundas intuiciones –mejores que los modelos– de en qué dirección va a ir el mercado. Eso también sería un nuevo tipo de experiencia humana.

A lo mejor se pregunta: ¿por qué no utilizar simplemente los ojos o los oídos para eso? ¿No podría conectar a un corredor de bolsa con unas gafas de realidad virtual para que viera los gráficos en tiempo real de decenas de mercados? El problema es que se necesita la vista para demasiadas de nuestras tareas diarias. El corredor de bolsa necesita los ojos para encontrar la cafetería, ver

121

llegar a su jefe o leer los correos electrónicos. Su piel, por el contrario, es un canal de información que no se utiliza, con una gran banda ancha.

Como resultado de la percepción de datos multidimensional, el corredor de bolsa podría ser capaz de hacerse una visión global (*el precio del petróleo está a punto de desplomarse*) mucho antes de poder distinguir las variables individuales (*Apple está subiendo, Exxon se está hundiendo y Walmart permanece estable*). ¿Cómo es posible todo esto? Piense en las señales visuales que le llegan cuando mira a su perro en el patio; no dice: «Bueno, he observado un fotón allí, otro un poco más apagado allá, y una línea de fotones brillantes más allá». Lo que percibe es la imagen general.

Podría alimentarse de una cantidad inimaginable de datos sacados de Internet. Todos hemos oído hablar del sentido arácnido, ese cosquilleo mediante el cual Peter Parker detecta los problemas que surgen a su alrededor. ¿Por qué no un sentido twittérico? Comencemos con la proposición de que Twitter se ha convertido en la conciencia del planeta. Lo sustenta un sistema nervioso que ha rodeado la Tierra, y las ideas importantes (y algunas sin ninguna importancia) destacan sobre el ruido de fondo y ascienden a la superficie. No por las corporaciones que quieren decirle lo que piensan, sino porque un terremoto en Bangladés, o el fallecimiento de una celebridad, o un nuevo descubrimiento en el espacio han monopolizado la atención de un número suficiente de personas en todo el mundo. Los intereses del mundo ascienden a la superficie, al igual que las cuestiones más importantes del sistema nervioso de un animal (*tengo hambre, alguien se acerca, necesito encontrar una sombra*). En Twitter, las ideas que asoman a la superficie puede que sean o no importantes, pero representan, en cada momento, lo que está pensando la población del planeta.

En una conferencia TED, Scott Novich y yo rastreamos de manera algorítmica todos los tuits con el hashtag «TED». Al momento, agregamos los centenares encontrados y los pasamos por un programa de análisis de sentimientos. De este modo podíamos utilizar un gran diccionario de palabras para clasificar los tuits en positivos (*asombrosa, inspiradora*, etc.) y negativos (*aburrida, estúpida*, etc.). El resumen estadístico se introdujo en el chaleco a tiempo real. Yo podía *percibir* el sentimiento general de la sala y cómo cambiaba de un momento a otro. Me permitió tener una experiencia más amplia que la que un individuo puede alcanzar normalmente: conectarte de manera simultánea al estado emocional general de centenares de personas. Imagine que un político quiere llevar un dispositivo como ese mientras se dirige a decenas de miles de personas: tendría una intuición minuto a minuto de cuáles de sus proclamas son bien recibidas y cuáles caen como una bomba.

Si quiere pensar a lo grande, olvídese de los hashtag y vaya a por los resúmenes del procesamiento del lenguaje natural de todos los trending tuits del planeta: imagine que comprime un millón de tuits por segundo y se introduce los resúmenes a través del chaleco. Se estaría conectando a la conciencia del planeta. Estaría paseando y de repente detectaría un escándalo político en Washington o los incendios forestales de Brasil o una nueva escaramuza en Oriente Medio. Con ello tendría más mundo... en un sentido directo, sensorial.

No estoy sugiriendo que haya mucha gente que quiera enchufarse a la conciencia del planeta, sino que seguro que podríamos aprender mucho de la prueba de concepto. Destaca que cuando pensamos en la adición sensorial, tenemos la libertad de pensar mucho más allá de cualquier idea de normalidad con que nos hayamos encontrado.

Me han preguntado varias veces por qué se me ocurriría conectar un humano a estos flujos de datos en vez de un ordenador. Después de todo, ¿no reconocería mejor un patrón una buena red neuronal artificial que una humana?

No necesariamente. Los ordenadores pueden llevar a cabo impresionantes proezas de reconocimiento de patrones, pero no son tan buenos identificando qué es importante *para los humanos*. De hecho, muchas veces ni siquiera los propios humanos saben de antemano qué es importante para ellos. Por eso, que sea un humano quien se encargue de reconocer patrones ofrece una mayor perspectiva y es más flexible de lo que podría serlo una red neuronal artificial. Tomemos el ejemplo del chaleco con datos de la bolsa: cuando se pasea por las calles de Nueva York, Shanghái o Moscú, obtiene sutiles mediciones de lo que la gente lleva, de qué productos llaman su atención, de si se sienten pesimistas u optimistas. Puede que no sepa de antemano qué está buscando, pero todo lo que ve y oye alimenta su modelo interno de la economía. Cuando además siente los datos del chaleco, que le indican las fluctuaciones de precios de los mercados individuales, la combinación le proporciona una visión más rica. Como la red neuronal artificial simplemente busca patrones en los números que se introducen, está inherentemente limitada por las elecciones de los programadores.

René Descartes pasó una gran parte de su vida preguntándose cómo podía llegar a conocer la realidad que lo rodeaba. Después de todo, él sabía que a menudo nuestros sentidos nos engañan, y que a menudo confundimos los sueños con la realidad. ¿Cómo podía saber si un pérfido demonio le estaba engañando sistemáticamente suministrándole mentiras acerca del mundo que lo rodeaba? En la década de 1980, el filósofo Hilary Putnam dio un paso más allá y se preguntó: «¿Soy un cerebro en un tarro?».[68] ¿Cómo podría saber si unos científicos le habían extirpado el cerebro y simplemente estaban estimulando su corteza para hacerle creer que está experimentando el tacto de un libro, la temperatura de su piel, la visión de sus manos? En la década de 1990 la pregunta se convirtió en «¿Estoy en Matrix?». En la época actual, la pregunta es: «¿Soy una simulación por ordenador?».

Dichas preguntas solían ser propias del aula de filosofía, pero hoy en día se están infiltrando en los laboratorios de neurociencia. Recordemos que nuestras experiencias normales no son nada más que inputs sensoriales, con lo que las señales enchufadas directamente al cerebro pueden cumplir exactamente los mismos fines. Después de todo, las señales que llegan a nuestros sensores se convierten en moneda electroquímica común, de manera que podemos sortear los sensores y crear señales electroquímicas directamente. Podemos saltarnos el intermediario. ¿Por qué introducir datos visuales a través de los oídos o la lengua si podemos enchufarlos directamente al procesador?

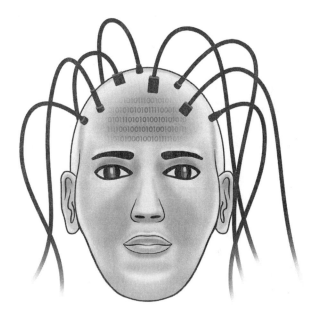

Se puede alcanzar un nuevo tipo de realidad aumentada enviando nuevos flujos de datos directamente a la corteza. La figura presenta cables para ilustrar la idea, aunque naturalmente el futuro es inalámbrico: desde luego, nadie quiere llevar tiras colgando y que alguien pueda tropezar con ellas, como si fueran la aciaga cola de un vestido de novia.

Ya tenemos la tecnología. El implante se suele hacer de unos pocos electrodos (entre uno y unas cuantas docenas), y en zonas subcorticales para abordar problemas como el temblor, la depresión y la adicción. Para estimular la corteza con un mensaje sensorial relevante, necesitaríamos muchos más electrodos (probablemente centenares de miles), que estimularan patrones de actividad fértiles.

Hay varios grupos que trabajan para que todo esto se haga realidad. Algunos neurocientíficos de Stanford están trabajando en un método para insertar cien mil electrodos en un mono, lo cual (si se minimiza el daño al tejido) podría decirnos cosas nuevas e interesantes acerca de las detalladas características de las redes. Varias empresas emergentes, todavía en mantillas, esperan incrementar la velocidad de comunicación del cerebro escribiendo y leyendo los datos neuronales rápidamente por medio de conexiones directas.

El problema no es teórico, sino práctico. Cuando se colocan electrodos en el cerebro, el tejido lentamente intenta expulsarlos, de la misma manera que la piel de su dedo expulsa una astilla. Ese es el problema menor. El mayor es que los neurocirujanos no quieren llevar a cabo las operaciones, porque siempre existe el riesgo de infección y muerte en la sala de operaciones. Y más allá de los estados patológicos (como pueden ser el Parkinson o la depresión aguda), no está claro que los consumidores estén dispuestos a someterse a una operación a cerebro abierto solo por el gusto de enviar mensajes de texto a sus amigos más rápidamente. Una alternativa sería introducir electrodos en el árbol de vasos sanguíneos que se ramifica por el cerebro, aunque en este caso el problema es la posibilidad de dañar o bloquear los vasos sanguíneos.

No obstante, se adivinan posibilidades a la hora de conseguir que entre y salga información del cerebro a nivel celular que no requieren la implantación de electrodos. Dentro de una década o dos, que nos lleguen señales directamente al cerebro será algo que cambiará radicalmente gracias a la miniaturización masiva. Una de las perspectivas que se contemplan es el polvo neuronal, formado por unos dispositivos eléctricos muy pequeños que se desperdigan por la superficie del cerebro registrando datos, enviando señales a un receptor y mandando pequeñas descargas a la parte del cerebro en la que están colocados.[69]

Y también tenemos la nanorrobótica. Imagine imprimir en 3D con precisión atómica. De este modo, se podrían diseñar y construir moléculas complejas que son, esencialmente, robots microscópicos. En teoría, podrían imprimirse cien mil millones de estos robots, colocarlos en una pequeña píldora y tragarlos. Según su diseño, los nanorrobots podrían cruzar la barrera hematoencefálica, impregnar las neuronas, emitir pequeñas señales cada vez que las neuronas descargan, y recibir señales para obligar a la neurona a activarse. De este modo, uno podría leer y escribir a los miles de millones de neuronas individuales del cerebro. También se podría iniciar un programa de mejora genética, construyendo los bionanorrobots a partir de proteínas codificándolos en el ADN. Existen muchas maneras de introducir información en el cerebro, y en pocas décadas probablemente llegaremos a una fase en la que cada neurona podrá leerse y controlarse de manera individual. En ese punto, nuestro cerebro se convierte en nuestro dispositivo de mejora sensorial directa, sin chalecos ni pulseras.

Hasta ahora hemos hablado de introducir datos en el cerebro, ya sea a partir de vibraciones en la piel, descargas en la lengua o la activación directa de las neuronas, pero esto nos plantea una cuestión importante: ¿cómo *experimentaríamos* un nuevo input?

Recuerde que el cerebro, situado en el interior de la bóveda del cráneo, solo tiene acceso a señales eléctricas que se desplazan a gran velocidad por sus células especializadas. No ve ni oye ni toca nada directamente. Da igual que los inputs representen ondas de compresión de aire procedentes de una sinfonía, patrones de luz de una estatua cubierta por la nieve, moléculas que salen flotando de un pastel de manzana recién hecho o el dolor de una picadura de avispa: todo está representado por picos de voltaje en las neuronas.

Si contempláramos un fragmento de tejido cerebral con picos moviéndose de un lado a otro, y yo preguntara si estamos observando la corteza visual, la auditiva o la somatosensorial, no habría manera de saberlo. Porque todo parece igual.

Lo que nos lleva a una cuestión sin responder en el campo de la neurociencia: ¿por qué la vista es tan diferente del olfato? ¿Y el sabor? ¿Por qué nunca confunde la belleza de un pino que se mece con el sabor del queso feta? ¿O el tacto del papel de lija con el olor del expreso recién hecho?[70]

Podríamos imaginar que esto tiene algo que ver con el modo en que estas zonas están genéticamente construidas: las partes que tienen que ver con el oído son diferentes de las partes que participan en el tacto. Pero si la analizamos con detenimiento, esta hipótesis no funciona. Como ya hemos visto en este capítulo, si se queda ciego, la parte del cerebro que solíamos llamar corteza visual se ve invadida por el tacto y el oído. Cuando observamos un cerebro reconfigurado, es difícil insistir en que hay algo fundamentalmente visual en la corteza «visual».

Así que esto nos lleva a una hipótesis alternativa: que la experiencia subjetiva de un sentido –también conocido como su *qualia*– está determinada por la estructura de los datos.[71] En otras palabras, la información procedente de la lámina bidimensional de la retina posee una estructura diferente a la de los datos que llegan de la señal unidimensional del tímpano, o de los datos multidimensionales de las puntos de los dedos. En consecuencia, todos estos flujos de datos se experimentan de distinta forma. Una hipótesis estrechamente relacionada es la de que para cada sentido existe una relación entre los outputs y la manera en que estos cambian los inputs.[72] Los datos visuales son de los que cambian a medida que envían órdenes a los músculos que hay en torno a los ojos. Podemos aprender cómo cambia el input visual: mire a la izquierda, y los objetos amorfos de la periferia quedarán enfocados. A medida que mueve los ojos, el mundo visual cambia, cosa que no ocurre con el sonido. Para ello tiene que girar la cabeza y cambiar la orientación. De manera que los datos poseen diferentes contingencias. Y el tacto también es diferente. Llevamos las puntas de los dedos a los objetos, los ponemos en contacto con ellas y los exploramos. El olor es un proceso pasivo que se puede aumentar sorbiendo por la nariz. El sabor tiene lugar cuando se lleva algo a la boca.

Todo ello sugiere que podemos introducir nuevos datos directamente en el cerebro, como los de un robot móvil, el estado del microbioma de su esposa o los datos de temperatura infrarroja de onda larga; y, siempre y cuando existan una estructura clara y un ciclo de retroalimentación con sus propias acciones, los datos deberían acabar dando lugar a un nuevo *qualia*. No será como la vista, el oído, el gusto, el tacto o el olfato, sino algo totalmente nuevo.

Ahora bien, desde luego parece muy difícil imaginar cómo sería ese nuevo sentido. Y de hecho, es imposible de imaginar. Para comprender por qué, intente imaginar un nuevo color. Adelante. Cierre los ojos y haga un esfuerzo. Parece una tarea sencilla, pero no hay manera. De la misma manera que es incapaz de concebir un nuevo matiz, tampoco puede imaginar un nuevo sentido.

Sin embargo, si su cerebro consumiera flujos de datos a tiempo real procedentes de un dron (eje lateral, eje longitudinal, eje vertical, orientación y rumbo), los datos de entrada, ¿producirían *alguna sensación*, algo parecido a los fotones y a las ondas de compresión de aire? Y como resultado, ¿acabaría experimentando ese dron como si fuera una extensión directa de su cuerpo? ¿Y qué me dice de un input más abstracto, como la actividad de la fábrica? ¿O los tuits? ¿O la bolsa? Con el flujo de datos adecuado, la predicción es que el cerebro acabará teniendo una experiencia perceptiva directa de la fabricación, de los distintos hashtag, o de los movimientos económicos del planeta en tiempo real. Los *qualia* se desarrollarán con el tiempo; es la manera natural que tiene el cerebro de resumir grandes cantidades de datos.

¿Se trata de una predicción válida, o es una pura fantasía? Por fin nos estamos acercando al momento tecnológico en que seremos capaces de ponerlo a prueba.

Si la idea de aprender un nuevo sentido parece extraña, solo tiene que recordar que ya lo ha hecho. Piense en cómo los bebés aprenden a utilizar el oído dando palmadas o balbuciendo algo y captando el sonido con el oído. Al principio, las compresiones del aire no son más que actividad eléctrica en el cerebro; con el tiempo se experimentan como sonido. Dicho aprendizaje se puede ver en personas sordas de nacimiento a las que de adultos se les practican implantes cocleares. Al principio, la experiencia del implante coclear no se parece en absoluto al sonido. Una amiga a la que se lo hicieron describió que el primer efecto era como indoloras descargas eléctricas dentro de la cabeza: lo que le llegaba no tenía nada que ver con el sonido. Pero al cabo de un mes se convirtió en «sonido», aunque horrible, como una radio de sonido metálico y distorsionado. Con el tiempo acabó oyendo bastante bien. Este es el mismo proceso que ha ocurrido en cada uno de nosotros cuando aprendíamos a utilizar nuestro oído, solo que no lo recordamos.

Por poner otro ejemplo, consideremos la alegría de establecer contacto visual con un recién nacido. El momento no se prolonga mucho, pero nos llena de satisfacción saber que estamos entre las primeras cosas que ha visto este nuevo habitante del mundo. Pero ¿y si resultara que en realidad no le han visto? Lo que sugiero es que la vista es una habilidad que hay que desarrollar. El cerebro capta trillones de potenciales de acción que entran por los ojos y con el tiempo aprende a extraer patrones, y patrones de esos patrones, y patrones de esos patrones... y al final, el resumen de todos esos patrones es lo que llamamos la experiencia de la visión. El cerebro tiene que *aprender* a ver, al igual que necesita aprender a controlar los brazos y las piernas; los bebés no salen del vientre de la madre sabiendo bailar, ni tienen la cualidad subjetiva de la vista. Tenemos que aprender a utilizar los órganos sensoriales de los que disponemos, y los mismos principios mediante los que lo hacemos nos pueden permitir aprender a utilizar nuevos órganos.

El hecho de que no consiga imaginar un nuevo color resulta extraordinariamente revelador. Ilustra el límite de nuestros *qualia*, más allá de los cuales simplemente no podemos caminar. De manera que si realmente consiguiéramos crear nuevos sentidos, una de las consecuencias más sorprendentes sería nuestra incapacidad de *explicar* el nuevo sentido a los demás. Por ejemplo, tenemos que experimentar el color morado para saber lo que es el morado. Una persona ciega al color, por mucha descripción académica que lea, no conseguirá comprender lo que es el morado. Es lo mismo que intentar explicar lo que es la vista a una persona ciega de nacimiento: por mucho que lo intente, y por mucho que su amigo ciego finja entender de qué está hablando, al final el intento será infructuoso. Para comprender la vista hay que poseer la experiencia de la vista.

Del mismo modo, si enchufa un sentido completamente nuevo –y desarrolla unos *qualia* completamente nuevos–, no podrá comunicárselo a los demás. En primer lugar, porque ni siquiera compartimos una palabra para denominarlo. Nadie lo comprenderá. El lenguaje no lo abarca todo; no es más que una manera de etiquetar cosas que ya compartimos. Es un acuerdo

131

acerca de experiencias comunes. No es que no pueda intentar expresar un nuevo sentido, es simplemente que nadie cuenta con la base para comprenderlo.

En un informe sobre los participantes que habían llevado el cinturón feelSpace (el dispositivo que indica el norte magnético), los investigadores escribieron que los dos usuarios afirmaron haber notado un cambio en la percepción, y sin embargo:

> Era complicado articular la cualidad perceptiva a la que tenían acceso y la experiencia cualitativa que surge de ese tipo distinto de percepción espacial. El observador tenía la impresión de que carecía de conceptos para explicar lo que estaba ocurriendo, con lo que solo podían utilizar metáforas y comparaciones para aproximarse a una explicación.[73]

Pero ¿el problema era la capacidad de los sujetos para expresarlo o la capacidad de los experimentadores para comprenderlo? Tal como observaron posteriormente los autores: «Era mucho más fácil hablar de cambios en la percepción entre los sujetos experimentales que comunicarlo a los grupos de control».

Lo mismo ocurrirá con el desarrollo de nuevos sentidos. Para comprenderlos, tendremos que introducir los datos y aprender la experiencia. Así, dentro de algunas décadas, si alguna vez se siente solo e incomprendido con su nuevo sentido, la mejor solución será construir una comunidad de gente que reciba los mismos inputs. Entonces podrá acuñar una nueva palabra para los *qualia* que experimenta, y llamarlos, por ejemplo, «zetzenflabish». La palabra tendrá sentido para su comunidad, pero no para nadie de fuera.

Cuando tengamos el sistema de compresión de datos adecuado, ¿cuáles serán los límites a los datos que podremos introducir? ¿Podríamos añadir un sexto sentido con una pulsera vibrador, y después un séptimo con una conexión directa? ¿Y qué me dicen de

132

un octavo con una red de electrodos en la lengua y un noveno con el chaleco? Es imposible por el momento saber cuáles podrían ser los límites. Todo lo que sabemos es que el cerebro posee el don de compartir territorio entre diferentes inputs: anteriormente ya vimos con qué facilidad lo hace. Y hay que recordar también que cuando la ratas llevaban sensores infrarrojos conectados a su corteza somatosensorial, adquirían la capacidad de ver en esa banda de frecuencia visual *sin* perder las funciones normales de percepción del cuerpo. De manera que es posible que la corteza no tenga que seguir una política de el-ganador-se-lo-lleva-todo, y pueda construir una comunidad de sentidos mucho mayor de lo esperado. Por otro lado, teniendo en cuenta el territorio finito del cerebro, es posible que cada sentido añadido reduzca la resolución de los demás, de manera que sus nuevas capacidades sensoriales existirán a costa de ver un poco más borroso, oír un poco peor y que se reduzca un tanto la sensación en la piel. Quién sabe. El conocimiento de nuestros límites sigue siendo pura especulación hasta que los podamos poner a prueba en años venideros.

Por muchos sentidos que podamos añadir, se plantea otra cuestión interesante: estos nuevos sentidos, ¿tendrán una carga emocional?

Por ejemplo, oler un pastel de limón recién salido del horno y oler una diarrea en la acera provoca reacciones diferentes: no se trata de ceros y unos en una pantalla, es una respuesta completamente emocional.

Para comprenderlo, hay que preguntarse *por qué* el pastel huele bien y *por qué* la materia fecal huele mal. Después de todo, la señales no son tan diferentes: en ambos casos, las moléculas se difunden a través del aire y se unen a los receptores de su nariz. No hay nada inherente en una molécula de pastel de limón o en una molécula de materia fecal que las haga oler bien o mal: no son más que formas químicas que flotan, parecidas a las que salen flotando del café, las petunias, los conejillos de indias mojados, la canela, la pintura fresca, el musgo en la orilla de un río o las

133

castañas asadas. Todas estas formas se unen a una variedad de receptores del olor en la nariz.

La razón por la que nos *gusta* el olor del pastel de limón es porque las moléculas predicen la presencia de una rica fuente energética. La emoción apareada a la diarrea es mala porque está llena de patógenos, y la evolución no desea que, bajo ninguna circunstancia, se nos peguen a la boca. Es algo que se parece a la manera que su sistema visual se enfrenta a una matriz de fotones y puede experimentar una oleada de placer si los fotones representan un prado lleno de hierba y una mueca de desagrado si lo que vemos es un cuerpo mutilado. Un patrón de potenciales de acción en el oído interno será placentero si se trata de alguna melodía meliflua coherente con su cultura, y sentirá aversión si se trata de un bebé que llora de dolor. Las emociones simplemente reflejan el *sentido* de los datos que le llegan, en el contexto de sus metas y presiones evolutivas. Muchos ejemplos emocionales han progresado en la escala temporal evolutiva, pero otros proceden de sus experiencias vitales: pensemos en esa canción de la radio que le gusta porque le recuerda una noche maravillosa en el instituto, o esa prenda que guarda en el armario que le provoca una mala sensación porque le trae recuerdos de cuando lo abandonó su pareja.

Si el modelo del Señor Patata es correcto, y el cerebro actúa como un ordenador con un propósito general, ello sugiere que los datos que entran con el tiempo quedarán asociados a alguna experiencia emocional. Sea cual sea el flujo de datos y la manera en que llegó, transporta pasiones.

Por tanto, cuando introducimos un nuevo flujo de datos de Internet, es posible que de repente riamos de placer, lloremos de angustia o se nos ponga la piel de gallina, según cómo conecten los nuevos datos con nuestros objetivos y ambiciones. Imagine que le llega un nuevo flujo de datos de la bolsa. De repente obtiene información de que el sector tecnológico sufre un bajón, y usted tiene muchas inversiones en ese sector. ¿Se sentirá mal? No solo cognitivamente mal, sino ¿sentirá también una aversión emocional, como si le llegara un olor a carne podrida o le mordiera una hormiga? O al revés, supongamos que lee una información positiva: sus inversiones han subido un seis por ciento. ¿Se sentirá bien? No solo cognitivamente bien, sino ¿sentirá una emoción agradable, como cuando escucha la carcajada de un bebé o come galletas de chocolate? Si le parece extraño que podamos tener reacciones emocionales a nuevos flujos de datos, hemos de recordar que *todo* el sentido de nuestras vidas se construye a base de flujos de datos que tienen importancia en el contexto de nuestras metas.

Finalmente, hay una cuestión más que vale la pena plantearse antes de terminar: el hecho de contar con un nuevo sentido, ¿sería agobiante o estresante?

No lo creo. Piense en un amigo ciego que le insiste en que debe de ser estresante poder ver: «¡Imagina tener otro flujo de datos! ¿Captar un flujo constante de miles de millones de fotones que nos llegan desde el lejano horizonte? ¿Saber lo que la gente está haciendo aunque se encuentre a casi un kilómetro de distancia? Toda esa constante densidad de información debe acabar atacando los nervios».

Si usted puede ver, sabe que la vista no es especialmente estresante. Suele estar en un terreno entre lo agradable y lo aburrido. Usted la fusiona con su realidad sin esfuerzo. ¿Por qué? Porque no es más que otro flujo de datos, e incorporar datos es la función del cerebro.


¿ESTÁ PREPARADO PARA UNA NUEVA SENSACIÓN?

En este capítulo hemos analizado la creación de nuevos sentidos. En una escala temporal evolutiva, si las mutaciones genéticas azarosas consiguen traducir alguna fuente de información en señales eléctricas, el cerebro puede tratarlas como un dispositivo de instalación automática, descifrando cualquier información que envíe. Enchufe unos ojos en cualquier extensión de la corteza cerebral y se convertirá en corteza visual, conecte unas orejas y se convertirá en corteza auditiva, conecte una piel y se convertirá en somatosensorial. Todo ello revela uno de los grandes trucos de la naturaleza: conectarse a una nueva fuente de energía procedente del mundo no requiere rediseñar cada vez el cerebro desde cero. De hecho, solo necesita diseñar nuevos dispositivos periféricos: sensores de luz, acelerómetros, sensores de presión, fosas de calor, electrorrecepción, magnetita, narices como dedos, o cualquier cosa que se nos pueda ocurrir.

Y cualquier cosa que sus creaciones puedan imaginar por sí mismas.

Tal como hemos visto con el implante coclear de Michael Chorost o el implante retinal de Terry Byland, se puede aprovechar la flexibilidad del cerebro sustituyendo el dispositivo periférico original por uno de artificial. El dispositivo sustituto no tiene por qué hablar la lengua materna del cerebro, sino que puede ir tirando con un dialecto que se acerque lo bastante. El cerebro ya imagina cómo utilizar los datos.

Si damos un paso más, vemos el poder de la sustitución sensorial. El recableado crónico del cerebro es la fuente de su tremenda flexibilidad: se reconfigura dinámicamente para absorber los datos e interactuar con ellos. Así es como podemos utilizar la red de electrodos para enviar información visual a través de la lengua, motores vibratorios para introducir información auditiva a través de la piel y teléfonos móviles para entrar flujos de vídeo a través de los oídos. Estos dispositivos se pueden utilizar para dotar al cerebro de nuevas capacidades, como hemos visto con la mejora sensorial (extender los límites de un sentido que ya tienes) o la adición (conectar flujos de datos completamente nuevos). Dichos dispositivos han dejado de estar llenos de cables y se han convertido en finos y portátiles, y este avance, más que ningún cambio en la ciencia básica, aumenta su uso y estudio.

Como ampliaremos en los siguientes capítulos, el cerebro reorganiza sus circuitos para optimizar su representación del mundo. De manera que cuando introducimos datos nuevos y útiles, el cerebro los aprovecha. Todo ello ocurre con dos condiciones a las que regresaremos: los nuevos datos se aprenden mejor si están vinculados a las metas del usuario y a sus actos.

Teniendo en cuenta nuestros conocimientos actuales, no hay límite a la hora de imaginar las expansiones sensoriales que construiremos: visión en otras partes del espectro electromagnético, oído ultrasónico o enchufarnos a los estados invisibles de la fisiología de nuestro cuerpo. Podríamos preguntarnos si este tipo de tecnología conducirá a una sociedad con dos clases bien marcadas: los ricos y los pobres. Creo que el riesgo de que eso ocurra es bajo, porque estos dispositivos son baratos. Al igual que la revolución tecnológica que ha traído smartphones económicos (impulsándola de una manera impensable en casi todos los países), la tecnología sensorial se puede desplegar por todo el mundo a un coste menor incluso al de los teléfonos. No se trata de una tecnología limitada a los ricos.

De hecho, albergo la sospecha de que el futuro es mucho más extraño que una nítida división entre ricos y pobres, y que habrá muchos matices entre medio. Contrariamente a la uniformidad de smartphones que cubre el planeta, es posible que nos encaminemos a un futuro en el que personas distintas tendrán supersentidos diferentes. Imagine que posee el sentido de los futuros de petróleo, mientras que su vecino se ha entrenado para conocer el estado de la estación espacial, y que su madre se dedica a la jardinería utilizando la percepción de la luz ultravioleta. ¿Podríamos estar a las puertas de una especiación, en la que una especie se divide en múltiples? ¿Quién sabe? En el mejor de los casos, podríamos imaginar un escenario parecido a esas películas en las que un equipo de superhéroes, cada uno con su poder especial, se junta como las piezas de un puzle para derrotar a un archivillano.

Lo cierto es que el futuro es difícil de predecir. Sea cual sea el caso, a medida que nos adentramos en él la única certeza es que cada vez más tendremos que elegir nuestros propios dispositivos periféricos de instalación automática. Ya no somos una especie natural que ha de esperar millones de años a que la Madre Naturaleza le otorgue un nuevo don sensorial. Por el contrario, como cualquier buen progenitor, la Madre Naturaleza nos ha concedido la capacidad cognitiva de modelar nuestra propia experiencia.

En todos los ejemplos que hemos abordado hasta ahora interviene un input de los sentidos corporales. ¿Y la otra labor del cerebro: el output hasta las extremidades del cuerpo? ¿Es algo también flexible? ¿Podría añadir a su cuerpo más brazos, piernas mecánicas, o un robot al otro lado del mundo controlado por sus pensamientos?

Me alegro de que me lo pregunte.

# 5. CÓMO CONSEGUIR UN CUERPO MEJOR

POR FAVOR, ¿PODRÍA LEVANTAR LAS MANOS EL AUTÉNTICO DOC OCK?

En *The Amazing Spider-Man* #3 (julio de 1963), un científico llamado Otto Gunther Octavius se enchufa directamente al cerebro un dispositivo para controlar cuatro brazos robóticos añadidos. Las extremidades metálicas, que operan con la misma facilidad que sus apéndices naturales, le permiten trabajar sin peligro con materiales radiactivos. Cada uno de los brazos del doctor Octavius opera de manera independiente, igual que cuando conduce con una mano mientras cambia la emisora de la radio con la otra y aprieta el pedal del acelerador con la pierna.

Por desgracia para el doctor Octavius, una explosión le daña el cerebro y le condena a ser un villano toda la vida. Guiado por su nueva inmoralidad, aprovecha sus brazos extra para abrir cajas fuertes, escalar edificios y convertirse en un pionero de nuevos métodos de combate con múltiples manos. Bajo el hechizo de su nueva personalidad, se le acaba conociendo como el Doctor Octopus, o Doc Ock.

Cuando salió el cómic en 1963, era pura ciencia ficción imaginar que al cerebro se le pudieran adosar directamente unos brazos robóticos que además se pudieran controlar sin esfuerzo.

Pero la idea se ha desplazado rápidamente de la fantasía a la realidad.

En el capítulo anterior, vimos cómo el cerebro se reorganiza a sí mismo cuando una persona pierde una de sus extremidades, como cuando el brazo de Horatio Nelson se cruzó con la bala de mosquete. Pero eso no es más que la parte *input* de la historia. Por lo que se refiere al *output*, la corteza que maneja al cuerpo (el mapa motor) también se adapta. Cuando el sistema nervioso comprende que un miembro anteriormente existente ya no está bajo su control, el territorio cortical dedicado a él se encoge.[1] El cerebro se reorganiza para encajar en ese nuevo plano corporal.

Consideremos el caso de una mujer a la que llamaremos Laura, que perdió la mano en un accidente traumático.[2] Su corteza motora primaria comenzó a desplazarse en el curso de las semanas. Las áreas cerebrales que controlaban los músculos del brazo colindantes (como el bíceps y el tríceps) poco a poco fueron agregando el territorio cortical que antes movía la mano. Lo podríamos expresar de esta otra manera: las neuronas que anteriormente impulsaban su mano fueron reasignadas a otro trabajo, y pasaron a unirse al equipo de los músculos de la parte superior del brazo. El mapa motor de Laura se midió emitiendo pequeños pulsos magnéticos a través del cráneo (una técnica llamada estimulación magnética transcraneal) y observando qué músculos se estimulaban. Mediante esta técnica, los investigadores fueron capaces de observar cómo el territorio dedicado a los músculos de la parte superior del brazo se expandía en unas pocas semanas.

En capítulos posteriores veremos cómo el cerebro lleva a cabo este truco, pero por el momento nos concentraremos en por qué el sistema motor se adapta así. La respuesta: las áreas motoras se optimizan para manejar la maquinaria disponible. Y este principio abre la puerta a muchos planes corporales posibles.

140

Un examen del reino animal revela una panoplia de apariencias extrañas, desde el oso hormiguero hasta el topo de nariz estrellada, pasando por el pez dragón, el pulpo y el ornitorrinco. Sin embargo, hay algo que resulta un misterio: todos los animales del reino (incluidos nosotros) cuentan con genomas sorprendentemente similares.

Así pues, ¿cómo es que las criaturas acaban operando con un equipo tan maravillosamente variado, como las colas prensiles, las garras, las laringes, los tentáculos, las vibrisas, los troncos y las alas? ¿Por qué las cabras montesas son tan hábiles brincando por las rocas? ¿Cómo es que a los búhos se les da tan bien abalanzarse sobre los ratones? ¿Cómo es que las ranas son tan hábiles cazando moscas con la lengua?

Para comprenderlo, volvamos al modelo del cerebro del Señor Patata, en el que se pueden adosar variados dispositivos de input. Exactamente el mismo principio se aplica al output. Desde esta perspectiva, la Madre Naturaleza posee la libertad de experimentar con extravagantes dispositivos motores de conexión automática. Ya sean los dedos o las aletas; ya sean dos piernas, cuatro u ocho; ya sean manos, garras o alas: los principios fundamentales de la operación cerebral no tienen por qué rediseñarse cada vez. El sistema motor simplemente calcula cómo manejar la maquinaria disponible.

Un momento, podría decir. Si los cuerpos son tan fáciles de modificar manipulando el genoma, ¿cómo es que nos encontramos humanos nacidos con extrañas variedades de planos corporales?

Pues resulta que sí los encontramos. Por ejemplo, algunos niños nacen con cola,[3] lo que demuestra que es muy fácil derribar los dominós genéticos para producir extrañas estructuras.

Aparte de las colas, a veces los humanos nacen con extremidades de más. En Shanghái, por ejemplo, hace poco nació un niño llamado Jie-Jie con un tercer brazo completamente formado.[4]

141

Algunas veces los niños nacen con cola, lo que demuestra que pequeñas variaciones genéticas pueden generar grandes cambios en la arquitectura del cuerpo.

Tenía dos brazos izquierdos de tamaño completo, uno encima del otro.

Este tipo de cosas a veces ocurren por culpa de un gemelo parásito en el vientre materno: este gemelo no consigue crecer y queda absorbido en el cuerpo del gemelo sano. Pero no fue ese el caso de Jie-Jie. Su genética simplemente dictó el crecimiento de un tercer brazo. Un equipo de cirujanos chinos tardó varias horas en eliminar el brazo izquierdo interno, porque los dos brazos izquierdos estaban bien desarrollados. A menudo, una de las extremidades extra se encoge y resulta fácil elegir cuál eliminar. En el caso de Jie-Jie, ambos brazos tenían omóplatos separados, con lo que la operación fue complicada.

Las colas y los brazos extra ilustran cómo el plano corporal puede cambiar de manera inconfundible con pequeñas alteraciones de la genética. Y no hay ni que decir que esta especie de indecisión genética la encontramos a nuestro alrededor en casos menores: hay personas que tienen un brazo más largo, dedos más achatados, un dedo gordo del pie más corto que el dedo de al lado, caderas más anchas, hombros más anchos.

142

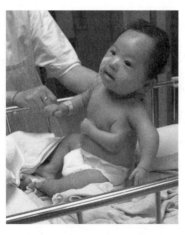

Jie-Jie nació con un brazo de más.

Y aunque nuestros primos más cercanos, los chimpancés, son casi genéticamente idénticos a nosotros, poseen muchas diferencias en el plano corporal. Para empezar, sus bíceps cuentan con un punto de inserción más alto, tienen las caderas más vueltas hacia fuera, y los dedos de los pies son más largos. En el interior de su oscura sala del trono, al cerebro del chimpancé no le ha costado comprender cómo guiar el cuerpo de chimpancé para que pueda mecerse en los árboles y caminar sobre los nudillos; a los cerebros humanos tampoco les cuesta mucho entender cómo competir en el ping-pong o cómo bailar salsa. En ambos casos, el cerebro determina de manera elegante la mejor forma de manejar la maquinaria en la que se encuentra inserto.

Para comprender la fuerza de este principio, pensemos en Matt Stutzman, que nació sin brazos. Un día le atrajo el tiro con arco, por lo que aprendió a manipular un arco y una flecha con los pies.

Moviéndose con fluidez, coloca la flecha en la cuerda con los dedos de los pies, a continuación levanta el arco con el pie derecho. Una correa le sujeta el aparato al hombro, permitiéndole colocar el arco a la altura de la mirada. Tensa el arco tirando de

Matt Stutzman, el «arquero sin brazos»

él hacia delante con el pie, y cuando tiene enfilada la diana de manera estable, suelta la flecha. No es solo que Matt tenga talento en el tiro con arco, es que es el mejor del mundo: en el momento que escribo estas líneas, suyo es el récord del disparo acertado a más distancia en la historia del tiro con arco. Probablemente no es lo que los médicos predijeron de un bebé que nació sin brazos. Pero quizá no se dieron cuenta de la facilidad que tiene el cerebro de adaptar sus recursos para solventar problemas en el mundo exterior.

Este tipo de flexibilidad se ve también en el reino animal. Consideremos al perro Faith, que nació sin patas delanteras, y mientras era un cachorro consiguió caminar sobre las dos patas posteriores, bípedo, como un humano. Aunque podríamos haber imaginado que los cerebros de los perros llegaban preparados para guiar un cuerpo de perro normal, Faith demuestra la facilidad que tiene el cerebro de manejarse en el mundo con la maquinaria en la que se encuentra atrapado.

Los arqueros sin brazos y los perros bípedos arrojan luz sobre

Los cerebros se adaptan a las circunstancias del cuerpo. El perro Faith se vio obligado a ser bípedo al no disponer de patas delanteras. Sus sistemas motores se adaptaron a ese plano corporal, permitiéndole llevar una vida normal (aunque atraiga a los paparazzi).

el hecho de que el cerebro no está predefinido para un cuerpo en concreto, sino que se adapta a moverse, interactuar y salir adelante. Y no es solo cierto en el caso del cuerpo en el que nacemos, sino en el de todas las circunstancias que se nos presentan. Pongamos por caso a Sir Blake, un bulldog de California que domina el monopatín. Sir Blake se sube al monopatín de un brinco y con la pata delantera se va dando impulso. Cuando llega el momento, coloca la parte delantera sobre el monopatín y disfruta deslizándose. Desplaza el peso del cuerpo para sortear los obstáculos, igual que hacen los humanos. Cuando quiere parar, deja que el monopatín vaya frenando, y entonces se baja. Teniendo en cuenta la patente ausencia de ruedas en la historia evolutiva de los perros, es algo que destaca la adaptabilidad del cerebro para encontrar nuevas posibilidades.

Veamos el ejemplo de otro perro, Sugar, que ganó el cuarto

Aunque la evolución de los bulldogs les ha llevado a tener patas en lugar de ruedas, Sir Blake no tiene ningún problema a la hora de adaptarse a nuevos métodos de locomoción.

**Premio Anual de Surf Canino de San Diego, California.** Pensándolo mejor, olvidémonos de Sugar... simplemente asombrémonos de que exista un premio anual de surf canino. Los cerebros caninos no suelen estudiarse en el contexto de cómo pueden colocarse diez en una tabla larga de surf. Pero pueden. Todo lo que se necesita es la circunstancia adecuada, y sus sistemas motores se encargan de conseguirlo.

Sir Blake, Sugar y los demás competidores son fantásticos a la hora de recorrer las calles y las olas, y en algunos casos mejores

Sugar, ganador del cuarto Premio Anual de Surf Canino en San Diego, California. Los competidores de Sugar van desde golden retrievers a pomeranos.

que la especie creativa que inventó estos deportes. ¿Cómo es que estos perros han llegado a ser tan buenos?

BALBUCEO MOTOR

Un bebé aprende a colocar la boca de una manera determinada y a respirar para producir el lenguaje. No lo aprende de manera genética, ni tampoco navegando por la Wikipedia, sino balbuciendo. Los sonidos salen de su boca y el oído los capta. Entonces el cerebro compara hasta qué punto estos sonidos se acercan a las frases que oye pronunciar a su padre o a su madre. Para facilitar las cosas, obtiene reacciones positivas para algunas frases, y para otras no. De este modo, la retroalimentación constante le permite refinar el habla hasta que es capaz de hablar de manera fluida inglés, chino, bengalí, javanés, amárico, pemón, chucota, o cualquier otro de los setecientos idiomas que se hablan por el mundo.

Del mismo modo, el cerebro aprende a guiar su cuerpo por el balbuceo motor.

No hay más que observar al mismo bebé en su cuna. Se muerde los dedos de los pies, se da palmadas en la frente, se tira del pelo, dobla los dedos, etc., y aprende que su ouput motor se corresponde con la retroalimentación sensorial que recibe. De este modo, aprende a entender el lenguaje del cuerpo: cómo sus outputs encajan con los siguientes inputs. Mediante esta técnica con el tiempo aprendemos a caminar, llevarnos fresas a la boca, flotar en una piscina, colgarnos de una barra y manejar marionetas.

Y mejor aún, utilizamos el mismo método de aprendizaje para adosar extensiones a nuestro cuerpo. Pensemos en lo que significa montar en bicicleta, una máquina que nuestro genoma probablemente no previó. Nuestro cerebro originariamente se modeló para trepar a los árboles, transportar comida, construir herramientas y recorrer grandes distancias. Pero montar en bicicleta demanda una nueva serie de retos, como mantener el torso en perfecto equilibrio, modificar la dirección moviendo los brazos y detenerse repentinamente apretando la mano. Y a pesar de esas complejidades, cualquier niño de siete años es capaz de demostrar lo fácil que es añadir ese plano ampliado del cuerpo a las habilidades de la corteza motora.

Y eso no se limita a las bicicletas normales. Fijémonos en Destin Sandlin, un ingeniero al que un amigo le regaló una bicicleta muy rara: mediante un complicado sistema de engranajes, si Destin giraba el manillar a la izquierda, la rueda delantera giraba a la derecha. Y viceversa. Destin estaba seguro de que eso no sería complicado de manejar, porque el concepto estaba claro: gira en la dirección contraria a la que quieres ir. Pero resultó que la bicicleta era tremendamente difícil de manejar, porque requería desaprender la operación normal de lo que es un manillar de bicicleta. Entrenar su corteza motora para desempeñar la nueva tarea no era tan simple como entenderlo de manera cognitiva. Después de todo, *sabía* cómo funcionaba la bicicleta, lo que no significaba que pudiera hacerla ir por donde quisiera.

Destin comenzó a pillarle el tranquillo. Cada vez que tenía que hacer un movimiento, recibía retroalimentación del mundo (*te estás cayendo hacia la izquierda, vas a chocar contra un buzón, estas esquivando una camioneta*), y utilizaba esa retroalimentación

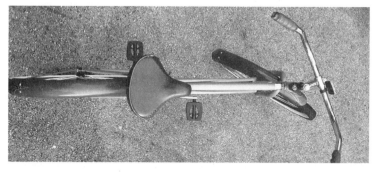

La bicicleta con el manillar que va al revés.

148

para adaptar sus siguientes movimientos. Después de varias semanas de práctica diaria, se le daba bastante bien. Dominaba la extraña bicicleta igual que había dominado una bicicleta normal cuando era niño: mediante el balbuceo motor.

Si alguna vez ha conducido por un país con el volante al otro lado del coche, ya sabe lo que es ese tipo de aprendizaje. Si es un conductor estadounidense en Inglaterra, o viceversa, muchas veces gira hacia donde no debe hasta cogerle el tranquillo. Pero se le da cada vez mejor, porque su sistema visual analiza las consecuencias de cada acción y las utiliza para adaptarse. Y si todo va bien, su sistema nervioso completa sus revisiones antes de que acabe estrellándose contra una bala de heno.


Parece extraño que podamos aprender a operar nuestro cuerpo de maneras diferentes, teniendo en cuenta que solo posee una corteza motora. Por fortuna, el cerebro es en extremo inteligente al valerse del contexto para saber qué programas utilizar. Emplea los esquemas (patrones para organizar diferentes categorías de información) de tal manera que cuando va en bicicleta se transporta moviendo los muslos en círculos, pero cuando sale a correr mueve los brazos y piernas y levanta los pies para sortear lo que hay en medio de la calle.

He aquí un ejemplo mediante el cual hace poco experimenté de manera consciente mis esquemas. El otro día se rompió el retrovisor de mi camioneta. Quería arreglarlo de inmediato, pero estaba ocupado escribiendo este libro, así que durante unas semanas conduje sin él. Si al final lo arreglé fue porque había una cosa que me volvía loco: siempre que estaba sentado al volante, mis ojos llevaban a cabo un movimiento automático hacia arriba y hacia la derecha, y me ponía a preguntarme por qué de repente estaba mirando las copas de los árboles que había a un lado de la carretera. Evidentemente, mis ojos iban disparados hacia donde estaba el retrovisor, y su intención era ver lo que tenía *detrás*. Por supuesto, cuando estoy en mi cocina, en mi oficina o en el gimnasio, nunca levanto los ojos hacia arriba y hacia la derecha para ver lo que tengo detrás; es algo que solo hago cuando estoy al volante de mi coche. Lo interesante de todo ello es lo inconsciente que ha sido siempre ese esquema: evaluar exactamente lo que me ofrece el mundo que me rodea (en mi camioneta o fuera de ella) y cambiar mis funciones motoras según las circunstancias. Asimismo, cuando voy a correr nunca aprieto la mano para detenerme, igual que cuando voy en bici no levantó el pie para esquivar una rama del suelo. Del mismo modo, el cerebro de Destin aprendió el nuevo modelo. Cuando finalmente dominó la bicicleta con truco, descubrió que no podía seguir montando una bicicleta normal. Pero eso fue por poco tiempo, y con un poco de práctica consiguió dominar las dos bicicletas. Ahora puede subirse a cualquier tipo de bicicleta –la normal y la que tiene truco– y su cerebro simplemente sigue el camino adecuado para operar sus músculos en el contexto correspondiente.

Regresemos al balbuceo motor. No es la única manera mediante la cual los bebés y los ciclistas aprenden a moverse; también se ha convertido en un poderoso y nuevo enfoque en la robótica. Consideremos el Starfish, un robot que crea una maqueta de sí mismo, y así aprende lo que puede hacer con su cuerpo, sin ninguna de las programaciones típicas necesarias. Aprende su propia apariencia.[5]

El Starfish intenta un movimiento, igual que un niño que agita una extremidad, y evalúa las consecuencias: en el caso del robot, utiliza giróscopos para ver cómo el movimiento inclina el cuerpo central. Estirar una de las extremidades no nos dice cómo es el cuerpo ni cómo interactuar con el mundo, pero la retroalimentación limita el espacio de posibilidades. Ahora se han reducido las hipótesis del aspecto que podría tener. Ha llegado el momento de efectuar un paso más. Pero en lugar de hacer un movimiento al azar, elige el siguiente paso para distinguir mejor entre las hipótesis restantes de que dispone. Al escoger cada paso sucesivo para reducir las posibilidades en los lugares adecuados, desarrolla una imagen de su cuerpo cada vez más centrada.[6]

Utiliza el balbuceo motor para aprender a utilizar sus actuadores, y por eso puede arrancarle una de las patas a este robot, que volverá a reimaginar su aspecto. Es como Terminator después de que Sarah Connor le haya quemado y aplastado las piernas: sigue moviéndose, y actúa con un plano corporal diferente, pero sin dejar de perseguir su meta.

Construir un robot que balbucee y explore su cuerpo es más eficaz y más flexible que programarlo de antemano. Y en el reino animal, la naturaleza solo posee unas decenas de miles de genes con los que construir una criatura, de manera que no puede preprogramar todas las acciones que uno podría hacer en el mundo. ¿Su única elección? Construir un sistema que aprenda de sí mismo.

El Starfish, que llegó al mundo con un número concreto de extremidades y actuadores para moverse, aprende la configuración de su cuerpo y cómo manejarlo.

Y ese es el truco que permite que los perros que van en monopatín y practican el surf averigüen cómo se hace. Balbuceando con su cuerpo, ensayan diversos movimientos, posturas, posiciones y equilibrios, y evalúan los resultados. Inclinarme hacia la izquierda, ¿me ayuda a montar la ola o me tira al agua fría? Empujar con la pata trasera mientras me inclino, ¿hace que se mueva el monopatín y que mi amo grite de placer, o me provoca un doloroso choque contra una bomba de riego? La retroalimentación permite que el sistema motor afine millones de parámetros y ejecute mejor el siguiente movimiento. De este modo, el organismo construye un modelo de la interacción de su cuerpo con el mundo y acaba comprendiendo las capacidades y consecuencias de sus movimientos. Acaba sabiendo lo que el entorno le permite. Mediante este feedback constante, el bebé, los perros atléticos y el robot Starfish aprenden a moverse con sus planos corporales. Consiguen un circuito de retroalimentación entre los mundos interno y externo.

El circuito de ejecutar acciones y evaluar la retroalimentación es la clave para comprender no solo el balbuceo motor, sino también el balbuceo social. Consideremos nuestra manera de aprender (y seguir aprendiendo) cómo comunicarnos con los demás. Constantemente llevamos a cabo acciones sociales en el mundo, evaluamos la retroalimentación y nos adaptamos. Deambulamos por el espacio de las posibilidades, probando múltiples personajes cuando somos jóvenes: ¿es mejor tomarse con humor esta situación, cruzar los brazos en una muestra de desafío o llorar en busca de compasión? Descubrimos las ventajas de ciertas identidades en situaciones concretas, y solemos atenernos a ellas hasta que hay que actualizarlas. Y al igual que el humano que, según la ocasión, puede ir en bicicleta de montaña, patines de hielo y ala delta, adoptamos esquemas distintos para situaciones sociales distintas. Igual que ocurre con la retroalimentación motora, nos basamos en la retroalimentación social. ¿Necesita un fuerte liderazgo, esta situación? ¿Una palabra amable me consigue lo que necesito? ¿Un chiste de mal gusto tiene éxito en una cena, pero acabo haciendo el ridículo si lo cuento en una reunión de negocios? Y este constante poner a prueba al mundo es probablemente lo que nos permite aprender a *pensar*. Desde el punto de vista del cerebro, pensar se parece enormemente a los movimientos motores. Esta tormenta de actividad neuronal que hace que pueda levantar el brazo es como la tormenta que le hace pensar en lo que debería decirle a un amigo deprimido, o dónde puede haber ido a parar su calcetín desaparecido, o qué va a pedir para comer. Tener un pensamiento es como mover una extremidad; de la misma manera que nuestro cerebro nos hace dar una patada, un empujón o agarrar algo, es posible que el hecho de pensar movilice los conceptos en el espacio del pensamiento. En otras palabras, pensar es el acto de remover conceptos en lugar de una taza de café, ideas en lugar de servilletas. Y todo esto comienza con la misma especie de balbuceo: generar un pensamiento y evaluar las consecuencias. Algunos pensamientos encajan con el mundo (*si tiro de este cordón, el cortacésped se pone en marcha*), mientras que otros no consiguen nada (*¿qué ocurrirá si lanzo mi tortita al otro lado de la mesa?*). Al igual que los movimientos y el habla, los pensamientos tienen que aprender cuál es la mejor manera de actuar en el mundo.

Volvamos, pues, con Sir Blake, Sugar y sus compañeros caninos. Aparte del placer de observarlos, ponen de relieve un principio fundamental: si la genética les hubiera dado dos patas en lugar de cuatro, o ruedas en lugar de patas, o un esqueleto parecido a una tabla de surf, el cerebro de perro que tienen dentro no tendría que rediseñarse. Simplemente se recalibraría.

Pensemos en cuán eficazmente esta estrategia crea biodiversidad. Un cerebro livewired no necesita que lo cambien por otro cada vez que hay un cambio genético en el plano corporal. Se adapta solo. Y así es como la evolución modela eficazmente a los animales para que encajen en cualquier hábitat. Si las pezuñas o los dedos son apropiados para el entorno, o lo son las aletas o los antebrazos, los troncos, las colas o las garras, la Madre Naturaleza no tiene que hacer nada extra para que el nuevo animal opere correctamente. Lo cierto es que la evolución no podría funcionar de ninguna otra manera: no podría operar con la suficiente rapidez a menos que los cambios de plano corporal fueran fáciles de desplegar y los cambios cerebrales llegaran sin dificultad.

Esta enorme flexibilidad es lo que nos permite instalarnos fácilmente en un nuevo cuerpo. Pensemos en Ellen Ripley, la protagonista de la película original de *Aliens*. En su enfrentamiento final con el viscoso alienígena, Ripley se enfunda un enorme traje robótico que le permite amplificar los movimientos con unos poderosos brazos y piernas. Al principio se mueve con torpeza, pero tras un poco de práctica es capaz de asestar unos sonoros puñetazos a las mocosas mandíbulas del alienígena. Ripley aprende a controlar su nuevo cuerpo gigantesco, y lo hace gracias a la capacidad de su cerebro de ajustar la relación entre sus outputs (*mover el brazo*) y sus inputs (*¿dónde está ahora el brazo derecho gigante? ¿Lo estoy desplazando demasiado a la izquierda?*). No es difícil aprender estas nuevas asociaciones, tal como demuestran los que conducen una carretilla elevadora, manejan una grúa o los cirujanos con las laparoscopias; todos ellos se levantan de la cama cada mañana para pilotar nuevos cuerpos extraños. Si el cerebro de Ellen Ripley fuera un mecanismo para un solo propósito que solo pudiera controlar su cuerpo humano estándar de dos metros de altura, habría acabado sirviendo de merienda al alienígena.

Aunque se trata de un ejemplo de ficción, el principio que hay detrás se aplica a los que van en patines, monociclo, silla de ruedas, tabla de surf, segway, monopatín y centenares de otros dispositivos que adosamos al cuerpo mediante una cuerda o una hebilla. Los detalles del peso, articulaciones, movimientos y controladores de los dispositivos –todo lo que puedo hacer con ellos– acaban abriéndose paso en el circuito de su cerebro.

En los primeros días de la aviación, los pilotos utilizaban cuerdas y palancas para conseguir que las máquinas voladoras fueran extensiones de su propio cuerpo,[7] y la tarea de los pilotos actuales no es muy distinta: el cerebro del piloto construye una representación del avión como parte de sí mismo. Y lo mismo ocurre con el virtuoso del piano, los leñadores que manejan una sierra mecánica y los pilotos de drones: sus cerebros incorporan sus herramientas como extensiones naturales que hay que controlar. De este modo, el bastón de un ciego no solo se extiende delante de su cuerpo, sino que se integra en el circuito del cerebro.

Consideremos lo que esto significa para nuestro futuro a corto plazo como humanos. Imagine que pudiera controlar un robot a distancia con tan solo su actividad cerebral. Contrariamente a Ellen Ripley, ni siquiera tendría que moverse: tan solo tendría que pensar el movimiento. Cuando quisiera que el robot levantara el brazo, lo haría inmediatamente. Cuando quisiera que se acuclillara, hiciera una pirueta o saltara, atendería su orden mental sin demora ni error. Aunque esto pueda sonar a ciencia ficción, ya está ocurriendo.

LA CORTEZA MOTORA, LOS MALVAVISCOS Y LA LUNA

A principios de diciembre de 1995, Jean-Dominique Bauby estaba en la cresta de la ola: era editor en jefe de la revista *Elle* de París y se codeaba con la flor y nata de los círculos sociales franceses.

Una tarde, sin previo aviso, sufrió un ictus. Al instante entró en un coma profundo.

Veinte días después despertó. Estaba mentalmente consciente, podía ver su entorno y comprender lo que decía todo el mundo. Pero no podía moverse. No tenía el menor movimiento en los brazos, los dedos de las manos y los pies, la cara; no podía hablar; no podía gritar. Descubrió que lo único que podía hacer

155

era sacudir el párpado izquierdo. Aparte de eso, estaba encerrado en la inmóvil mazmorra de su cuerpo.

Con el tiempo y con la ayuda de un par de perseverantes terapeutas, consiguió comunicarse, muy lentamente. No hablando, sino moviendo su único párpado funcional. La terapeuta le recitaba lentamente las letras del alfabeto en su orden de frecuencia, y él parpadeaba cuando ella llegaba a la letra correcta. Entonces la terapeuta anotaba la letra y seguía recitando de nuevo las letras. De este modo, al agotador ritmo de dos minutos por palabra, podía comunicarse. Con una paciencia increíble, escribió todo un libro sobre la experiencia de vivir con el síndrome de enclaustramiento. Su gracia y elocuencia contradecían el estado de su cuerpo. Transmitía el sufrimiento de ser incapaz de interactuar con el mundo exterior. Describía, por ejemplo, el dolor de ver el bolso de su ayudante medio abierto sobre la mesa: una llave de hotel, un billete de metro, un billete de cien francos. Todos esos objetos le recordaban una vida que había perdido para siempre.

En marzo de 1997 se publicó el libro. *La escafandra y la mariposa* vendió 150.000 ejemplares en la primera semana, y se convirtió en número uno de ventas por toda Europa. Diez días después de haberse publicado el libro, Bauby murió. Desde entonces, millones de lectores han derramado lágrimas sobre las páginas del libro, apreciando, quizá por primera vez, el simple placer de poseer un centro de control que funcione y que maneje con éxito su enorme robot de carne, cosa que hace con tal destreza que somos completamente inconscientes de las numerosísimas operaciones que tienen lugar bajo el capó.

¿Por qué no podía moverse Bauby? En circunstancias normales, cuando el cerebro decide desplazar una extremidad, un patrón de actividad neuronal envía la orden motora a través de cables de datos en la médula espinal hasta los nervios periféricos, donde las señales eléctricas se convierten en la liberación de compuestos químicos (neurotransmisores), que provocan que el músculo se contraiga. Pero en el caso de Bauby, las señales no salían del ce-

156

rebro para emprender su largo viaje hacia cuerpo. Sus músculos no recibían el mensaje.

Quizá en el futuro seremos capaces de reparar una médula espinal dañada, pero por el momento no es posible, lo que solo nos deja una solución: ¿y si pudiéramos haber medido los picos cerebrales de Bauby en lugar del parpadeo de sus ojos? ¿Y si pudiéramos haber estudiado sus circuitos neuronales para averiguar lo que intentaba decirles a los músculos, y casi, sorteando la lesión, conseguir que las acciones tuvieran lugar en el mundo exterior?

Un año después de la muerte de Bauby, unos investigadores de la Emory University implantaron una interfaz cerebro-ordenador en un paciente con síndrome de enclaustramiento llamado Johnny Ray, que vivió lo suficiente para controlar un cursor de ordenador simplemente imaginando el movimiento.[8] Su corteza motora era incapaz de captar las señales por culpa de una lesión en la médula espinal, pero el implante era capaz de escuchar y transmitir el mensaje al ordenador.

En 2006, un jugador de fútbol americano paralizado llamado Matt Nagle consiguió abrir y cerrar toscamente una mano artificial, controlar las luces, abrir un e-mail, jugar a un juego de vídeo llamado *Pong* y dibujar un círculo en la pantalla.[9] Esta habilidad de Matt procedía de una red de 4 x 4 milímetros con casi cien electrodos implantados directamente en la corteza motora. Imaginaba que movía los músculos, cosa que provocaba actividad en esa parte de la corteza y permitía a los investigadores detectar la actividad y determinar aproximadamente la intención.

La tecnología utilizada con Johnny y Matt era improvisada y poco refinada, pero demostró que esa posibilidad existía. En 2011, el neurocientífico Andrew Schwartz y sus colegas de la Universidad de Pittsburgh construyeron un brazo protésico casi tan sofisticado y ágil como uno de auténtico. Una mujer llamada Jan Scheuermann había quedado paralizada por culpa de un trastorno conocido como degeneración espinocerebelosa, y se presentó voluntaria para una operación neurológica que le permitiera controlar el brazo.[10] Ahora, su corteza motora capta señales, Jan imagina que ejecuta un movimiento con el brazo y el brazo robótico se mueve. El brazo robótico está casi al otro lado de la habitación, pero eso no importa: a través de haces de cables que conectan su cerebro a la máquina, es capaz de conseguir que gire y agarre algo con fluidez, casi tan bien como habría hecho con su propio brazo. Normalmente, cuando pensamos en mover el brazo, las señales viajan desde nuestra corteza motora hasta los nervios periféricos por la médula espinal, y de ahí a las fibras musculares. En el caso de Jan, las señales del cerebro simplemente siguen una ruta distinta: discurren a través de cables conectados a motores en lugar de por las neuronas conectadas a los músculos. Con el tiempo, Jan aprende a utilizar mejor el brazo, en parte porque la tecnología mejora, y en parte porque su cerebro se recablea para comprender cómo controlar mejor su nueva actividad, tal como haría con una bicicleta de dirección invertida, una tabla de surf o el traje mecánico de Ellen Ripley.

Tal como dice Jan: «Prefiero tener cerebro que piernas».[11] Si tiene el cerebro, puede construir un nuevo cuerpo, pero no al revés.

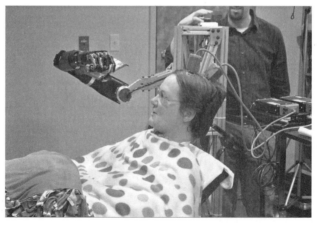

Controlar un brazo robótico imaginando movimientos.

En la actualidad, las interfaces cerebro-ordenador se están desarrollando para restaurar el pleno movimiento del cuerpo de los que están paralizados.[12] El Proyecto Walk Again es una colaboración internacional que pretende ayudar a los que están paralizados a recobrar la movilidad mediante un traje de pies a cabeza que se mueve según las órdenes del cerebro. Solo hay que pensar en el movimiento, tal como hace Jan, y la persona paralizada se mueve. La idea es implantar de manera quirúrgica conjuntos de microelectrodos de alta densidad en diez zonas diferentes del cerebro de un voluntario, lo que permitirá que los pacientes canalicen su propia actividad cerebral para hacerse con el mando de sofisticados robots.[13]

En 2016, unos investigadores del Feinstein Institute de Nueva York intentaron algo un tanto distinto. Escucharon el sistema motor para saber cuándo quería mover los músculos, pero en lugar de suministrar la información a un brazo o traje robótico,

Un traje robótico controlado por el pensamiento para personas sin movilidad. Dichos dispositivos neuroprotésicos están en sus primeras fases de desarrollo, pero poco a poco se van haciendo realidad.

activaron directamente los músculos de una persona mediante la estimulación eléctrica del antebrazo.[14] Uno de los participantes piensa en mover el brazo, y las señales (transmitidas mediante una máquina que aprende algoritmos para interpretar mejor la descarga de actividad neuronal) sortean la médula espinal dañada y van directamente al estimulador del músculo. El brazo se mueve. Los participantes paralizados son capaces de efectuar diferentes movimientos con la mano y la muñeca: agarrar objetos, manipularlos y soltarlos. Incluso consiguen mover los dedos uno a uno, lo que les permite marcar un número telefónico, utilizar un teclado o apuntar hacia el futuro.

Si redirigimos las señales que salen de su cerebro a un brazo robótico, surge un problema: el cerebro no recibe respuesta sensorial de las puntas de los dedos. Si coge un huevo con demasiada fuerza o demasiado poca es algo que solo puede saber si mira, y por lo general, cuando se da cuenta de que no lo está haciendo correctamente, ya es demasiado tarde. Es como el balbuceo verbal de un bebé mientras lleva auriculares.

La solución consiste en cerrar el circuito, cosa que solo se puede hacer introduciendo patrones de actividad en la corteza somatosensorial. Cuando el brazo robótico toca su objetivo, introduce un patrón de actividad concreto en las zonas somatosensoriales, un patrón equivalente a tocarlo con las puntas de los dedos, y a continuación la persona siente lo mismo que si su mano hubiera tocado una textura específica. Cuando toca un segundo objeto, «siente» una textura diferente, y así es como consigue tocar el mundo con la sensación plena de estar interactuando con él. Con el tiempo, la flexibilidad cerebral lo traduce en la plena percepción de que es su propio brazo. El cerebro aprende a manejar mejor su cuerpo cuando existe un ciclo cerrado de retroalimentación: no solo el output, sino también el input que verifica la interacción con el mundo. Por ejemplo, cuando un bebé golpea con el brazo los barrotes de su cuna, los siente, los ve y los oye.

Como casi todo el aprendizaje del cerebro tiene lugar en este circuito, no ha de sorprendernos que los mapas motores y sensoriales suelan cambiar de manera simultánea. Por ejemplo, cuando los monos se ven obligados a coger la comida con un rastrillo, sus mapas motores y somatosensoriales se reorganizan para incluir la longitud de la herramienta, y el rastrillo literalmente se convierte en parte de su cuerpo.[15] Los sistemas motores y sensoriales no son básicamente independientes, sino que van unidos en un ciclo ininterrumpido de respuestas.

Vemos que la interfaz cerebro-ordenador es capaz de reparar o reemplazar las extremidades dañadas. Pero ¿podría utilizarse la misma tecnología para añadir un miembro adicional?

En 2008, un mono con dos brazos normales utilizó sus pensamientos para controlar un tercer brazo metálico. Mediante el uso de una diminuta red de electrodos implantados en el cerebro,

**Antes de usar          Después de usar
la herramienta          la herramienta**

Cuando se entrena a un mono para enseñarle a recoger objetos lejanos con un rastrillo, la representación del plano corporal en el cerebro cambia para abarcar todo el rastrillo. El óvalo muestra la región en la que la estimulación provoca la activación de una neurona sensorial.

161

controlaba el brazo robótico para coger malvaviscos y metérselos en la boca.[16] El mono inicialmente fue entrenado para hacerlo moviendo un cursor en una pantalla hacia un objetivo, y cuando lo hacía bien obtenía una recompensa. Al principio, el mono movía sus propios brazos cuando llevaba a cabo la tarea. Pero ocurrió algo extraordinario: con el tiempo dejó de mover los brazos, y el cursor seguía moviéndose solo. Su cerebro se había recableado para separar esas tareas: algunas neuronas correspondían al brazo real y otras al cursor de la pantalla.

Con el tiempo, las señales fueron capaces de controlar el brazo robótico para recoger los malvaviscos, todo ello sin ningún movimiento físico de los brazos. El brazo robótico se había convertido en una nueva extremidad.

¿Le asombra que los humanos y los monos puedan aprender a mover brazos robóticos con el pensamiento? Pues no debería: es el mismo proceso mediante el cual su cerebro aprendió a controlar sus brazos naturales de carne. Tal como hemos visto, usted

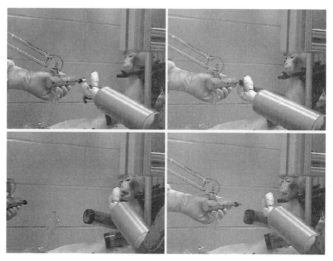

Un mono utiliza su actividad cerebral para controlar un brazo robótico y llevarse un malvavisco a la boca.

162

lo hizo siendo bebé: moviendo sus apéndices, mordiéndose las uñas de los pies, agarrando los barrotes de la cuna, hurgándose el ojo, dedicándose a aprender durante años a perfeccionar el control de su maquinaria. Su cerebro enviaba órdenes, las comparaba con la retroalimentación que le llegaba del mundo, y con el tiempo aprendía cuáles eran las capacidades de sus miembros. Su brazo cubierto de piel no es distinto del brazo robótico metálico y torpe del mono. Lo que ocurre simplemente es que es el equipo habitual de operaciones al que está acostumbrado, por lo que a menudo no se da cuenta de su grandeza.

Aunque crear un buen brazo robótico es un reto para los investigadores, gran parte de su trabajo operativo recae sobre el cerebro del usuario. Al no haber crecido con brazos metálicos, los movimientos del brazo de hojalata tuneado no son intuitivos. Nuestro cerebro tiene que aprender a controlar la extremidad, igual que lo hace Jan. La mitad del trabajo les corresponde a los ingenieros, mientras que la otra mitad ocurre en los bosques neuronales del cerebro del usuario.

La manera en que el mono aprende a utilizar el brazo robótico con independencia de sus brazos reales nos recuerda a Doc Ock, que controlaba sus brazos robóticos al mismo tiempo que llevaba a cabo tareas más prosaicas con las manos, como manejar vasos de precipitados de productos químicos. El mono comenzó a dedicar parte de su territorio cerebral a los brazos robóticos, distintos de sus extremidades naturales. Podía dividir los recursos y asignarlos a diferentes apéndices: metálicos o de carne.

Tanto para Jan como para los monos, los brazos robóticos no estaban directamente conectados a su torso, sino que los conectaba un haz de cables. Pero también podría ir sin cables, y técnicamente el brazo no tendría por qué estar en la misma habitación. ¿Podría controlar un robot en la otra punta del mundo? Lo cierto es que eso ya se ha hecho.

Hace unos años, el neurocientífico Miguel Nicolelis y su equipo de la Universidad de Duke conectaron unos electrodos a un mono, y el mono controlaba la manera de caminar de un robot en la otra punta del planeta, todo ello en tiempo real. Mientras el mono caminaba en una cinta, se grababan las señales de su corteza motora y se traducían en ceros y unos, que se transmitían a través de Internet a un laboratorio de Japón y se introducían en un robot. Igual que si fuera un doble metálico, el robot, de metro y medio de estatura y casi cien kilos de peso caminaba mientras el mono caminaba.

¿Cómo se llegó a este punto? Hubo que trabajar mucho para llegar a esta demostración. En primer lugar, el laboratorio de Nicolelis entrenó al macaco Rhesus para que caminara en la cinta. Los investigadores grabaron información procedente de unos sensores en las patas del mono para ver cómo se movían los músculos, y grabaron la información de centenares de neuronas para comprender cómo la actividad neuronal se traducía en contracciones musculares. Fueron acelerando y disminuyendo la velocidad de la cinta para comprender cómo la actividad cerebral se correlacionaba con la velocidad de los pasos y la longitud de las zancadas.

Aunque una sola neurona no podía decirles gran cosa, quedó claro que las neuronas de distintas áreas cerebrales poseían una particular sincronización entre ellas, lo que permitió a los investigadores comenzar a desentrañar el código multimuscular subyacente al aparentemente complicado acto de caminar.[17]

Con esa investigación en curso, fueron capaces de grabar información del mono de Carolina del Norte y mandar las órdenes motoras decodificadas en tiempo real al robot de Kyoto. Con la excepción de una pequeña demora de procesamiento de transmisión, el mono y el robot caminaban sincronizados.

Después de haber demostrado la viabilidad del experimento, los investigadores de Duke pararon la cinta. Pero cuando el mono miraba su avatar en la pantalla, pensaba en caminar. Y así era como el robot de Japón seguía andando. De la misma manera que Jan imaginaba movimientos y el brazo los ejecutaba, la corteza motora del mono seguía soñando con caminar. En un futuro no muy lejano, parece inevitable que acabemos controlando con la mente robots en fábricas, bajo el agua o en la superficie de la Luna, todo ello desde la comodidad de nuestros sofás.[18] Nuestros mapas corticales, después de un prolongado entrenamiento, incorporarán los actuadores y detectores del robot: serán nuestros telemiembros y nuestros telesentidos. Nuestros cuerpos carnales han evolucionado para las condiciones de la superficie rica en oxígeno de este planeta particular y característico. Pero mejorar la plasticidad del cerebro a la hora de construir cuerpos a larga distancia seguro que cambiará nuestra estrategia en la exploración espacial.


AUTOCONTROL

¿Qué consecuencia tendría una ampliación de su cuerpo –pongamos un brazo robótico o un avatar metálico al otro lado de la ciudad– para su experiencia consciente? La respuesta es que el robot se percibiría como parte de usted. Tendría otra extremidad. Sería un miembro insólito, por supuesto, debido a la brecha física que habría entre usted y él, pero de todas maneras se consideraría un nuevo miembro. La única razón por la que estamos acostumbrados a extremidades conectadas es porque la Madre Naturaleza es una modista con talento a la hora de coser músculos, tendones y nervios, pero nunca ha aprendido a controlar extremidades distantes a través de Bluetooth.[19]

Si los miembros extra o los telemiembros parecen exóticos, recuerde que cada día experimentamos con ellos. No tiene más que mirarse al espejo y mover el brazo. Verá moverse un objeto lejano en perfecta sincronía con sus mandos motores. Aunque los niños pequeños al principio quedan un tanto confusos al mirarse al espejo, acaban comprendiendo que se trata de un reflejo de

165

ellos mismos. A pesar de que no pueden experimentar ninguna sensación directa de las extremidades lejanas, se dan cuenta de que tienen *control* sobre ellas. Y eso es suficiente para que el yo se anexione esas extremidades.

La idea del yo es análoga al Borg de *Star Trek*, cuya identidad singular asimila lo que encuentra a su paso, excepto lo que no puede controlar, como al increíblemente impredecible capitán Picard.

La relación entre el yo y lo predecible nos permite comprender trastornos como la asomatognosia, que se traduce como «no reconocer el propio cuerpo». En la asomatognosia, el lóbulo parietal derecho del cerebro ha quedado dañado (por un ictus o un tumor), por lo que la persona ya no es capaz de controlar una de sus extremidades. Una de sus sorprendentes consecuencias es que el paciente niega que ese miembro le pertenezca, y a veces insiste en que pertenece a otra persona.[20] Afirma que es el brazo de algún difunto amigo suyo, por ejemplo, o un pariente, un fantasma o el demonio, o de alguno de los profesionales médicos que cuidan a esa persona. Es capaz de afirmar que le robaron su extremidad, o que simplemente ha desaparecido. Entre las variantes de este trastorno encontramos la de afirmar que la extremidad es un animal –quizá una serpiente– con una fuerza vital y unas intenciones independientes.

Las manifestaciones pueden ser variadas y extrañas: hay pacientes que sienten indiferencia hacia esa extremidad que ya no forma parte de ellos, o albergan extrañas delusiones, o inventan extrañas explicaciones, como que «alguien me la cosió al cuerpo». Otros pacientes describen sus extremidades con hostilidad, como algo que les desagrada: «Mi pierna es como un peso muerto». Y en una versión más violenta de esta ruptura del yo, encontramos pacientes que odian su miembro ajeno, lo maldicen y lo golpean.[21]

No existe ninguna explicación arquetípica de este trastorno; no obstante, no le costará deducir cuál es mi interpretación a través de la lente de este libro: el cerebro ya no puede controlar la extremidad, de manera que esta deja de formar parte de la hermandad del yo.

A veces a estos pacientes se les abre una pequeña rendija de lucidez en la que reconocen la extremidad como propia. Pero no suele durar. Mi hipótesis es que puede que sea el resultado de que el brazo, *por casualidad*, se comporta como espera el paciente: predictibilidad accidental. Podría ocurrir que desea mover el brazo hacia la tableta de chocolate que hay en la mesa... y da la casualidad de que el brazo se mueve en esa dirección, con lo que su propietario se atribuye la acción. Teniendo en cuenta la experiencia de toda una vida controlando el brazo, no debería sorprendernos que incluso esa impresión temporal de control pueda devolverlo a la órbita del yo, aunque solo sea por un momento.

A principios de la década de 1970, al neurólogo y escritor Oliver Sacks le ocurrió un tipo distinto de pérdida del yo.[22] Mientras estaba de excursión por Noruega, se asustó al ver un toro en su camino. Echó a correr por un sendero de montaña, y con las prisas cayó por un pequeño acantilado y se le desgarró el cuádriceps de la pierna. Se construyó una férula improvisada con el paraguas y el anorak y bajó la montaña cojeando con la pierna «completamente inútil» hasta que lo encontraron unos cazadores de renos. Posteriormente Sacks pasó un tiempo en el hospital, delirando y confundido. Por culpa del cuádriceps desgarrado no podía mover la pierna, y acabó completamente convencido de que esa pierna no era la suya. En cierto momento creyó que la pierna estaba justo delante de él, pero no tardó en descubrir que colgaba a un lado de la cama. Se quedó alarmado:

No reconocía mi pierna. Era completamente extraña, ajena, desconocida. Me la quedé mirando sin reconocerla en absoluto [...]. Y cuanto más miraba ese cilindro de yeso, más ajena e incomprensible me resultaba. Ya no podía sentir que era «mía», que formaba parte de mí. Parecía no guardar ninguna relación conmigo. Era completamente no yo, y sin embargo, de manera

167

increíble, estaba pegada a mí, y lo más increíble es que mantenía una relación de «continuidad» conmigo [...]. No me llegaba ninguna sensación [...] todo parecía misteriosamente ajeno: una réplica sin vida pegada a mi cuerpo.

¿Cómo hemos de comprender la experiencia de Sacks con su pierna? Al igual que los Borg y el capitán Picard, lo que uno controla se convierte en parte de él, y lo que no puede controlar se vuelve completamente ajeno. Por culpa de su incapacidad de conseguir que la pierna siguiera sus órdenes, no tenía ninguna sensación de que fuera suya: no era más que una agrupación ajena de miles de millones de células: hueso y piel y un extraño vello que brotaba de ella. Todos miraríamos así nuestros cuerpos si no pudiéramos manejarlos y no nos llegara ninguna sensación de ellos.

Sospecho, por cierto, que esta sensación de predictibilidad está relacionada con la manera en que una persona a la que conoce profundamente –por ejemplo un miembro de su familia– se convierte en parte de usted. Naturalmente, los humanos somos demasiado complejos como para poder predecirnos totalmente, y el hecho de que su esposa actúe de manera sorprendente demuestra que sigue siendo una persona independiente.

LOS JUGUETES SOMOS NOSOTROS

No necesitamos prótesis ni cirugía cerebral para probar nuevos cuerpos. El campo en desarrollo de la robótica avatar le permite a un usuario controlar un robot a distancia, ver lo que él ve y sentir lo que él siente. Veamos el caso de la Shadow Hand, una de las manos artificiales más complejas que existen. Cada punta de los dedos está equipada con sensores que transmiten sus datos a unos guantes hápticos que lleva el usuario. Desde Silicon Valley se puede controlar una mano robótica en Londres enviando los datos a la red.[23] Otros grupos trabajan en avatares de recuperación de desastres: robots que se envían después de terremotos, ataques terroristas o incendios para que los piloten conductores situados en un lugar seguro. Todavía no he oído que nadie utilice avatares de cuerpos extraños, pero sin duda sería posible: igual que el cerebro aprende a manejar los esquís, los trampolines o los pogos saltarines, también puede aprender a ser uno con un extraño y maravilloso cuerpo avatar.

Aunque la robótica avatar permitirá a un pequeño número de personas probar cuerpos extraños o ampliados, es tremendamente cara. Por suerte, hay una manera mejor de comprobar planos corporales distintos: dentro de la realidad virtual (RV). En el interior de un espacio simulado puede efectuar enormes cambios en su plano corporal de manera instantánea y barata.

Imagine que se mira en un espejo en su mundo de RV. Levanta el brazo, y ve su avatar virtual levantar el brazo en el espejo. Inclina la cabeza, y el avatar inclina la cabeza. Ahora imagine que su avatar no tiene su cara, sino la de una mujer etíope, o la de un noruego, un muchacho pakistaní o una abuela coreana. Por las razones que acabamos de ver acerca de cómo el cerebro determina el yo (*si puedo controlar lo que hace, es yo*), solo hay que pasearse unos minutos delante del espejo para convencerse de que ahora habita un cuerpo distinto. A continuación puede pasearse por ese mundo virtual como una persona distinta, experimentando con esa identidad modificada. La identidad es algo sorprendentemente flexible. En los últimos años los investigadores han estudiado cómo el hecho de adquirir la cara de una persona distinta puede aumentar la empatía.[24]

Y adquirir una nueva cara es solo el principio. A finales de la década de 1980, debido a un accidente de codificación, comenzó el estudio de cuerpos insólitos por parte de la RV. Un científico habitaba el avatar de un trabajador de los astilleros cuando un programador aumentó enormemente su brazo (más o menos del tamaño de una grúa de construcción) por error, insertando demasiados ceros en el factor de escala. Para sorpresa de todo el mundo, el científico consiguió calcular cómo operar con exactitud y eficacia ese megabrazo.[25]

Ello condujo a los pensadores a preguntarse qué clase de cuerpos se podrían ocupar. Los pioneros de la realidad virtual Jaron Lanier y Ann Lasko relataron una experiencia en la que la gente habitaba cuerpos de langostas de ocho patas. Sus dos brazos controlaban las dos primeras patas, y los programadores intentaron varios algoritmos complicados para controlar las otras. Era muy complicado controlar las ocho patas de la langosta, pero al parecer hubo algunos casos en que lo consiguieron. Lanier acuñó el término «flexibilidad homuncular», señalando la sorprendente elasticidad del cerebro a la hora de representar el cuerpo.

Unos años más tarde, un investigador de Stanford, Jeremy Bailenson, y sus colegas, decidieron poner a prueba la flexibilidad homuncular en una prueba más científica. Se preguntaron si la gente podría aprender a controlar de manera precisa un tercer brazo en realidad virtual.[26] Cuando nos ponemos unas gafas de RV y cogemos los dos controladores con la mano, podemos ver nuestros propios brazos en el espacio virtual, y además vemos un brazo adicional, que surge de en medio del pecho. La tarea era sencilla: tocar una caja, de entre muchas, en cuanto cambiara de color. Pero para hacerlo bien había que utilizar los tres brazos. Los dos primeros los controlaban simplemente con sus brazos, y el tercero, girando las muñecas. Al cabo de tres minutos, los usuarios ya lo habían pillado, y eran capaces de adaptarse al nuevo plano corporal, delimitado por la ejecución de la tarea.

El abanico de cuerpos y entornos a explorar es ilimitado: imagine una cola virtual asomando de su rabadilla, controlada con precisión a través del movimiento de sus caderas.[27] O imagine que adquiere el tamaño de una pelota de golf o el tamaño de un edificio, o que tiene seis dedos o se convierte en una mosca con alas. O que, al igual que Doc Ock, se convierte en un pulpo.

Al unir la flexibilidad del cerebro a la floreciente creatividad del mundo del diseño de la realidad virtual, nos adentramos en una era en la que nuestras identidades virtuales ya no se limitan a los cuerpos con los que hemos evolucionado. Por el contrario, podemos acelerar la evolución y conseguir que en lugar de eones pase a ser cuestión de horas. Podemos esperar cuerpos que la Madre Naturaleza ni había imaginado, y conseguir que los avatares virtuales sean neuronalmente reales.

Y una interesante posibilidad es que el hecho de cambiar su cuerpo pueda cambiar su mente. Un estudio concluyó que los estudiantes universitarios que utilizan avatares de ciudadanos mayores es más probable que pongan dinero en una cuenta de ahorro; que los hombres que asumen un avatar femenino tengan un comportamiento más cariñoso, y que la gente que ve que sus avatares hacen ejercicio probablemente acabe haciendo ejercicio.[28] (En el mundo de la ficción, ese cambio corporal debía subrayar la maldad de Doc Ock: la idea era que la reconexión necesaria para acomodar cuatro apéndices extra acaba cambiando su pensamiento.[29]) En otras palabras, quiénes somos depende de cómo está conectado nuestro cerebro. Modificar el cuerpo puede equivaler a modificar la persona.

Como ejemplo de la vida real, consideremos al fundidor de metales Nigel Ackland, que perdió el antebrazo en un accidente industrial. Estaba destrozado física y emocionalmente, pero acabaron instalándole un hermoso brazo biónico.[30] Su cerebro manda órdenes a los nervios y músculos que le quedan, y esas señales se interpretan para que la mano ejecute de manera fluida más de una docena de movimientos distintos. Pero eso no es lo mejor: pídale a Nigel que gire la muñeca. Levantará el brazo y rotará la mano... y seguirá rotando y rotando alrededor de su eje. Sigue girando como una peonza que da vueltas lentamente a su voluntad. Nigel tiene un cuerpo mejor que el suyo, y con ello quiero decir que tiene menos limitaciones. Cuando los bioingenieros crearon esa mano, comprendieron que no tenía ninguna ventaja conformarse con los ligamentos y tendones que restringen nuestros movimientos. Hemos de suponer que Nigel tiene pensamientos que nosotros no tenemos. Como *que mi mano siga rotando*. O *instalar una bombilla en un solo movimiento*.

## UN CEREBRO, INFINITOS PLANOS CORPORALES

Como hemos visto en el caso de Matt el arquero o Faith el perro, el cerebro se ajusta para controlar cualquier cuerpo en el que se encuentra. Y al igual que el brazo robótico de Jan y el alimentador de malvavisco del macaco, el cerebro también aprende a manejar nuevas adiciones de hardware. Las redes que hay en el cerebro llevan a cabo ese truco emitiendo órdenes motoras (*inclínate a la izquierda*), evaluando la retroalimentación (*el monopatín se inclina y se tambalea*), para ajustar después los parámetros que nos permiten escalar la montaña de la pericia.

Hemos de preguntarnos si el cerebro es capaz de adaptarse a cualquier mundo o cualquier plano corporal. Dentro de unos cientos de años, es probable que veamos bebés humanos nacidos en la Luna o en Marte. Crecerán con diferentes constricciones gravitatorias, y el resultado será que sus cuerpos se desarrollarán de manera diferente y utilizarán otros tipos de extensiones corporales para moverse. En un futuro lejano, los neurocientíficos estudiarán cuestiones acerca del desarrollo de sus cuerpos y su cerebro, y también se preguntarán si esos bebés serán diferentes en otros aspectos, como la memoria, la cognición o la experiencia consciente.

Consideremos lo que significará para nuestras industrias aprender los principios del livewiring. Pensemos en las ventajas que tendría un fabricante de coches si pudiera diseñar un motor una vez, y a continuación colocarlo en cualquier modelo de vehículo (segadora de césped, motocarro, camión, nave espacial) asumiendo que el motor se adaptará para manejar de manera óptima ese dispositivo. E imagine que el mercado de accesorios pudiera añadir nuevas características al coche –como aletas o piernas retráctiles– y dejar que el vehículo aprendiera a manejarlas.

Estamos entrando en la era biónica, en la que la gente puede disfrutar de equipos mejores y más duraderos que los de los robots de carne con los que llegamos a este mundo. Cuando dentro de un millón de años seamos estudiados por irreconocibles descendientes, quizá este momento de nuestra historia se comprenda como la primera vez que salimos del lento recorrido de nuestro desarrollo y comenzamos a dirigir el futuro de nuestro cuerpo. La biónica será cada vez más común. Cuando las piernas de nuestros bisnietos dejen de funcionar, no se quedarán sentados; cuando se les ampute un brazo, no aceptarán limosnas. Por el contrario, llenarán su cuerpo de miembros artificiales, sabiendo que su cerebro aprenderá a controlarlos. Los parapléjicos bailarán en su traje exoesquelético controlado por el pensamiento.[31]

Y aparte de recuperar funciones perdidas, ampliarán sus capacidades motoras más allá de nuestros límites biológicos. En siglos futuros, la historia de Doc Ock y sus ocho extremidades les parecerá a los lectores tan anticuada como la fantasía de ciencia ficción de Jules Verne de que el hombre sería capaz de cruzar el océano Atlántico en menos de un día. Nuestros descendientes no tendrán que limitarse a las constricciones de su cuerpo; por el contrario, podrán extenderse a través del universo acorde con lo que esté bajo su control.

# 6. LA IMPORTANCIA DE LO IMPORTANTE

László Polgár tiene tres hijas. Le encanta el ajedrez y ama a sus hijas, por lo que emprendió un pequeño experimento: él y su mujer dieron clase a las niñas sobre muchos temas en casa, y les aplicaron un riguroso aprendizaje de ajedrez. Cada día movían las diversas piezas por los sesenta y cuatro cuadrados. Cuando la hija mayor, Susan, cumplió quince años, se convirtió en la ajedrecista mejor clasificada del mundo. En 1986 entró en el Campeonato del Mundo Masculino –la primera vez que lo conseguía una mujer–, y al cabo de cinco años ganó el título de Gran Maestro.

En 1989, en mitad de los increíbles logros de Susan, su hermana mediana de catorce años, Sofia, se hizo famosa por el «Saqueo de Roma»: su asombrosa victoria en un torneo italiano, que la clasificó como uno de los mejores jugadores de catorce años de todo los tiempos. Sofia acabó convirtiéndose en Maestro Internacional y Gran Maestro Femenino.

Y luego estaba la hermana pequeña, Judit, considerada por muchos la mejor jugadora femenina de la historia. Alcanzó la categoría de Gran Maestro a la temprana edad de quince años y cuatro meses, y sigue siendo la única mujer que figura entre los cien mejores clasificados de la Federación Mundial de Ajedrez. Durante una época estuvo entre los diez primeros.

¿Cuál es la explicación de su éxito?

La filosofía de sus padres era que el genio no nace, sino que se hace.[1] Entrenaban a las niñas cada día. No solamente les enseñaban ajedrez, sino que las alimentaban de ajedrez. Las niñas recibían abrazos, severas miradas, aprobación y atención basándose en su desempeño en el ajedrez. El resultado fue que sus cerebros acabaron teniendo una gran parte del circuito dedicado al ajedrez.

Hemos visto que el cerebro se reorganiza en respuesta a sus inputs, pero el hecho es que no toda la información que fluye por sus conductos es igualmente importante. La adaptación del cerebro tiene muchísimo que ver con aquello a lo que dedicas tu tiempo.[2] Si decides llevar a cabo un cambio de carrera y pasarte a la ornitología, una gran parte de tus recursos neuronales se dedicarán a aprender las sutiles diferencias entre los pájaros (forma de las alas, coloración del pecho, tamaño del pico), mientras que antes tu representación neuronal de los pájaros puede que fuera bastante tosca (*¿eso es un pájaro o un avión?*).

LAS CORTEZAS MOTORAS DE PERLMAN Y ASHKENAZY

Se cuenta una historia del violinista Itzhak Perlman. Después de uno de sus conciertos, un admirador de entre el público le dijo: «Daría mi vida por tocar así».

A lo que Perlman replicó: «Yo ya la di».[3]

Cada mañana, Perlman se levanta a las 5.15 de la mañana. Después de ducharse y desayunar, comienza sus cuatro horas y media de práctica matinal. Almuerza y hace un poco de ejercicio, y después practica cuatro horas y media más por la tarde. Lo hace cada día, excepto cuando tiene concierto, que solo lleva a cabo la sesión de práctica matinal.

Los circuitos del cerebro acaban reflejando lo que haces, por lo que la corteza de un músico muy entrenado se metamorfosea en algo palpablemente distinto, y eso, gracias a las imágenes cerebrales, puede verlo incluso un ojo inexperto. Si presta mucha atención a la región de la corteza motora que participa en el movimiento de la mano, descubrirá algo asombroso: los músicos muestran una forma arrugada en su corteza ausente en los no músicos, que se parece más o menos a la letra griega omega ($\Omega$).[4] Las miles de horas de práctica con el instrumento moldean físicamente el cerebro de los músicos.

Y los descubrimientos no acaban aquí. Perlman, el violinista, y Vladimir Ashkenazy, el pianista, comparten una profunda dedicación a su oficio, con incontables horas de práctica y un agotador programa de viajes, y sin embargo sus cerebros parecen tan diferentes que podría discernir fácilmente cuál pertenece a cada uno. Los músicos de cuerda como Perlman muestran el signo omega primordialmente en solo un hemisferio, porque son los dedos de la mano izquierda los que hacen todo el trabajo de deta-

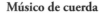

**Músico de cuerda**

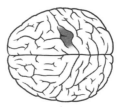

**Pianista**

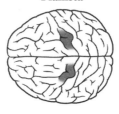

Las diferencias entre los violinistas y los pianistas se puede discernir a simple vista con solo mirar su corteza motora.

lle, mientras que la mano derecha simplemente pasa el arco por las cuerdas. Por el contrario, un pianista como Ashkenazy muestra un signo omega en los dos hemisferios, porque sus dos manos llevan a cabo meticulosos patrones en las teclas. Con un simple vistazo a la corteza motora, podemos saber qué clase de músico tenemos en el escáner.

Y podemos aprender todavía más sobre cómo reorganizan el cerebro: vemos representado no solo lo que una mano hace *más* o *menos* que la otra, sino a veces *a qué* se dedica. Supongamos que trabaja en una línea de montaje, y le asignan al azar uno de estos dos trabajos: tiene que poner canicas en un tarro o girar el tarro para cerrarlo. En ambos trabajos utiliza la mano derecha, pero el primero requiere un buen uso de las puntas de los dedos, mientras el segundo utiliza la muñeca y el antebrazo. Si se dedica a llenar el tarro, la representación cortical de sus dedos aumentará a expensas de la muñeca y los antebrazos. Si se dedica a girar la tapa, ocurrirá lo opuesto.[5]

De este modo, lo que hace una y otra vez se refleja en la estructura del cerebro. Y no se trata tan solo de la corteza motora: si dedica meses a aprender braille, el fragmento de la corteza que representa el tacto del índice aumentará.[6] Si se dedica a los juegos malabares siendo adulto, las áreas visuales de su cerebro aumentan.[7] El cerebro no solo refleja el mundo exterior, sino más específicamente *su* mundo exterior.

Y esto es lo que subyace al hecho de ser bueno en algo. Los tenistas profesionales como Serena y Venus Williams pasan años de entrenamiento para que los movimientos adecuados surjan de manera automática en el calor del partido: pisar, pivotar, el revés, subir a la red, inclinarse hacia atrás, apuntar, rematar.[8] Entrenan miles de horas para imprimir los movimientos en el circuito inconsciente del cerebro; si intentaran jugar un partido basándose tan solo en la cognición de nivel superior, tendrían pocas posibilidades de ganar. Ganan porque convierten sus cerebros en una maquinaria superentrenada.

Puede que haya oído hablar de la regla de las diez mil horas, que sugiere que tienes que practicar cualquier habilidad ese número de horas para convertirte en un experto, ya sea el surf, la espeleología o tocar el saxofón. Aunque el número preciso de horas es imposible de cuantificar, la idea general es correcta: se necesita una enorme cantidad de repeticiones para reexcavar los mapas subterráneos del cerebro. ¿Se acuerda de Destin Sandlin y su bicicleta trucada? Aunque cognitivamente sabía cómo funcionaba la bicicleta, eso no bastaba para montarla. Tuvo que invertir meses de práctica. Recuerde también a los monos obligados a coger su comida con un rastrillo. He comentado que sus mapas corporales se reorganizaban para incluir la longitud de la herramienta: el rastrillo se convertía en parte de su plano corporal.[9] Lo que no he dicho en ese momento es que la reorganización solo funciona cuando el mono utiliza el rastrillo de manera *activa*. Si lo sujeta de manera pasiva, no hay reorganización cerebral. El mono tiene que practicar repetidamente con la herramienta, no limitarse a sujetarla. De ahí la regla de las diez mil horas.

Los efectos neuronales de la práctica intensiva no se aplican solo a los outputs motores, como tocar el violín, jugar al tenis o manipular un rastrillo. También se aplican a los inputs. Cuando los estudiantes de medicina se preparan para sus exámenes finales durante tres meses, el volumen de materia gris de su cerebro cambia tanto que se puede observar en los escáneres cerebrales a simple vista.[10] Se pueden observar cambios parecidos cuando los adultos aprenden a leer hacia atrás en un espejo.[11] Y las áreas del cerebro que participan en la navegación espacial son visiblemente distintas en los taxistas de Londres en comparación con las del resto de la población: los taxistas poseen en cada hemisferio una región ampliada del hipocampo, que es la zona que participa en los mapas internos del mundo exterior.[12] Cuando usted dedica tiempo a algo, su cerebro cambia. Es algo más que lo que come; se convierte en toda la información que digiere.

Y así es cómo las hermanas Polgár pudieron convertirse en campeonas mundiales de ajedrez. No porque exista un grupo de genes que codifique la habilidad del ajedrez, sino porque practicaron y practicaron, cincelando caminos en su cerebro para codificar la jerarquía y los movimientos de los caballos, alfiles, torres, peones, reyes y reinas.

Y el cerebro acaba reflejando su mundo. Pero ¿cómo?

## MODELAR EL PAISAJE

Hace poco vi la foto de un cerebro humano con las siguientes palabras escritas encima: «Eh, creo que el teléfono te está vibrando en el bolsillo». Y en la parte de abajo se leía: «Era una broma, ni siquiera llevas el teléfono en el bolsillo, idiota». La vibración fantasma del móvil es una amenaza singular del siglo XXI. Ocurre debido a un espasmo, temblor o sacudida momentáneo y real en su pierna, y en la medida en que la frecuencia y duración de un contacto sea vagamente parecida a la de su teléfono, el cerebro decidirá por usted que alguien interesante le está llamando. Hace treinta años, si hubiera notado un espasmo en la pierna, lo habría interpretado como la sensación de una mosca al posarse encima de usted, o un movimiento de la tela del pantalón, o que alguien le había rozado por accidente.

¿Por qué su interpretación difiere de un siglo a otro? Porque su teléfono ahora sirve como explicación óptima para toda una variedad de sensaciones de temblor.

Para comprender lo que está ocurriendo en el cerebro, piense en un paisaje montañoso. Para que una gota de lluvia acabe en un lago, no tiene por qué aterrizar directamente en el agua, sino que es suficiente con que acabe en las laderas de las colinas que lo rodean. Aterrice en la ladera norte o en la sur, en la vertiente occidental u oriental, acabará en el lago. Algo parecido ocurre con la sensación de su muslo, no tiene por qué ser exactamente la vibración de un teléfono; puede ser el desplazamiento de los tejanos, un espasmo del músculo del muslo, un picor o el roce de un sofá al pasar, y las señales se deslizan por el paisaje hacia su conclusión: es un mensaje importante que tiene prisa por leer. El paisaje se conforma mediante lo que es importante en su mundo.

Consideremos nuestra manera de interpretar los sonidos del lenguaje. Parece natural que pueda comprender los sonidos de su lengua materna, mientras que los idiomas extranjeros a menudo cuentan con sonidos irritantemente cerrados que no puede diferenciar. ¿Por qué? Resulta que el cerebro de las personas que hablan esos idiomas es un tanto distinto.

Sin embargo, no nacieron así, ni usted tampoco. Si analiza todos los sonidos humanos posibles que se pueden hacer con la boca, descubrirá una fluida continuidad. Pero usted aprende que cada sonido específico significa siempre lo mismo, lo pronuncie su padre, su niñera o su maestro: su cerebro aprende que una *eeee* alargada o una *e* entrecortada pertenece a la categoría «E». Lo mismo se puede decir de la pronunciación *eiiii* de su amigo tejano, o del *oi* de su amigo australiano. La experiencia nos dice que todos los hablantes quieren pronunciar el mismo sonido, de manera que sus redes neuronales labran un paisaje en el que todos estos sonidos resbalan por las laderas de las montañas hacia la misma interpretación como «E».

Ahora bien, hay valles cercanos en los que capta sonidos que son equivalentes a la «A», «I» u «O». Y lo importante es que su paisaje parece distinto del de una persona que ha crecido rodeada por otro idioma, y que necesita distinguir esa fluida continuidad de sonidos de manera diferente a usted.

Tomemos por ejemplo un bebé nacido en Japón (llamémosle Hayato) y un bebé nacido en Estados Unidos (llamémosle William). Desde el punto de vista de su cerebro, no existe ninguna diferencia entre ellos. Pero en Osaka, Hayato oye hablar japonés a partir del día uno. En Palo Alto, William oye los tonos del inglés, donde cada sonido distinto tiene su significado. Un ejemplo de lo que los dos bebés oyen diferente es la distinción entre los sonidos «R» y «L». En inglés, estas letras transmiten información (*right* y *light*, *raw* y *law*), pero en japonés no hay distinción entre estos sonidos. El resultado es que el paisaje interno de William construye una cordillera entre su interpretación de la «R» y la «L», de manera que la diferencia entre esos dos sonidos es perceptiblemente clara. En el cerebro de Hayato, el paisaje se transforma en un valle en el que tanto la «R» como la «L» fluyen hacia una interpretación idéntica. En consecuencia, Hayato no sabe diferenciar entre esos dos sonidos.[13]

Es evidente que los cerebros de los niños no nacen así: si la madre de William se hubiera trasladado a Osaka estando embarazada, o la madre de Hayato se hubiera mudado a Palo Alto, los chavales no hubiera tenido ningún problema en convertirse en hablantes y oyentes de su nuevo idioma. En oposición al elemento genético, sus paisajes neuronales se modelan a partir de lo que era relevante en su entorno inmediato.

Y este modelado ocurre muy pronto, mucho antes de que Hayato y William aprendan a hablar. ¿Cómo lo sabemos? Es algo que se puede estudiar observando el comportamiento de succión de un bebé cuando hay un repentino cambio de sonido. Por ejemplo, pronunciar una «R» continua y de repente pasar al sonido «L»: *RRRRLLLL*. Resulta que los bebés maman más rápido cuando detectan un cambio de sonido, de manera que a los seis meses tanto Hayato como William mamarán más deprisa cuando la «R» se convierte en «L». Pero a los doce meses Hayato ya no detecta el cambio. La «R» y la «L» le parecen el mismo sonido, y los dos se deslizan hacia el mismo valle. El cerebro de Hayato ha perdido la capacidad de distinguir esos sonidos, mientras que el de William, tras haber escuchado pasivamente a sus padres hablar decenas de miles de palabras en inglés, ha aprendido que esa diferencia entre los dos sonidos transmite información. El cerebro de Hayato, mientras tanto, ha captado otras distinciones de sonido que a William le parecen indistinguibles. Y así, el sistema auditivo

181

comienza de manera universal, y después va estableciendo su cableado para maximizar las distinciones únicas en su idioma, dependiendo de en qué parte del planeta haya venido al mundo.

Por el mismo motivo, usted no ha nacido para detectar la vibración de un teléfono; por el contrario, su enorme relevancia modela su paisaje neuronal de manera que forma un amplio valle. Al igual que Hayato con sus «R» y «L», combina los espasmos, temblores y vibraciones en una única interpretación de lo que acaba de ocurrir.

Por lo visto hasta ahora, podríamos pensar que una práctica o exposición repetitiva es la clave para moldear los circuitos de su cerebro. Pero, de hecho, existe un principio más profundo.

EMPERRADO

–¿Cuántos psiquiatras hacen falta para cambiar una bombilla?
–Solo uno. Pero la bombilla ha de querer cambiar.

Volvamos al perro Faith, el can de dos patas al que conocimos en el capítulo anterior. Ahí le conté su historia como si su cerebro hubiera aprendido por arte de magia su insólito plano corporal. Ahora podemos excavar un poco más en busca del hueso que falta. ¿Había algo especial en Faith? ¿Cualquier perro podría haberlo conseguido? Y de haber podido, ¿por qué no todos los perros caminan a dos patas?

Los mapas reescritos de Faith tenían relevancia para su vida. Su cerebro estaba modelado por sus metas. Faith necesitaba llegar desde donde estaba a la comida. Eso requeriría una solución. Y no iba a ser la misma que utilizaban sus hermanos de cuatro patas, ni tampoco la iba a encontrar en la entrega a domicilio. Se le tenía que ocurrir alguna solución novedosa. Su cerebro probó con diversas estrategias hasta que encontró una que funcionó: mantenerse en equilibrio sobre las dos patas traseras y avanzar paso a paso. Esto le permitió llegar a lo que necesitaba, y al cabo de un tiempo este método de locomoción se le dio bastante bien. De no haber encontrado una respuesta a ese reto, la consecuencia habría sido morir de hambre. Su lucha por la supervivencia permitió que los flexibles circuitos de su cerebro probaran muchas hipótesis y solucionaran el problema, con lo que consiguió comer, refugio y el cariño de sus seres amados.

Los objetivos del cerebro juegan un papel crucial acerca de cómo y cuándo cambia. Para las hermanas Polgár, Itzhak Perlman o Vladimir Ashkenazy, alcanzar su pericia depende de su *deseo* de alcanzarla. Imaginemos por un momento que Serena y Venus Williams hubieran tenido un hermano que fuera un completo inútil, Fred, y que sus padres le hubiera puesto una raqueta de tenis en la mano y obligado a pasar un montón de años practicando el tenis. Imaginemos que Fred encontrara el tenis repugnante. Sus proezas no habrían obtenido la admiración de sus compañeros de clase, tampoco habría ganado ningún torneo, y sus mayores no le habrían prodigado sus alabanzas. ¿El resultado de esa práctica? Ninguno. El cerebro de Fred hubiera mostrado poca reorganización. Aunque su cuerpo llevara a cabo los movimientos, estos no habría encajado con sus incentivos internos.

Es algo que se puede ver fácilmente en el laboratorio. Imaginemos un experimento en el que le dan golpecitos en código Morse en el pie mientras alguien, desde otro sitio toca una secuencia de notas musicales. Si le ofrecen ganar un cheque regalo en caso de descifrar los mensajes que le llegan al pie, las áreas del cerebro que participan en el tacto (la corteza somatosensorial) mostrarán esos cambios, pero la parte que participa en el oído (la corteza auditiva) no mostrará ningún cambio, a pesar de que también le lleguen estímulos. Imaginemos ahora la tarea inversa. Prestar atención y contestar preguntas sobre las notas musicales es lo que nos consigue el cheque regalo, mientras que prestar atención a los golpecitos no nos consigue nada. Ahora su corteza auditiva crecerá, pero su sistema somatosensorial no.[14] Los inputs del mundo son exactamente los mismos en ambos casos, pero lo que crece es lo que está recompensado.

Y por eso Fred Williams no mejora en la pista: eso no le supone ninguna recompensa. En su cerebro, igual que en el suyo, los mapas actuales del territorio neuronal reflejan estrategias que tienen una respuesta positiva.

Comprender este hecho abre nuevos caminos en la recuperación de cualquier lesión cerebral. Imagine que un conocido suyo ha sufrido un ictus que ha dañado parte de su corteza motora, y el resultado es que uno de sus brazos está prácticamente paralizado. Tras intentar utilizar muchas veces el brazo debilitado, esa persona acaba frustrada y utiliza tan solo el bueno para llevar a cabo todas las tareas necesarias de su rutina diaria. Es algo muy habitual, y el brazo débil acaba siendo más débil cada día.

El livewiring nos ofrece una solución inesperada conocida como «terapia de constricción»: inmovilizar el brazo *bueno*, para obligar así a emplear el débil. Este método sencillo reentrena la corteza dañada forzándola a utilizar el brazo malo, y lo más importante es que aprovecha de manera inteligente los mecanismos neuronales subyacentes al deseo y la recompensa. El método se sirve de la motivación inherente a llevarse un sándwich a la boca, a bajarse los pantalones cuando se va al cuarto de baño, a llevarse el móvil a la oreja y todas las acciones que constituyen una vida digna y autosuficiente. A pesar de que la terapia de constricción al principio es frustrante, se ha demostrado que es la mejor medicina: obliga al cerebro a probar nuevas estrategias, y recompensa las que funcionan.

¿Recuerda los monos de Silver Spring cuyos mapas corporales habían cambiado? Pues resulta que la idea de la terapia de constricción nació de esa investigación. Después de que dañaran los nervios del brazo de cada mono, el investigador Edward Taub comenzó a preguntarse si los monos habían dejado de utilizar el brazo malo solo porque el brazo bueno era mejor llevando a cabo las tareas. Para testarlo, Taub sujetó con un cabestrillo el brazo bueno, de manera que quedara inutilizado. Ahora el mono tenía un problema. Tenía un brazo con el nervio seccionado, y el otro atado. Si quería comida, solo tenía una elección: empezar a utilizar el brazo débil. Y eso fue lo que hizo. Parece una paradoja que la solución a la enfermedad del mono fuera empeorar las cosas, pero precisamente eso fue lo que ayudó a solucionar el problema.[15]

Volvamos al perro Faith. ¿Son todos los perros capaces de caminar a dos patas? Claro que sí. Pero pocos tienen razones ni motivación para intentarlo, y desde luego ninguna causa para dominar esa técnica. Y por eso Faith se hizo famoso: no porque fuera el único perro *capaz* de hacerlo, sino porque fue el único que lo hizo. De la misma manera, acuérdese de los ciegos que utilizan la ecolocalización. La gente con una vista perfectamente normal también puede aprender rápidamente a utilizarla,[16] pero la mayoría no están lo bastante motivadas como para dedicar horas a redefinir su territorio neuronal.

La recompensa es una poderosa manera de cablear el cerebro, aunque por suerte su cerebro no necesita galletitas ni regalos para cada modificación. Lo más habitual es que el cambio esté vinculado a cualquier cosa que sea relevante para las propias metas. Si vive en el norte y necesita aprender a pescar en el hielo y conocer los diferentes tipos de nieve, eso es lo que codificará su cerebro. Por el contrario, si vive en el ecuador y necesita aprender qué serpientes hay que evitar y qué setas se pueden comer, su cerebro dedicará los recursos en ese sentido. La relevancia es la estrella polar del cerebro, que se fija de manera flexible en los detalles importantes. Sus miles de millones de neuronas son un lienzo colosal en el que pintar el mundo con el que nos encontramos, y nos volvemos unos expertos en todo aquello que es relevante

185

para nosotros, ya sea el baloncesto, el teatro, el bádminton, los clásicos griegos, la caída libre, los videojuegos, el baile en línea o hacer vino. Cuando una tarea entra en su campo de interés, los circuitos de su cerebro acaban reflejándola.

Una analogía con la relevancia se puede encontrar en los gobiernos y la manera en que continuamente se rediseñan a sí mismos. En respuesta a los ataques del 11 de septiembre de 2001 a Estados Unidos, el gobierno norteamericano alteró su estructura interna. Creó el Departamento de Seguridad Nacional, absorbiendo y reestructurando veintidós agencias ya existentes. De manera parecida, la guerra fría inició un gran cambio en 1947, dando lugar a la Agencia Central de Inteligencia (CIA).[17] De mil maneras más insignificantes, el gobierno refleja sutilmente los objetivos de una nación y los sucesos del mundo exterior. El presupuesto se hincha y se encoge reflejando esas prioridades. Cuando asoma alguna amenaza externa, el gasto militar aumenta; cuando hay paz, priman las iniciativas sociales. Al igual que los gobiernos, los cerebros constantemente redibujan sus gráficos organizativos para que encajen con los retos a los que se enfrentan.

PERMITIR QUE CAMBIE EL TERRITORIO

¿Cómo sabe el cerebro que ha ocurrido algo importante, y que, por consiguiente, debería cambiar su cableado?

Una de sus estrategias consiste en activar la plasticidad cuando los acontecimientos del mundo están correlacionados. Es decir, solo codificamos aquellas cosas que ocurren simultáneamente, como abrir el frigorífico y encontrar comida. De este modo, los sucesos que van asociados en el mundo quedan vinculados en el tejido cerebral. La lentitud del cambio también es importante, porque a veces asociamos cosas que no tienen nada que ver: por ejemplo, mientras está observando una vaca, oye el ladrido de un perro en la calle. Son dos cosas que han ocurrido

186

al mismo tiempo, pero no es la clase de información que su cerebro quiere guardar de manera permanente como un rasgo del mundo. ¿Cómo solventa el cerebro este problema? La respuesta es codificando solo aquellas cosas que suelen ocurrir al mismo tiempo. Así es como distinguimos las señales auténticas del ruido, porque ocurren en conjunción una y otra vez.

Sin embargo, no podemos limitarnos a extraer lentas estadísticas. Consideremos el aprendizaje de una sola prueba, como cuando toca un fogón caliente y aprende a no volver a hacerlo. Los mecanismos de emergencia existen para asegurar que retenemos los sucesos que amenazan nuestra vida, o un miembro de nuestro cuerpo, y que nunca los olvidemos. Pero el aprendizaje de una sola prueba es mucho más que eso. Recuerde cuando era un niño y su tía le enseñó una nueva palabra (*Esto es una granada*). No tenía por qué aprenderlo en una situación de emergencia. Y su tía tampoco tuvo que hacer esa asociación miles de veces (como habría tenido que hacer con una red neuronal artificial). Por el contrario, se lo dijo una vez y usted lo entendió. ¿Por qué? Porque era importante para usted. Quería a su tía y obtuvo el beneficio social de aprender la nueva palabra y ser capaz de pedir esa fruta. Se trata de un aprendizaje de una sola prueba no porque constituya una amenaza, sino porque se basa en la relevancia.

En las profundidades del cerebro, esta relevancia se expresa a través de sistemas de amplio alcance que liberan de manera difusa unas sustancias químicas llamadas neuromoduladores.[18] Al liberarlas con una alta especificidad, estas sustancias químicas permiten que los cambios ocurran solo en momentos y sitios concretos en lugar de en todas partes y a cada momento.[19] Un mensajero químico especialmente importante es la acetilcolina. Las neuronas que liberan acetilcolina obedecen a la recompensa y el castigo. Se activan cuando un animal aprende una tarea y necesita hacer algún cambio, pero no cuando la tarea ya está asimilada.[20]

La presencia de acetilcolina en un área particular del cerebro le dice que cambie, pero no *cómo* cambiar. En otras palabras,

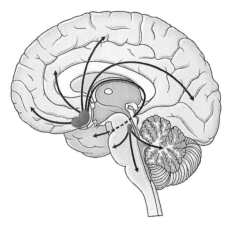

La acetilcolina es una sustancia de amplio alcance, pero se libera de manera muy específica, lo que permite el recableado de algunas zonas y no de otras.

cuando las neuronas colinérgicas (las que escupen acetilcolina) están activas, se incrementa la plasticidad de las áreas objetivo; cuando están inactivas, hay poca o ninguna plasticidad.[21]

He aquí un ejemplo. Imagine que toco una nota específica del piano una serie de veces: pongamos que el fa sostenido. Esa nota provoca una actividad en su corteza auditiva, pero con el tiempo la repetición de la nota no cambia nada en los mapas de su corteza (en otras palabras, la cantidad de territorio que ocupa el fa sostenido). ¿Por qué no? Porque la nota no significa nada especial para usted. Supongamos ahora que cada vez que toco la nota le sirvo una galleta de chocolate caliente. La nota va acumulando significado, y el territorio dedicado al fa sostenido se expande. Su cerebro dedica más territorio a esa frecuencia porque la presencia de una recompensa indica que debe de ser importante.

Supongamos ahora que no tengo ninguna galletita. Así que en lugar de entregarle el regalo, toco el fa sostenido en el mismo momento en que estimulo las neuronas de su cabeza que liberan acetilcolina. La representación cortical de ese tono se expande igual que hacía con las galletitas.[22] Su cerebro dedica más territorio a esa frecuencia porque la presencia de acetilcolina indica que debe ser importante. Como la acetilcolina se transmite ampliamente a través del cerebro, puede activar cambios con cualquier tipo de estímulo relevante, ya sea una nota musical, algo visual, algo que pueda sentir con los dedos, un olor concreto, etc. Se trata de un mecanismo universal para indicar que *esto es importante, procura detectarlo*.[23] Señala la relevancia aumentando el territorio.

Y los cambios en el mapa del territorio neuronal coinciden con su manera de actuar. Es algo que se demostró originalmente en estudios con ratas. Se entrenó a dos grupos de ellas en la difícil tarea de coger bolitas de azúcar a través de una ranura pequeña y alta. En un grupo, la liberación de acetilcolina se bloqueó con drogas. Para las ratas normales, dos semanas de práctica condujeron a un aumento en su velocidad y habilidad, y a un aumento consecuentemente grande de la región del cerebro dedicada al movimiento de la pata delantera. Para las ratas sin liberación de acetilcolina, esa zona cortical no creció, y tampoco mejoró la exactitud a la hora de coger las bolitas de azúcar.[24] De manera que la base de la mejora en cualquier tipo de actividad no consiste tan solo en repetir una tarea, sino que también precisa sistemas neuromoduladores para codificar la relevancia. Sin la acetilcolina, las diez mil horas son tiempo perdido.

Recordemos a Fred Williams, que (contrariamente a Serena y Venus) detesta el tenis. ¿Por qué su cerebro no cambia ni siquiera después del mismo número de horas de práctica? Porque esos sistemas neuromoduladores no se le han activado. Cuando practica el revés una y otra vez, es como las ratas que intentan agarrar las bolitas sin acetilcolina.

Las neuronas colinérgicas tienen un amplio alcance en el cerebro, así que ¿por qué cuando estas neuronas comienzan a charlar, no se pone en marcha la plasticidad allí donde llegan, provocando extensos cambios neuronales? La respuesta es que la liberación de la acetilcolina, y su efecto, están modelados por los neuromodeladores. Mientras la acetilcolina activa la plasticidad, otros neurotransmisores (como la dopamina) participan en la *dirección* del cambio, codificando todo lo que es castigo o recompensa. Los investigadores de todo el planeta siguen trabajando para comprender la compleja coreografía de los sistemas neuromoduladores, aunque sí sabemos que colectivamente esos mensajeros químicos permiten la reconfiguración en algunas áreas mientras mantienen las restantes bloqueadas.

Anteriormente mencioné que los taxistas londinenses son famosos por tener que memorizar todo el mapa de calles de Londres. Han de entrenarse durante meses para esa tarea, y el resultado es que en la estructura de su cerebro aparecen cambios físicos. Los taxistas de Londres son capaces de hacerlo porque los mapas son relevantes para ellos: es el trabajo que desean, que servirá para pagar su hipoteca, la enseñanza de sus hijos o su futuro matrimonio o divorcio. Pero lo más interesante, desde que se publicó el estudio de los taxistas en el 2000, es que la necesidad de dicha memorización ha disminuido. Ahora es tan fácil como que los servidores de Google memoricen todas las calles de Londres, y más aún, todas las calles que se entrelazan en el planeta.

Pero resulta que a los algoritmos actuales de la inteligencia artificial no les interesa la relevancia: memorizan todo lo que se les pide, y ese es el rasgo útil de la inteligencia artificial, y también es la razón por la que no es especialmente humana. A la inteligencia artificial le da igual qué problemas son interesantes o pertinentes; lo que hace es memorizar todos los datos que se le introducen. Ya sea distinguir un caballo de una cebra a través de mil millones de fotografías, o seguir los datos de vuelo de todos los aeropuertos del planeta, su única importancia es de tipo estadístico; es decir, qué señales ocurren más a menudo. La inteligencia artificial actual no podría, por sí misma, decidir que una escultura concreta de Miguel Ángel le parece irresistible, o que aborrece el sabor del té amargo, o que le excitan las caderas que se menean por la calle. Puede despachar diez mil horas de intensa práctica en diez mil nanosegundos, pero no tiene ninguna preferencia por un grupo de unos y ceros sobre otros. En definitiva, puede llevar a cabo proezas impresionantes, pero no la proeza de parecerse a un ser humano.

EL CEREBRO DE UN NATIVO DIGITAL

¿Cómo influye la modificabilidad del cerebro –y su relación con la relevancia– en la enseñanza de nuestros jóvenes? En el aula tradicional había un profesor que peroraba y posiblemente leía diapositivas con viñetas. Es un estilo poco óptimo para los cambios cerebrales, pues los estudiantes no se interesan, y sin interés la plasticidad es poca o nula. La información no se retiene.

No somos la primera generación que observa algo así. Los antiguos griegos ya se dieron cuenta. Aunque carecían de las herramientas de la neurociencia actual, su mirada era aguda, y definieron diferentes niveles de aprendizaje. El nivel superior –el mejor aprendizaje– ocurre cuando un estudiante está comprometido, interesado y siente curiosidad. A través de nuestra lente moderna, diríamos que para que los cambios neuronales tengan lugar se requiere una fórmula concreta de neurotransmisores, y que esa fórmula se correlaciona con el compromiso, la curiosidad y el interés.

El truco para inspirar curiosidad se imbrica con diversas formas tradicionales de aprendizaje. Por ejemplo, los eruditos religiosos judíos estudian el Talmud sentándose por parejas y planteándose cuestiones interesantes unos a otros. (*¿Por qué el autor utiliza esta palabra en lugar de otra? ¿Por qué difieren estas dos autoridades?*) Todo se formula como una pregunta, lo que

191

obliga al otro a participar en lugar de memorizar. Aunque se trata de una estructura de estudio antigua, hace poco me topé con una página web que plantea «cuestiones talmúdicas» acerca de biología microbiana: «Teniendo en cuenta que las esporas son tan eficaces asegurando la supervivencia de las bacterias, ¿por qué no todas las especies las tienen?», «¿Sabemos con certeza que solo hay tres dominios de vida (Bacteria, Arquea, Eucaria)?», «¿Cómo es que los péptidos creados de manera enzimática no se unen para crear una proteína de tamaño respetable?». La página plantea cientos de preguntas semejantes, incitando a la participación activa de sus lectores en lugar de incluir simplemente las respuestas. Por eso formar parte de un grupo de estudio siempre ayuda: desde el cálculo a la historia, activa los mecanismos sociales del cerebro para motivar la participación.

En la década de 1980, el escritor Isaac Asimov fue entrevistado en televisión por Bill Moyers. Asimov se daba cuenta de los límites de la educación tradicional con absoluta claridad:

> Hoy en día, lo que la gente llama aprendizaje es algo que viene impuesto. Todo el mundo se ve obligado a aprender lo mismo el mismo día y a la misma velocidad en clase. Pero todo el mundo es diferente. Para algunos, la clase va demasiado deprisa, para otros demasiado lenta, y para otros en la dirección equivocada.[25]

Asimov creía en la educación individualizada. Aunque no podía ver los detalles, entreveía el futuro y se anticipaba a Internet.

> Hay que darle a todo el mundo la oportunidad [...]. de seguir su propia inclinación desde el principio, y que todos puedan averiguar qué les interesa buscándolo en su propia casa, a su propio ritmo, a su debido tiempo... y todo el mundo disfrutará aprendiendo.

A través de esta lente de despertar el interés, algunos filántropos como Bill y Melinda Gates pretenden construir el aprendizaje adaptativo. La idea es utilizar un software que rápidamente determine el estadio de conocimiento de cada alumno, e impartirle entonces exactamente lo que necesita saber a continuación. Igual que si tuviéramos un profesor por alumno, este enfoque permite que cada estudiante vaya a la velocidad adecuada, observando el nivel en que se encuentra y proporcionándole material que le cautive.

Igual que Asimov, Gates y muchos otros, soy ciberoptimista en el tema de la educación. Ir abriéndose paso por la Wikipedia sin ningún plan específico puede resultar una manera casi óptima de aprender. Internet permite que los estudiantes encuentren respuestas a las preguntas en cuanto les vienen a la cabeza, aportando la solución en el contexto de su curiosidad. Esta es la tremenda diferencia entre la información *por si acaso* (aprender una colección de datos para que los sepas si los necesitas) y la información *en el momento adecuado* (recibir la información en el instante en que buscamos la respuesta). En general, solo en este último caso está presente el brebaje adecuado de neuromoduladores. Los chinos tienen una expresión: «Una hora con un sabio vale más que mil libros». Esta idea es el antiguo equivalente de lo que ofrece Internet: cuando el que aprende puede dirigir su aprendizaje de manera activa (preguntando al sabio precisamente la cuestión para la que necesita respuesta), las moléculas de relevancia y recompensa están presentes. Permiten que el cerebro se reconfigure. Arrojar datos a un estudiante sin interés es como lanzar guijarros para hacer un agujero en un muro de piedra. Es como intentar que Fred Williams asimile el tenis.

Bajo esta luz, la gamificación educativa nos ofrece grandes oportunidades. El software adaptativo provoca que los estudiantes trabajen en aquello que más les cuesta, donde encontrar la respuesta adecuada es frustrante pero posible. Si un estudiante no puede encontrar la solución, la cuestión permanece al mismo nivel hasta que da con la respuesta correcta, y solo entonces la dificultad aumenta. El profesor sigue teniendo un papel: enseñar conceptos fundacionales y guiar por el camino del aprendizaje. Pero fundamentalmente, teniendo en cuenta cómo el cerebro se adapta y reescribe sus conexiones, un aula compatible con la neurociencia es aquella en la que los estudiantes se adentran en la vasta esfera del conocimiento humano siguiendo el camino de su pasión individual.

Aunque el futuro de la educación parece favorable, seguimos haciéndonos una pregunta: teniendo en cuenta que el cerebro establece sus conexiones a partir de la experiencia, ¿cuáles son las consecuencias neuronales de crecer delante de una pantalla? ¿Es el cerebro de los nativos digitales diferente del cerebro de las generaciones anteriores?

A muchas personas les extraña que no haya más estudios neurocientíficos sobre este tema: ¿no deberíamos querer comprender (como sociedad) las diferencias entre un cerebro educado en la era digital y otro en la era analógica?

De hecho deberíamos, pero la razón por la que hay tan pocos trabajos es que resulta extraordinariamente difícil estudiar la cuestión de manera debidamente científica. ¿Por qué? Porque no existe un buen grupo de control con el que comparar el cerebro de un nativo digital. No se puede encontrar fácilmente otro grupo de personas de dieciocho años que no haya crecido con Internet. Podríamos intentar encontrar uno entre los adolescentes amish de Pensilvania, pero hay otras docenas de diferencias con este grupo, como por ejemplo las creencias religiosas, culturales y educativas. ¿Dónde más se pueden encontrar jóvenes de la misma edad que no tengan acceso a Internet? A lo mejor podríamos encontrar algún chaval pobre en la China rural, o en una aldea de América Central, o en los desiertos de África. Pero van a existir otras diferencias importantes entre esos niños y los nativos digitales a los que intentamos comprender, incluyendo el nivel de vida, la educación y la dieta. Quizá se podría comparar a los millennials con la generación que vino antes que ellos, como la de sus padres, que no crecieron con Internet, jugaban al béisbol en la calle con una pelota de goma y se atiborraban de Tigretones mientras miraban *La tribu de los Brady*. Pero eso también es problemático: entre las dos generaciones existen innumerables diferencias políticas, nutritivas, de polución e innovaciones culturales, de manera que uno nunca puede estar seguro de qué diferencias cerebrales se pueden atribuir a cada factor.

Así pues, llevar a cabo un experimento controlado sobre el efecto de crecer con Internet es un problema inabordable. Sin embargo, le voy a explicar el origen de mi optimismo. Nunca habíamos tenido todo el conocimiento humano en un rectángulo que cabe en el bolsillo, con un acceso constante e inmediato. Muchos lectores recordarán sus excursiones a la biblioteca: sacábamos un volumen de la *Enciclopedia Británica*, pongamos el de la letra H y pasábamos las páginas antes de encontrar la información que buscábamos. El artículo se había escrito una o dos décadas antes, y esperábamos que fuera suficiente, porque de lo contrario tendríamos que buscar entre las fichas de biblioteca y rezar porque hubiera algún otro material disponible. Y luego nuestros padres nos llevaba a casa porque era hora de cenar.

En un intervalo temporal extraordinariamente breve, todo esto ha cambiado. Uno de los efectos, por ejemplo, lo vemos en la transición de los debates a la hora de cenar: ahora el ganador ya no es la persona más vociferante ni convincente, sino el más rápido a la hora de sacar el teléfono y buscar el dato en Google. Ahora las discusiones avanzan deprisa, y se pasa de una cuestión solventada a la siguiente. E incluso cuando estamos solos, cada vez que consultamos la Wikipedia obtenemos un aprendizaje sin fin a medida que vamos pasando de un enlace al siguiente, de manera que seis saltos después estamos aprendiendo cosas que ni siquiera sabíamos que no sabíamos.

195

La gran ventaja de todo esto procede de un hecho sencillo: todas las ideas que hay en su cerebro se han originado a partir de una mezcla de inputs anteriormente aprendidos, y hoy en día nos llegan más inputs que nunca.[26] Ahora los niños viven una época de riqueza sin parangón: la esfera de nuestro conocimiento se ha ampliado en diámetro, y a medida que crece ofrece más puertas de entrada. Las mentes jóvenes cuentan con la oportunidad de cruzar datos de dominios completamente diferentes para generar ideas que antes ni se podían haber imaginado. Y esto explica en parte el incremento exponencial del saber humano: tenemos una comunicación más rápida y más combinaciones que nunca. No está claro cuáles serán las consecuencias sociales y políticas de Internet, pero desde el punto de vista de la neurociencia, parece que va a dar lugar a un nivel de educación mucho más rico.

En capítulos anteriores hemos examinado los cambios cerebrales derivados de las modificaciones del plano corporal, ya sea en términos de sensores o de extremidades. En este capítulo hemos visto los cambios que resultan de actos motores ensayados (como tocar el violín o leer en braille) o de los inputs sensoriales de recompensa (un sonido o un tacto). El principio general que vincula todos estos escenarios es la *relevancia*. Su cerebro se ajusta según aquello a lo que dedica el tiempo, siempre y cuando esas tareas encajen con sus recompensas o metas. Para una persona ciega, ampliar los demás sentidos adquiere una relevancia suplementaria, y este es el origen más profundo que hay detrás de los cambios que permiten que otro sentido se apodere de su corteza visual. Si un ciego pasara el dedo repetidamente por las protuberancias del braille, pero no tuviera ninguna motivación para aprender, no se daría ninguna reconexión, porque no aparecerían los neuromoduladores pertinentes. De manera parecida, si añade una nueva telextremidad a su cuerpo que tiene relevancia para usted, su cuerpo aprenderá a controlarlo, al igual que el perro Faith dominaba un plano corporal singular.

El principio de adaptación a partir de la relevancia nos permite comprender, en conjunto, por qué los animales a pesar de sufrir heridas constantemente, siguen adelante, llevando a cabo todos los ajustes cerebrales necesarios para avanzar hacia su meta. Luego veremos cómo aprovechar estos principios para construir nuevas clases de robots, robots que no dejen de funcionar cuando se les rompe un eje, se quema la placa base o se afloja un tornillo.

No obstante, antes de llegar ahí, tendremos que comprender lo que tienen en común el síndrome de abstinencia y sufrir un desengaño amoroso, y por qué la noción de sorpresa tiene importancia para la alquimia del cerebro.

# 7. POR QUÉ EL AMOR NO SABE LO PROFUNDO QUE ES HASTA LA HORA DE LA SEPARACIÓN

En la década de 1980, decenas de miles de personas comenzaron a observar algo extraño. Cuando miraban el envoltorio de un disco flexible con el logo de IBM blasonado en la parte delantera, las letras tenían un matiz rosa. Lo mismo ocurría cuando la gente miraba las páginas de un libro: la página tenía un tinte rosado. Eso solo ocurrió en la década de 1980, pero ni antes ni después. ¿Qué estaba cambiando en nuestros cerebros durante ese intervalo? Para comprenderlo, tenemos que remontarnos hasta hace dos mil cuatrocientos años.

UN CABALLO EN EL RÍO

La primera ilusión visual registrada la observó Aristóteles, que no se perdía detalle. Vio un caballo que se había quedado encallado en el río, y se quedó con la mirada clavada en la operación de rescate. Cuando finalmente apartó la vista, le pareció que todo lo demás, las rocas, los árboles, la tierra, fluía en dirección opuesta al río.

Si no puede encontrar un caballo encallado en un río, la manera más fácil de experimentar esa confusión placentera es contemplar una cascada. Cuando lleve un rato con los ojos clavados en ella, desvíe la mirada hacia las rocas que hay al lado. Le parecerá que se mueven hacia arriba.

La ilusión se llama efecto secundario del movimiento. ¿Por qué ocurre? Lo primero que hay que comprender es que en su corteza visual hay neuronas cuya actividad representa el movimiento hacia abajo, y otras neuronas cuya actividad representa el movimiento hacia arriba, y que siempre están enzarzadas en una batalla. La mayor parte del tiempo la competición está igualada, e incluso se inhiben unas a otras. En consecuencia, el mundo no parece moverse ni hacia arriba ni hacia abajo. Una explicación popular del efecto secundario del movimiento es la *fatiga*: mirar el movimiento hacia abajo consume una gran cantidad de energía de sus neuronas, de manera que su fuerza queda temporalmente agotada. Así pues, la batalla se inclina a favor de las neuronas que codifican el movimiento hacia arriba, y el resultado de este desequilibrio es que percibe un movimiento hacia arriba.

La hipótesis de la fatiga es atractiva por su simplicidad. Pero es incorrecta. Después de todo, no es capaz de explicar algunos hechos fundamentales sobre la ilusión. Imagine que observa la cascada hacia abajo durante un rato y que después cierra los ojos y los aprieta... digamos durante tres horas. Cuando vuelva a abrirlos, verá que las rocas parecen ascender. Eso no nos habla de ningún agotamiento energético temporal de las neuronas, sino que existe algo más profundo.

La ilusión tiene lugar no por culpa de la fatiga pasiva, sino porque hay una recalibración activa. Su sistema se ve expuesto a un movimiento continuo hacia abajo, y al cabo de un rato acaba asumiendo que ese es el nuevo estado normal. Al principio el movimiento hacia abajo es una información impactante para el cerebro. Después de un rato de mirar, suprime cualquier nueva información. Por lo que se refiere a su cerebro, esa es la nueva realidad: un mundo que fluye más hacia abajo que hacia arriba. De manera que su sistema visual reequilibra cuidadosamente sus expectativas para reflejar el mundo, y espera ver más actividad

199

hacia abajo que hacia arriba. Ahora bien, cuando aparta la mirada de la catarata y la dirige hacia el acantilado, el punto fijo recalibrado se vuelve obvio, porque ahora las rocas y los árboles fluyen hacia el cielo. El punto fijo (es decir, lo que cuenta como inmóvil) se ha desplazado.[1]

¿Por qué? El sistema siempre quiere establecer una verdad fundamental a fin de poder detectar mejor el *cambio*. En este caso, cuando su campo visual está ocupado por la visión de la cascada, su cerebro se esfuerza para restar el movimiento hacia abajo. Todo el flujo que desciende ya no es informativo, por lo que el circuito se recablea para tener una máxima sensibilidad a la nueva información.

Este tipo de recalibración activa es algo que experimenta constantemente. Cuando se baja de un bote, parece que la tierra sigue meciéndose durante un rato: es como si aún estuviera en el agua. Lo que siente es un efecto secundario negativo: la «imagen negativa» del movimiento del agua.

Y si es de los que salen a correr también ha experimentado este tipo de ilusión. Su cuerpo está acostumbrado a enviar órdenes motoras (¡*corred!*) a las piernas, y como resultado ve pasar los inputs visuales. Pero cuando en el gimnasio corre en una cinta, de repente a su cerebro no le llega ese flujo de input visual. Por el contrario, todo el rato está mirando la pared que tiene delante. Cuando se baja de la cinta, experimenta la «ilusión de la cinta»: a cada paso que da hacia el vestuario, la escena parece fluir a un ritmo más rápido: es como si se estuviera moviendo más deprisa de lo que se mueve en realidad.[2] ¿Por qué? Por lo mismo que sucedía con el caballo de Aristóteles, la cascada o el cabeceo después de ir en bote: su cerebro está reajustando las expectativas del mundo, en este caso, cómo debería traducirse el acto de mover las piernas en el flujo de la escena visual que pasa ante sus ojos. Por poner otro ejemplo, fíjese en las líneas negras y blancas de la imagen siguiente. Nada especial, ¿no?

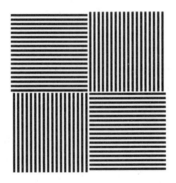

Ahora fíjese en el logo de Livewired que aparece en www.eagle man.com/livewired: está compuesto de líneas verdes horizontales y líneas rojas verticales. Observe unos momentos las líneas coloreadas: las rojas durante unos segundos, luego las verdes, luego las rojas otra vez, y luego las verdes. Hágalo durante tres minutos.

Ahora vuelva a mirar las líneas negras y blancas de arriba. Verá que el espacio entre las líneas horizontales parece rojizo, y que el espacio entre las líneas verticales se ve verdoso.[3]

¿Por qué? Porque cuando miraba la figura en color, su cerebro comprendió que lo verde había acabado vinculado a lo horizontal y lo rojo a lo vertical, y se adaptó para eliminar ese extraño rasgo del mundo. Cuando miraba de nuevo las líneas blancas y negras, experimentaba ese efecto secundario: las líneas horizontales se desplazaban internamente hacia el color opuesto –el rojo– y las verticales hacia el verde. (Y de nuevo, esto no tiene nada que ver con la fatiga. En 1975, dos investigadores demostraron que si miramos las líneas verdes y rojas durante quince minutos, el efecto secundario puede durar tres meses y medio.[4])

Y esta recalibración activa del mundo explica por qué en la década de 1980 mucha gente comenzó a ver los textos de los libros con un matiz rosa. En aquella época, la población comenzó a utilizar monitores de ordenador para el procesamiento de textos. A diferencia de los monitores actuales, aquellos primeros dispositivos solo eran capaces de mostrar un color, de manera que el texto aparecía como líneas de verde sobre un fondo negro. La gente se quedaba mirando las líneas verdes horizontales durante horas seguidas, por lo que cuando cogía un libro, el texto quedaba teñido del color complementario: el rosa. El cerebro se ajustaba a un mundo de líneas verdes horizontales, y su realidad, por consiguiente, cambiaba. Los usuarios de ordenador también experimentaban esta ilusión cuando miraban el logo de IBM blasonado en la parte delantera de la funda del disco flexible: parecía teñido de un matiz rosa. Los diseñadores de IBM estaban desconcertados; no habían impreso su diseño blanco y negro con ningún tono rosa, y sin embargo todos los usuarios insistían en lo mismo.

La cantidad de movimiento que hay en el mundo, lo estable que es el suelo, si vemos pasar el paisaje cuando movemos las piernas, si las líneas tienen alguna coloración: nada de todo ello lo decide la genética, sino que viene calibrado por nuestra experiencia.


HACER VISIBLE LO ESPERADO

Si se fija en una escena uniforme que sea de un solo color (pongamos rojo) el color pronto se diluye hasta un tono neutro. Inténtelo: coja una pelota de ping-pong roja y córtela exactamente por la mitad. Coloque un hemisferio sobre cada ojo y verá el mundo como una manta uniforme de color rojo. Pero al cabo de unos momentos ya no hay ningún color. Es como si estuviera ciego. Su sistema visual asume que el mundo se ha vuelto más rojo, y se adapta para que usted sea sensible a otros cambios.

La escena no tiene por qué ser uniforme para desvanecerse igual que esta. En 1804, el médico suizo Ignaz Troxler observó algo asombroso: si miramos el punto central en mitad de un grupo de manchas de color, todo el trajín que hay en la periferia acaba desapareciendo. Mantenga la mirada fija en el círculo negro que hay en medio durante unos diez segundos. Sin mirar los círculos exteriores, observe cómo desaparecen en un segundo plano. Pronto se descubrirá mirando un cuadrado gris vacío.

Conocida como el efecto Troxler, la ilusión demuestra que un estímulo no cambiante en su visión periférica pronto se desvanece. ¿Por qué ocurre? Porque su sistema visual siempre busca el movimiento y el cambio. Cualquier cosa fija se vuelve rápidamente invisible. Una buena información tiene que actualizarse, y las cosas que no cambian son ignoradas por el sistema.

¿Qué impide, por tanto, que su lugar de trabajo o su cocina se vuelvan troxlerescos y desaparezcan todos los rasgos inmóviles?

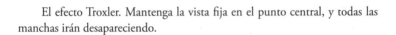

El efecto Troxler. Mantenga la vista fija en el punto central, y todas las manchas irán desapareciendo.

En primer lugar, casi toda la realidad está compuesta de bordes duros, no de manchas, y al sistema visual le resulta más fácil aferrarse a ellos. Pero hay otra razón más profunda. Aunque generalmente no es consciente de ello, sus ojos saltan y se mueven en todo momento. Observe los ojos de sus amigos: verá que los globos oculares llevan a cabo tres rápidos saltos cada segundo mientras están despiertos. Y si observa más atentamente, descubrirá que entre los grandes saltos, los ojos llevan a cabo constantes microsacudidas.[5] ¿Les pasa algo? No. Esos movimientos rápidos –los grandes y los pequeños– se encargan de mantener una imagen retinal fresca. De una manera totalmente inconsciente, sus ojos actúan sin cesar para mantener una imagen que no para de cambiar. ¿Por qué se toman esa molestia? De nuevo, porque cualquier imagen que permanece perfectamente fija en una posición en la retina se vuelve invisible.

Es algo que puede comprobar por sí mismo. Si lleva lentes de contacto, coja un rotulador y dibuje una pequeña forma en la

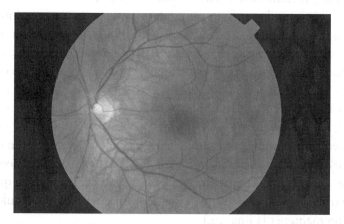

La retina está cubierta por una telaraña de vasos sanguíneos. Como están colocados entre el mundo y nuestros fotorreceptores, deberíamos verlos superpuestos a la escena visual. Pero como este patrón no cambia, y por tanto no proporciona nueva información, nuestros sistemas visuales aprenden a ignorarlos por completo.

superficie delantera de su lente, justo en medio. Cuando se ponga en el ojo, verá la forma, pero no durará. En poco tiempo se volverá invisible.[6] Este fenómeno subraya el hecho fundamental de que al cerebro le importa el cambio. Al igual que en el efecto Troxler, los rasgos que no cambian proporcionan poca información sobre el mundo. Toda la información importante procede de cosas que fluyen.

Si no lleva lentes de contacto, no se preocupe: ya está llevando a cabo un experimento parecido sin saberlo. Tiene vasos sanguíneos en lo alto de la retina, en la parte posterior del ojo. Esta red vascular *debería* verse superpuesta encima de todo aquello que mira, porque está justo delante de sus fotorreceptores. Sin embargo, es totalmente invisible a su percepción. Exactamente igual que la forma de las lentes de contacto, la red vascular está en una posición fija en relación con la retina. Tanto da cuántos movimientos haga su ojo, nunca «refrescan» la imagen de esos vasos sanguíneos. Aun cuando los vasos se interpongan entre usted y el mundo, desaparecen por completo.

Puede que haya observado un destello de esos vasos sanguíneos cuando el oftalmólogo le enfoca una linterna de bolsillo a los ojos.[7] En esta situación, el haz de luz puede provocar que los vasos proyecten una sombra en un ángulo insólito, y que su sistema visual de repente se dé cuenta. Algo inesperado acaba de ocurrir en su retina, y esta es la única vez que puede observar la inmensa telaraña que obstruye su visión. (Si no lo ha visto antes, deje el libro, entre en una habitación a oscuras y proyecte una luz en su ojo desde cierto ángulo. Verá el destello de estos vasos sanguíneos. Su sistema visual se adaptará con bastante rapidez, de manera que el truco consiste en seguir moviendo la luz en diferentes ángulos para mantener la imagen.)

La estrategia de ignorar lo que no cambia mantiene el sistema preparado para detectar cualquier cosa que se mueve, se desplaza o se transforma. Los sistemas visuales de los reptiles llevan esta estrategia al extremo: no pueden verle si se está quieto, porque solo registran el cambio. La posición no les interesa. Y dicho sistema es más que suficiente: los reptiles han sobrevivido y prosperado durante decenas de millones de años.

Regresemos, pues, a la ilusión de la cascada. ¿Por qué su sistema visual no se desplaza al punto en el que la cascada se percibe como inmóvil? En primer lugar, puede que existan límites a la recalibración:[8] sencillamente no se puede desplazar lo bastante para restar el movimiento masivo de la cascada. Pero existe otra posibilidad: y es que no haya observado el movimiento de la cascada el tiempo suficiente, pues de haberlo hecho se habría calibrado por completo. ¿Cuánto podría tardar? ¿Tendría que mirar durante dos meses? ¿Dos años? Si dedicara el tiempo suficiente a observar, los cambios a corto plazo de sus circuitos neuronales en algún punto conducirían a cambios duraderos en todo el tejido, lo que con el tiempo causaría cambios en los niveles más profundos del sistema (volveremos a esta cascada de cambios en el capítulo 10). Este omnipresente movimiento en segundo plano se vuelve invisible para nosotros.

Lo que nos lleva a una especulación extravagante, pero sensata desde el punto de vista lógico: ¿hay partes del mundo invisible que deberían ser aparentes? Imagine que existe una especie de lluvia cósmica que ha ocurrido durante toda su vida y que ha sido completamente invisible para usted. Como nunca la habría visto de otra manera, su industrioso sistema visual la hubiera tenido en cuenta para calibrarse como su punto cero. Si la lluvia cósmica se detuviera de repente, parecería como si todo el mundo comenzara a moverse hacia arriba. Creería que acaba de aparecer algo —una lluvia que se mueve hacia arriba— aun cuando la verdadera lluvia acabara de terminar. Y esta situación podría ocurrir en cualquier canal sensorial: imagine el bip-bip-bip de un despertador cósmico sin botón de interrupción. Incesante, por todo el cosmos: bip-bip-bip. Si fuera totalmente regular, no lo oiría, porque su cerebro se habría adaptado. Si el despertador cósmico de repente parara, todo el mundo escucharía un gran bip-bip-bip, pero nadie tendría ni idea de que lo que está experimentando es el efecto secundario, el sonido «externo» de lo que está dentro de nuestras cabezas.[9] Una adaptación completa consigue que las irregularidades permanezcan invisibles.

## LA DIFERENCIA ENTRE LO QUE PENSABA QUE OCURRIRÍA... Y LO QUE ACABÓ OCURRIENDO

Hemos estado hablando de estas ilusiones como resultados de la adaptación, pero hay otra manera de verlo: como una *predicción*. Si aislamos el movimiento de caída de la cascada, el cabeceo del bote o el dibujo en sus lentes de contacto, lo que estaremos haciendo es el equivalente a predecir su continua existencia. Cuando los circuitos cerebrales se adaptan, están conjeturando sobre cómo es probable que sea el mundo en el momento siguiente. Un sistema en adaptación se desembaraza de los datos que espera que no cambien. Pensemos en sus vasos sanguíneos retinales. No se pueden percibir porque su sistema visual ya los da por descontados: sabe que van a estar allí, así que los ignora. Solo si se violan esas expectativas (como cuando una luz incide en un extraño ángulo), su cerebro quema energía para representar los datos.

Su cerebro no quiere pagar el coste energético de la activación de las neuronas, de manera que la meta consiste en reconfigurar la red para desperdiciar la menor energía posible. Si se introduce un patrón previsible –o incluso parcialmente predecible–, el sistema ahorra energía estructurándose en torno a ese input para no verse sorprendido por él. Un sistema nervioso más tranquilo significa menos violaciones de las expectativas: las cosas del mundo exterior van más o menos como estaba previsto. En otras palabras, un cerebro que no quiere derrochar energía quiere predecir todo lo que pueda para destinar la energía a representar tan solo lo inesperado. El silencio es oro. Mientras que muchos científicos consideran los picos de voltaje como la representación de las cosas en el mundo, la verdad podría ser exactamente lo contrario: los picos son la parte no predicha y energéticamente costosa. La representación de algo totalmente predicho no sería más que un silencio que cae sobre el bosque neuronal.

Después de la sorpresa vienen los ajustes. Si su cerebro cree que todos los ladrillos pesan lo mismo, y de repente intenta levantar un ladrillo de plomo, la violación de expectativas provoca cascadas de cambios neuronales para abordar ese nuevo giro de los acontecimientos. Por el contrario, cuando todo funciona como estaba predicho, no hay necesidad de cambiar nada. Por estas razones, observa cosas la primera vez que mira la imagen de Troxler o cuando se pone las lentes de contacto con el dibujo en la lente. Pero al cabo de un rato su cerebro se adapta. Ya no está sorprendido.

Como ejemplo de eliminar cosas predichas, consideremos lo siguiente. Cuando la gente experimenta por primera vez la pulsera Neosensory (que convierte el sonido en patrones de vibración en la piel), siempre exclama sorprendida: «¡Uau, está detectando mi propia voz!». Es algo que siempre les asombra: parece que no debería registrar su propia manera de hablar. Pero naturalmente sus oídos lo que captan es su voz. Y es habitual que sea la voz más alta en sus conversaciones, porque su boca es la que está más cerca de sus oídos. Sin embargo, como usted puede predecir perfectamente sus propias vocalizaciones, apenas «oye» su propia voz. Siempre que alguien se pone la pulsera se queda asombrado por el volumen de otros sonidos predecibles a los que normalmente no presta atención (porque los crea): tirar de la cadena del retrete, cerrar la puerta al entrar o salir, las propias pisadas. No es que su sistema auditivo no registre esos sonidos, sino que activamente los predice y los elimina. Es algo que se hace evidente cuando lleva la pulsera: le resulta increíble el volumen de esos sonidos, porque su cerebro todavía no ha aprendido a predecir las señales sonoras que le llegan por el brazo.

208

Su cerebro siempre actúa para recalibrar porque eso le permite quemar menos energía. Pero ¿está haciendo algo más profundo? Sí. En la oscuridad del cráneo, su cerebro trabaja para construir un modelo interno del mundo exterior.

Cuando pasea por su casa, presta poca atención al entorno, porque ya se ha creado un buen modelo de cómo es. Por el contrario, cuando conduce por una ciudad desconocida e intenta encontrar la dirección de un edificio en el que nunca ha estado, se ve obligado a mirar todo lo que hay a su alrededor –los nombres de las calles, los nombres de las tiendas, los números de los edificios– porque todavía no se ha creado buen modelo de lo que puede esperar.

Así pues, ¿cómo se construye un buen modelo interno? ¿Cuál es la tecnología neuronal que nos permite concentrarnos en esos datos que no encajan al tiempo que hacemos caso omiso de todo lo que ya está explicado?

Es lo que denominamos «atención». Usted presta atención al golpe inesperado, al roce imprevisto en su piel, al movimiento sorprendente en su periferia. Prestar atención le permite enfocar sus sensores de alta resolución en el problema y averiguar cómo incorporarlo a su modelo. *Ah, si no es más que el cortacésped, o el gato, o una mosca.* Ahora su modelo se ha actualizado. Por el contrario, no presta atención a la sensación del zapato en el pie izquierdo, porque ya tiene un modelo de esa sensación, y el modelo es coherente. Al menos, hasta que le entre una piedrecita. Eso llamará su atención, porque de repente el modelo reclama una actualización.

La diferencia entre predicciones y resultados es la clave para comprender una extraña propiedad del aprendizaje: si predice perfectamente, su cerebro no necesita cambiar más. Supongamos que aprende que el pitido de su teléfono predice que acaba de recibir un mensaje de texto. Su cerebro rápidamente aprende la relación entre ambos sucesos, en gran parte debido a la relevancia de los mensajes de texto en su vida social. Ahora imagine que su teléfono cuenta con una adaptación de software, con lo que ahora lo que predice la llegada de un mensaje de texto es un pitido *más* una vibración. Lo que sucederá es que su cerebro no asimilará la vibración: este efecto se conoce como *bloqueo*. Su cerebro ya sabe que el pitido predice el texto, así que no tiene necesidad de aprender nada nuevo. Si su teléfono solo hubiera vibrado, sin el pitido, su cerebro no hubiera entendido el significado de esa señal, dado que todavía no la había aprendido.[10] La existencia del bloqueo solo adquiere sentido si comprendemos que los cambios del cerebro solo se dan cuando existe una diferencia entre lo que se espera y lo que ocurre en realidad.

Nuestro modelo interno del mundo nos permite hacer predicciones y detectar rápidamente cuándo nos equivocamos, lo que nos indica dónde prestar atención y cómo actualizar. Y esta especie de sistema interesa cada vez más a los ingenieros que piensan en el futuro de las máquinas: diversas empresas están comenzando a trabajar en dispositivos que operan de este modo, desde tractores a aeroplanos. Un modelo interno del mundo permite que la maquinaria haga conjeturas lo más acertadas posibles acerca de los acontecimientos que se espera que ocurran. Cuando los acontecimientos casan con las predicciones de los algoritmos de la máquina, no hay que cambiar nada. Solo cuando los inputs se salen de la pauta hay que prestar atención al software para actualizar el modelo de la máquina.

En este contexto, es fácil comprender cómo las drogas modifican los sistemas nerviosos. Consumir una droga cambia el número de receptores de la droga en el cerebro, hasta el punto de que se puede observar el cerebro de una persona fallecida y determinar sus adicciones midiendo sus cambios moleculares. Por eso la gente se vuelve insensible (o tolerante): el cerebro acaba prediciendo la presencia de la droga, y adapta la expresión del receptor en torno a ello, y así puede mantener un equilibrio estable cuando recibe la nueva dosis. De una manera física y literal, el cerebro acaba esperando que la droga esté ahí: los detalles biológicos se han calibrado con esa expectativa. Como el sistema ahora predice la presencia de cierta cantidad, se necesita más para alcanzar el subidón original.

Esta recalibración es la base de los desagradables síntomas del síndrome de abstinencia. Cuanto más se adapta el cerebro a la droga, mucho más le cuesta dejarla. Los síndromes de abstinencia varían según la sustancia que se consuma –desde sudar a temblores, pasando por la depresión–, pero todos tienen en común una poderosa ausencia de algo que se espera.

Comprender estas predicciones también nos permite comprender el desengaño amoroso. La gente a la que amas se convierte en parte de ti, y no solo de manera metafórica, sino física. Asimilas a una persona en tu modelo interno del mundo. Tu cerebro se construye en torno a la expectativa de su presencia. Tras la ruptura con un amante, la muerte de un amigo o la pérdida de un progenitor, su repentina ausencia representa un importante desvío de la homeostasis. Tal como lo expresa Khalil Gibran en *El profeta*: «Y siempre ha ocurrido que el amor no conoce su propia profundidad hasta la hora de la separación».

De este modo, su cerebro es como la imagen negativa de todas las personas con las que ha estado en contacto. Sus amantes, amigos y progenitores ocupan sus formas esperadas. Igual que la sensación de las olas cuando se ha bajado del bote, o el ansia de la droga en su ausencia, también su cerebro reclama la presencia de las personas de su vida. Cuando alguien se aleja, le rechaza o muere, el cerebro se enfrenta a esta expectativa frustrada. Poco a poco, con el tiempo, tiene que readaptarse a un mundo sin ellos.

211

Consideremos el fototropismo de las plantas: el acto de maximizar la luz que se capta adoptando nuevas posiciones. Si observa cómo una planta crece a cámara rápida, verá que no crece recta hacia la fuente de luz; por el contrario, se excede un poco en su trayectoria, luego se para, y así sucesivamente. En lugar de una misión planeada de antemano, es una danza espástica de corrección constante.

Encontramos una estrategia parecida en el movimiento de las bacterias. Cuando buscan el centro de una fuente de alimento –pongamos un poco de azúcar que ha caído en la encimera de la cocina–, se dirigen hacia el azúcar utilizando tres reglas elegantes en su simplicidad:

1. Eligen una dirección al azar y se mueven en línea recta.
2. Si la cosa va bien, siguen avanzando.
3. Si la cosa va mal, cambian de dirección al azar.

En otras palabras, la estrategia consiste en ceñirse al plan cuando las cosas mejoran, y desecharlo cuando no. Mediante esta política sencilla, una bacteria puede dirigirse con rapidez y eficiencia hacia el punto más denso de la fuente de comida.[11]

Mi propuesta es que el cerebro funciona siguiendo un principio similar. En lugar de guiarse por la maximización de la luz del sol o la comida, trabaja para maximizar la información. A esta estrategia la llamo infotropismo. Esta hipótesis sugiere que los circuitos neuronales cambian constantemente para maximizar la cantidad de información que pueden extraer del entorno.

Consideremos lo que hemos visto en capítulos anteriores. Hemos presenciado cómo el cerebro utiliza sus órganos sensoriales, ya sea para capturar fotones, campos eléctricos o moléculas del olor. Hemos visto la manera en que el cerebro acaba guiando al cuerpo –tanto da que tenga aletas, piernas o brazos robóticos–, y lo consigue ajustando sus circuitos para maximizar los datos que absorbe del mundo. A este ajuste fino contribuyen las recompensas, que provocan transmisiones por todo el circuito para que el cerebro sepa que algo ha funcionado. Por tanto, con un mínimo de programación previa, el sistema averigua cómo optimizar su relación con el mundo.

Por ejemplo, hemos visto cómo los paisajes neuronales se construían a sí mismos para dar lugar al bebé Hayato en Osaka y al bebé William en Palo Alto, permitiéndoles distinguir sonidos distintos. Lo comenté como ejemplo de modificación basada en la recompensa, pero ahora lo podemos ver desde un nivel superior como infotropismo: sus cerebros se adaptaron para maximizar los datos importantes.

A una escala temporal más larga, vimos que cuando una persona se queda ciega, otros sentidos ocupan la corteza visual. En el siguiente capítulo veremos cómo las neuronas lo llevan a cabo, pero por ahora observemos que esta invasión se puede interpretar como infotropismo: el cerebro maximiza sus recursos para interpretar todos los datos que posee.

Recuerde también la ilusión de las líneas horizontales y verticales de color. Su sistema visual actúa para separar las dimensiones del color y la orientación porque intenta maximizar la información que le llega del mundo. Por consiguiente, no quiere mezclar estas medidas separables. Aunque el efecto suele considerarse una simple ilusión visual divertida, en un segundo plano todo ocurre por una razón más profunda: si algo provocara que sus ojos proyectaran un color sobre las líneas (ya fuera por la iluminación de su mundo o porque su sistema visual tiene algún problema), su cerebro se reorganizaría para encargarse de ello, cancelando la relación. Al hacerlo, estaría maximizando su capacidad para extraer información sobre los colores y las orientaciones por separado, y al separar las dos dimensiones que (estadísticamente) deberían ir unidas, recogería mejor la información del mundo.

He aquí un ejemplo de infotropismo a nivel neuronal: su retina (en la parte posterior del ojo) lee el mundo de manera distinta durante el día y durante la noche. A plena luz del mediodía hay muchos fotones que captar, y por eso cada fotorreceptor se encarga de su diminuto punto de la escena, ofreciendo una alta resolución. Por la noche las cosas son muy distintas. Hay pocos fotones que se puedan utilizar, de manera que lo importante es detectar que hay *algo*, aunque sea sin una gran resolución espacial. Así pues, de noche los fotorreceptores hacen su trabajo de una manera muy distinta, cambiando los detalles de sus cascadas moleculares internas y uniendo sus fuerzas. (Y no me refiero tan solo a los bastones y conos, sino también a las sofisticadas adaptaciones que los bastones y conos llevan a cabo para mantener su sensibilidad a niveles de luz muy distintos.) En estas condiciones, se tarda más en captar que hay algo ahí fuera, pero juntos son capaces de detectar niveles de luz mucho más bajos.[12] Esta sofisticada estrategia permite que la retina funcione de manera distinta a medida que los niveles de luz suben o bajan. En un entorno muy luminoso, el sistema alcanza una gran resolución espacial; cuando está a oscuras, los fotorreceptores se unen para aumentar la posibilidad de captar fotones, con lo que la visión es más borrosa pero más sensible. El sistema se esfuerza muchísimo por desplazarse a un punto en el que pueda maximizar la información. Haya muchos fotones o pocos, la retina se optimiza para captar los datos. De día, capta casi todos los detalles, con lo que puede divisar un conejo a lo lejos; cuando hay menos luz se desplaza hacia una sensibilidad mayor para captar lo que haya con una resolución más baja, con lo que consigue divisar al jaguar que acecha en la oscuridad. La Madre Naturaleza aprendió no solo a construir un ojo, sino también a adaptar sus circuitos sobre la marcha para poder actuar de manera distinta en diferentes contextos, y así hacer el mejor uso de aquello de lo que disponemos. Es infotrópica.

Al igual que una planta busca la luz del sol y las bacterias buscan azúcar, el cerebro busca información. En todo momento intenta transformar sus circuitos para maximizar los datos que puede extraer del mundo. A tal fin, construye un modelo interno del exterior, que compara con sus predicciones. Si el mundo se comporta como se espera, el cerebro ahorra energía. Recordemos a los futbolistas que comentamos al principio del libro: el aficionado presenta una gran actividad cerebral, pero el profesional muy poca. Y ocurre porque el profesional ha grabado sus predicciones en sus circuitos, y el aficionado todavía intenta alcanzar un punto de buena predicción.

Básicamente, el cerebro es una máquina que predice, y ese es el motor que hay detrás de su constante autorreconfiguración. Al modelar el estado del mundo, el cerebro se va reconfigurando para tener buenas expectativas, y por tanto tener la máxima sensibilidad posible hacia lo inesperado.

Y ahora estamos preparados para la siguiente pregunta: teniendo en cuenta todo lo que hemos visto hasta ahora en este libro, ¿cómo se lleva a cabo todo esto a nivel celular?

# 8. EN EQUILIBRIO EN EL FILO DEL CAMBIO

Imagine que es un alienígena al que se le ocurre visitar la Tierra en octubre de 1962. Ha llegado justo a tiempo para el tenso enfrentamiento que supuso la crisis de los misiles en Cuba. Nadie le censuraría por pensar que no está ocurriendo gran cosa. A sus ojos alienígenas, Estados Unidos no están haciendo nada, ni tampoco los cubanos ni los soviéticos. Probablemente se llevaría su mano verde a la boca y concluiría que está observando un sistema político letárgico, fosilizado o carente de motivación.

Quizá no se le ocurriría pensar que la razón por la que no está ocurriendo nada es porque todas las fuerzas que se oponen están en perfecto equilibrio. Todos los resortes están a punto de saltar, los misiles se apuntan mutuamente, los ejércitos están preparados.

Aunque no siempre es fácil verlo, esta es la situación que hay en el cerebro. Puede parecer que sus mapas son estables simplemente porque están en perfecto equilibrio en sus contrapoderes. El planeta neuronal ofrece la ilusión de que está instalado en la quietud, pero los principios de competencia lo sitúan en el borde del cambio a la menor provocación. No deje que la calma le engañe: el cerebro parece calmado solo porque todas sus regiones están inmersas en una guerra fría, a punto para saltar, dispuestas a competir por las futuras fronteras del globo interno.

## CUANDO EL TERRITORIO DESAPAREZCA

Los países de Haití y la República Dominicana comparten la isla caribeña de La Española. Consideremos qué ocurriría si un tsunami arrasara la República Dominicana y la dejara inhabitable. Una posibilidad es que sus habitantes desaparecieran del mapa y Haití continuara existiendo como siempre. Pero hay una segunda posibilidad: ¿y si los haitianos desplazaran su país unos cuantos centenares de kilómetros al oeste, y haciendo gala de un gran corazón acomodaran a los dominicanos encogiendo su territorio y compartiendo lo que quedaba? En este caso, gracias a la generosidad de sus vecinos, las dos naciones se comprimirían armoniosamente en el territorio más pequeño que quedara.

Volvamos al cerebro. ¿Qué ocurre en el cerebro cuando parte del territorio desaparece, es decir, cuando la enfermedad, la cirugía o algún daño cerebral provocan una disminución del tejido cerebral? Al igual que con los países vecinos, existen dos posibilidades: el cerebro puede prescindir de las partes del mapa correspondientes al tejido desaparecido, o puede encoger el mapa original en un territorio más pequeño.

Para determinar lo que ocurre, observemos a una joven a la que llamaremos Alice. A los tres años y medio, comenzó a presentar espasmos en el lado izquierdo del cuerpo. Sus padres la llevaron al hospital para que le hicieran un escáner cerebral. Para sorpresa de la comunidad médica, descubrieron que había nacido

217

con *solo* la mitad izquierda del cerebro. En una rarísima anormalidad, la mitad derecha simplemente no estaba.[1]

Pero he aquí lo asombroso del caso: tuvo una infancia normal. Por increíble que parezca, aptitudes como la coordinación ojo-mano no quedaron afectadas por esa alteración en su desarrollo. Sufría ataques, pero eran controlables gracias a la medicación, y pronto el único signo exterior de la ausencia de un hemisferio cerebral de Alice era su dificultad con los movimientos motores más sutiles de la mano izquierda.

La situación de Alice nos permite formular una pregunta fundamental: ¿qué ocurre con las conexiones cerebrales que suelen distribuirse por los dos hemisferios cuando solo existe uno?

Para comprender la respuesta, consideremos primero las fibras que transportan información desde el ojo izquierdo de una persona. Las fibras de la mitad izquierda de la retina llevan información a la corteza visual izquierda. Ahí no hay ningún problema, porque Alice conserva el lado izquierdo del cerebro. Pero la información procedente de la mitad *derecha* de la retina del ojo

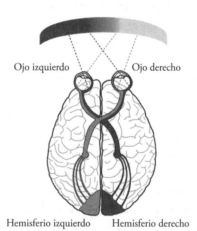

Ojo izquierdo   Ojo derecho

Hemisferio izquierdo   Hemisferio derecho

Normalmente el lado izquierdo del mundo se representa en el lado derecho del cerebro. Como a Alice le falta el hemisferio derecho, ¿dónde van las fibras?

218

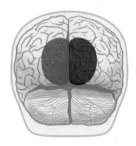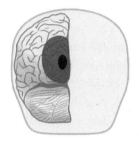

La corteza visual en la parte posterior del cerebro. A la izquierda, un cerebro normal. El color gris muestra dónde se representa el campo visual derecho (lado derecho del mundo visual), y el negro dónde se representa el campo visual izquierdo. A la derecha vemos el cerebro de Alice: su sistema visual se reconectó parcialmente para permitir que los dos campos visuales quedaran representados en el único hemisferio que quedaba.

izquierdo normalmente cruza la línea media, conectándose con la parte posterior del hemisferio *derecho*. Como a Alice le falta la mitad del cerebro, ¿dónde van las fibras?

En un maravilloso ejemplo de livewiring que jamás se había sospechado en décadas anteriores, las fibras de *ambos* campos visuales se conectaron al hemisferio izquierdo. Todo el campo visual quedó representado en el único territorio disponible. En otras palabras, Haití consiguió compartir con su vecino el territorio que quedaba.

El hecho de que Alice tenga una vista normal y una coordinación ojo-mano normal nos indica otra cosa extraordinaria: aunque las primeras fases de su sistema visual no se conectaran con la organización habitual, las zonas que rodeaban su corteza visual (que obtiene la información de la corteza visual primaria) no tuvieron ningún problema a la hora de aprender a utilizar el insólito mapa. En otras palabras, la corteza visual primaria no tuvo que seguir las reglas del manual genético normal para que el resto del sistema funcionara. De manera coherente con lo que hemos visto a lo largo de este libro, la genética de Alice no instaló un sistema frágil que fallara con cualquier desviación importante del plan. Por el contrario, su genética desarrolló un sistema livewired que le permitía funcionar a pesar de la circunstancia.

Mientras que Alice nació con solo un hemisferio, recordemos la historia de Matthew, que ya vimos en este libro: a él le extirparon un hemisferio en el quirófano. Matthew cojea un poco, pero por lo demás puede llevar una vida independiente sin que nadie se entere de lo que le pasa. Al igual que ocurrió con el hemisferio que le quedaba a Alice, Matthew fue capaz de aprender cómo llevar a cabo las tareas necesarias: el tejido cerebral se reconectó para seguir manteniendo la actividad habitual, aun cuando el territorio hubiera cambiado de manera radical. Tanto para Alice como para Matthew, los mapas cerebrales se redibujaron ellos mismos en la mitad del territorio anterior, conservando sus mapas, relaciones, tareas y funciones.

¿Cómo tiene lugar una reconexión tan radical? Los primeros indicios se encontraron en las ranas, que cuentan con sistemas visuales más sencillos. Los nervios del ojo de la rana viajan hacia una zona conocida como el téctum óptico (más o menos parecido a la corteza visual primaria de los mamíferos): el ojo derecho

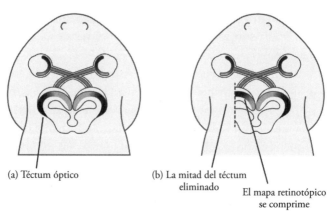

(a) Téctum óptico

(b) La mitad del téctum eliminado

El mapa retinotópico se comprime

Comprimir para que encaje en un territorio más pequeño. (a) Mapa normal. (b) Con la mitad del territorio, el mapa encuentra la manera de encajar.

220

al téctum izquierdo, y viceversa. Allí los nervios se insertan de manera ordenada: las fibras de la parte superior del ojo se conectan con la parte superior del téctum, la parte izquierda del ojo a la parte izquierda del téctum, etc. Cada fibra procedente del ojo parece tener una dirección designada de antemano en la que se conecta. ¿Qué ocurre si eliminamos la mitad del téctum durante el desarrollo, antes de que lleguen los nervios? La respuesta –análoga a la del cerebro de Alice– es que todo el mapa del campo visual se desarrolla en la zona más pequeña a la que se conecta.[2] El mapa parece normal. Simplemente está comprimido, igual que el bondadoso mapa de Haití después de que la mitad oriental de la isla desaparezca.

Y ahora llegamos al siguiente nivel del experimento: ¿qué ocurriría si a un renacuajo se le trasplantara un ojo extra a un lado? En esta situación, un nervio óptico inesperado tiene que compartir el destino del téctum. ¿Qué ocurre? Pues que el ojo divide el territorio en franjas alternas, y cada serie de franjas contiene un mapa completo del ojo.[3] Las fibras de entrada, de nuevo, utilizan cualquier espacio disponible. Sería como si un

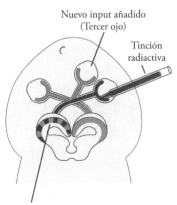

Nuevo input añadido
(Tercer ojo)

Tinción
radiactiva

Los inputs comparten el téctum

Si se trasplanta un tercer ojo a un costado, el téctum se reorganiza para acomodar el input adicional.

221

nuevo país irrumpiera en la isla de La Española y Haití votara a favor de compartir el territorio con el nuevo Estado comprimiéndose en franjas alternas.[4]

Dichos experimentos demuestran que los mapas se pueden comprimir, e incluso compartir territorio cuando es necesario. ¿Se puede *ampliar* un mapa si se dispone de más territorio? Para averiguarlo, los investigadores eliminaron la mitad de la retina del ojo de una rana. Ahora, solo la mitad del número normal de fibras ópticas alcanzaba el territorio de tamaño normal del téctum óptico. ¿Qué ocurre en estos casos? El mapa visual (que ahora solo codifica una mitad del espacio visual) se extiende para utilizar todo el téctum.[5]

La lección que hemos de aprender de Alice, Matthew y las ranas es que los mapas no están predefinidos por una comisión genética de planificación urbana. Por el contrario, cualquier territorio disponible se utiliza y se llena.

Esta propiedad de reconexión dinámica es la mayor esperanza que puede tener un cerebro que ha sufrido daños por culpa de un ictus. El verdadero trabajo del cerebro comienza cuando la hinchazón se rebaja. A lo largo de meses o años, puede darse una impor-

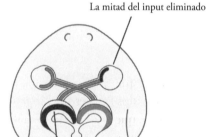

La mitad del input eliminado

El input se extiende sobre el téctum

Cuando solo la mitad de las fibras retinales llegan a la región, el mapa se amplía.

tante reorganización cortical, y a veces se pueden recuperar algunas de las funciones perdidas. Un ejemplo que se puede ver a menudo es el de las personas que pierden la capacidad del lenguaje. En la mayoría de gente, el lenguaje se localiza en el hemisferio izquierdo, así que cuando alguien sufre un ictus de lado izquierdo ya no es capaz de hablar ni de comprender las palabras. Sin embargo, la función del lenguaje a menudo comienza a recuperarse después de cierto tiempo, no porque el tejido muerto del hemisferio izquierdo se haya curado, sino porque la función del lenguaje se desplaza al hemisferio derecho. En la historia clínica de dos pacientes que habían sufrido un ictus del hemisferio izquierdo con el consiguiente deterioro del lenguaje, se indica que después de cierto tiempo consiguieron una recuperación parcial. Pero estos dos desafortunados pacientes posteriormente sufrieron un ictus del lado derecho, con lo que empeoró el lenguaje que habían recuperado, verificando que la función se había trasladado al hemisferio derecho.[6]

Así pues, vemos que los mapas cerebrales se extienden, se comprimen y reubican sus funciones. Pero ¿cómo saben hacerlo? Para responderlo tenemos que centrarnos en las profundidades de los bosques de neuronas.


CÓMO DESPLEGAR A LOS TRAFICANTES DE DROGAS
DE MANERA UNIFORME

Yo crecí en Albuquerque, Nuevo México. La ciudad tiene su cuota de médicos, abogados, profesores, ingenieros, y sabemos, por la serie *Breaking Bad*, que también tiene traficantes de drogas. Mientras me hacía mayor, comencé a preguntarme cómo cada traficante se hacía con su territorio. Después de todo, no se distribuyen solo en los barrios pobres (aun cuando es donde hay más control policial); por el contrario, se desperdigan por todas las zonas de la ciudad, y cada uno controla las ventas en un puñado de manzanas.

¿Cómo deciden quién controla cada territorio? Hay dos posibilidades.

La primera es que los urbanistas de Albuquerque convocaron a todos los traficantes a una reunión, los sentaron en sillas plegables en un salón del ayuntamiento y los distribuyeron de una manera justa y equitativa. Llamemos a este enfoque de arriba abajo.

El enfoque alternativo sería de abajo arriba. ¿Y si los traficantes compitieron entre ellos y había mucho en juego? A través de la rivalidad, todos comprendieron que solo existía una cierta cantidad de territorio que pudieran controlar de manera segura. Cada uno haciendo su trabajo, pero limitados por la competencia de sus vecinos, los traficantes se distribuirían de manera natural por toda la ciudad.

¿Cuál sería el resultado de este enfoque de abajo arriba? Supongamos que una parte de Albuquerque queda destruida por un tornado. ¿Qué ocurre? Una vez la ciudad se ha recuperado emocionalmente, los traficantes estudian cómo comprimir su espacio, apretándose un poco más. Nadie tiene que darles ninguna indicación: hay menos territorio disponible, y hay que dividirlo entre todos.

Por el contrario, si la extensión de Albuquerque de repente se dobla, veríamos que los traficantes de drogas se despliegan, llenan el vacío, se aprovechan de que tienen más territorio. Nadie tiene que decirles lo que tienen que hacer.

Los patrones de nivel superior de la ciudad surgen de la competencia entre individuos. Cada traficante compite por su porción de negocio. Cada uno tiene seres queridos a los que mantener, un alquiler que pagar y quizá quiere un coche, por lo que periódicamente luchan por su nicho. La flexibilidad del mapa de traficantes de drogas de la ciudad es la consecuencia involuntaria del comportamiento individual, no un diseño ingenioso de los urbanistas.

Volvamos ahora al cerebro. Coja cualquier libro de texto de

224

neurociencia y lea lo que pone sobre neurotransmisión: proceso por el cual una neurona libera una pequeña cantidad de transmisores químicos para comunicar un mensaje. La señal se une a los receptores de otra célula, lo que provoca una pequeña ráfaga de actividad química dentro de la segunda célula. Así es como las neuronas se comunican entre ellas.

Pero consideremos esta interacción celular bajo una luz distinta. A lo largo y ancho del reino microscópico que nos rodea, las criaturas unicelulares liberan sustancias químicas. Sin embargo, estas sustancias no son mensajes amistosos, sino más bien mecanismos de defensa, advertencias muy serias. Ahora piense en los miles de millones de neuronas que hay en el cerebro como si fueran miles de millones de organismos unicelulares. Aunque solemos creer que las neuronas cooperan felizmente, también podemos verlas como si estuvieran enzarzadas en una batalla periódica. En lugar de transmitirse información, se están escupiendo la una a la otra. A través de esta lente, lo que presenciamos en el tejido cerebral activo es la competencia de miles de millones de agentes individuales entre ellos, una competencia en la que cada uno lucha por los recursos y por intentar permanecer con vida. Al igual que los traficantes de Albuquerque, cada uno mira por sí mismo.

Bajo esta luz, ciertos descubrimientos experimentales se comprenden enseguida. Por ejemplo, a principios de la década de 1960, los neurobiólogos David Hubel y Torsten Wiesel demostraron que las franjas alternas de la corteza visual de los mamíferos transmiten señales o bien del ojo izquierdo o del derecho. De manera parecida a lo que vimos con las ranas de tres ojos, el territorio de la corteza acaba compartido entre los axones que transmiten información de ambos ojos. En circunstancias normales, los dos ojos controlan una porción igual del territorio. Pero si uno de ellos queda cerrado al principio de su existencia, el input más fuerte del otro ojo comienza a ocupar más territorio. En otras palabras, la experiencia puede cambiar drásticamente los

225

mapas de la corteza visual: los inputs del ojo fuerte se conservan y se refuerzan, mientras que los inputs del ojo cerrado se debilitan y con el tiempo decaen.[7] Con esto se demostraron dos cosas. Primero, que estos mapas no son puramente innatos. Y segundo, que mantener el territorio del cerebro depende de la actividad: conservar el terreno requiere un vigor constante. A medida que los inputs disminuyen, las neuronas cambian sus conexiones hasta que descubren dónde está la acción.

Esta idea (que hizo merecedores a Hubel y Wiesel del Premio Nobel en 1981) nos dice qué hacer con los niños que padecen estrabismo. Un niño que nace estrábico o bizco con el tiempo acaba perdiendo la visión del ojo que utiliza menos. Pero el problema no es el ojo en sí mismo, sino la corteza visual. Como hay un ojo dominante, vence en su competencia con el otro, ocupando más territorio en la parte posterior del cerebro. ¿La solución? Arreglar de manera quirúrgica el ojo débil para alinearlo, y acto seguido cubrir el ojo bueno del niño con un parche. Con ello, el ojo débil tiene la oportunidad de reanexionarse el territorio cortical perdido.[8] En cuanto se recupera el equilibrio, se elimina el parche y los dos ojos funcionan igual de bien.

Este útil truco surge de manera natural para comprender la competencia inherente a nivel neuronal. Y recordemos el mapa cerebral del cuerpo, el homúnculo. El misterio al que nos enfrentamos en el capítulo 3 es cómo el cerebro (encerrado dentro de su oscuro cráneo) sabe qué aspecto tiene el cuerpo. La lección que aprendemos de los cambios en el plano del cuerpo es que el cerebro reduce ese mapa corporal de reglas sencillas. En otras palabras, el mapa se forma de manera natural a partir de la interacción con el mundo, con áreas adyacentes del cuerpo que se asignan representaciones adyacentes en el cerebro.[9] Al igual que en el caso de los traficantes de drogas y los niños bizcos, este proceso se basa en la competencia. Y por eso tan pronto como desaparece una extremidad (como en el caso del brazo del almirante Nelson), el territorio cortical contiguo ocupa su espacio.

226

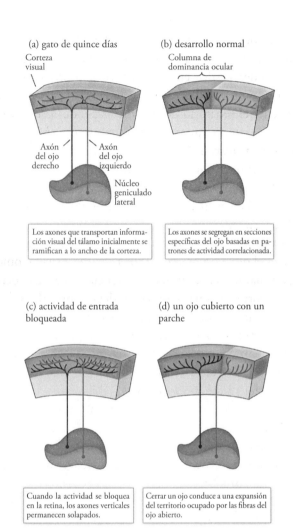

(a) gato de quince días

Corteza
visual

(b) desarrollo normal

Columna de
dominancia ocular

Axón
del ojo
derecho

Axón
del ojo
izquierdo

Núcleo
geniculado
lateral

Los axones que transportan información visual del tálamo inicialmente se ramifican a lo ancho de la corteza.

Los axones se segregan en secciones específicas del ojo basadas en patrones de actividad correlacionada.

(c) actividad de entrada bloqueada

(d) un ojo cubierto con un parche

Cuando la actividad se bloquea en la retina, los axones verticales permanecen solapados.

Cerrar un ojo conduce a una expansión del territorio ocupado por las fibras del ojo abierto.

(a) En un animal joven, la capa de input de la corteza visual primaria tiene un input uniforme de los ojos derecho e izquierdo. (b) A medida que el animal madura, la conectividad de los dos ojos va ocupando regiones alternas. (c) Si los dos ojos están privados de luz, las fibras que transportan información del ojo derecho y del ojo izquierdo no ocupan áreas separadas. (d) Si uno de los ojos se ve privado de luz, sus inputs se encogen progresivamente, mientras que los inputs del otro ojo van ganando terreno.

Mantener el territorio exige un input constante a las neuronas individuales: cuando el esfuerzo disminuye, intentan cambiar de equipo y pasarse a los inputs activos.

Y este es el motivo, por cierto, por el que el homúnculo (el mapa del cuerpo del cerebro) parece una persona bastante extraña. Los dedos, los labios y los genitales son enormes, mientras que el torso y las piernas son pequeños. La causa es el mismo tipo de competencia: existe una densidad receptora mucho mayor en los dedos, los labios y los genitales, y una menor resolución en, pongamos, el torso y los muslos. Las áreas que mandan más información obtienen la representación más extensa.

Así pues, la manera correcta de considerar el sistema es comprender que existe competencia a pequeños niveles, y que aparecen propiedades emergentes (estirarse, encogerse, moverse) a niveles superiores. A medida que a lo largo de toda una vida se libran guerras locales, los mapas del cerebro se van redibujando. La causa es que cada neurona se enfrenta al mismo reto que el traficante de drogas urbano: encontrar un nicho de mercado y luego invertir todo el tiempo en defenderlo. Esta constante lucha

228

por el territorio cerebral es esencialmente darwiniana: cada neurona se pasa la vida luchando por los recursos para sobrevivir. Pero ¿por qué compiten? Para un traficante de drogas el dinero es lo primero. ¿Cuál es el equivalente para una neurona?

En 1941, una joven italiana llamada Rita Levi-Montalcini huyó de su Turín nativo a una pequeña casita en el campo, donde vivió escondiéndose de los alemanes y los italianos: su vida estaba en peligro constante porque era judía, y su país natal se había aliado con los nazis. Mientras estaba escondida, montó un laboratorio en la casita, y se pasaba los días y las noches intentando descubrir cómo se desarrollaban las extremidades de los embriones de los pollos. Su trabajo la llevó a descubrir el factor de crecimiento nervioso, y por ese trabajo obtuvo el Premio Nobel en 1986.

Lo que descubrió fue el primero de una serie de productos químicos que favorecen la supervivencia llamados neurotrofinas.[10] Estas proteínas, secretadas por los objetivos de las neuronas, son la moneda por la que compiten las neuronas y las sinapsis. Les llevan a establecer y estabilizar conexiones. Las neuronas que obtienen estas sustancias químicas que las ayudan a sobrevivir se desarrollan. Las que no lo consiguen intentan ramificarse en otra parte. Si no lo consiguen en ninguna parte, acaban suicidándose.

Aparte de la recompensa de estas sustancias químicas, las neuronas también evitan el peligro de los factores tóxicos. Por ejemplo las sinaptotoxinas eliminan las sinapsis existentes,[11] y los axones pugnan por huir de estos efectos punitivos permaneciendo activos: en cuanto caen por debajo de un umbral, son eliminados.[12]

De este modo, el lenguaje multicapa de las moléculas de atracción y repulsión proporciona la retroalimentación que permite a las neuronas determinar si deben permanecer en su puesto, desarrollarse, encogerse, escabullirse a otro lugar o desaparecer por el bien común.

En paralelo a los factores que influyen a nivel de las neuronas individuales, hay un tejido a mayor escala que determina si todo el sistema es flexible o está bloqueado. Hay dos tipos de neuronas: las que transmiten mensajes que estimulan a sus vecinos (excitadoras) y las que frustran a sus vecinos (inhibidoras). Estos dos tipos de células están entrelazadas en las redes, y juntas determinan lo flexible que es el sistema. Si hay demasiada inhibición, las neuronas no pueden competir de manera adecuada, y no hay más cambios. Si hay muy poca inhibición, la competencia es tan alta que no puede surgir un ganador. Un sistema flexible y bien calibrado requiere el grado justo de equilibrio entre inhibición y excitación, y de este modo las neuronas pueden enfrentarse a la cantidad justa de competencia, una zona equilibrada en la que no hay demasiado ni demasiado poco. En cuanto declina la competencia, el sistema queda petrificado. Si la competencia es demasiado feroz, los ganadores no pueden llegar a la cima.

Como metáfora, piense en países como Corea del Norte o Venezuela. El primero tiene un régimen en el que la inhibición es tan estricta que la gente no puede hacer nada que no esté aprobado de antemano por el gobierno. En Venezuela, el gobierno tiene tan poco control que los cárteles de la droga, las mafias y los delincuentes campan a sus anchas. Ninguno de los dos países prospera: el primero porque hay demasiada inhibición, y el segundo porque hay demasiado poca. Por todo el planeta, las naciones productivas mantienen un equilibrio estable entre ser demasiado maleables y demasiado rígidas. Los sistemas bipartidistas son muy útiles para la tarea, y para nuestro propósito, piense en los conservadores y liberales como análogos a los dos tipos de neurotransmisión en competencia: la inhibición y la excitación. Lo normal es que uno de los dos partidos domine, pero por poco. A menudo un presidente pertenece a un partido, mientras que el Congreso sigue los dictados del otro líder. Aunque es corriente lamentar el debate crónico que surge del bipartidismo, se trata del sistema ideal para la empatía, y permite realizar cambios útiles. El dominio total de un partido conduce a un monopolio del sistema que históricamente ha sido un infortunio para el país.[13] La magia útil, en los gobiernos y en los cerebros, procede de opiniones opuestas que sirven de contrapeso: así es como se mantiene un sistema sin sobresaltos, equilibrado y dispuesto al cambio.

## CÓMO EXPANDEN SU RED SOCIAL LAS NEURONAS

Hemos visto anteriormente que los cambios pueden suceder muy rápido en el cerebro, a veces en tan solo una hora. ¿Cómo ocurren tan deprisa modificaciones tan grandes?

¿Recuerda a aquellos sujetos con los ojos vendados cuya corteza visual comienza a responder al tacto al cabo de una hora (capítulo 3)? Es un periodo demasiado breve para que nuevas sinapsis de las áreas del tacto y del oído lleguen a la corteza visual primaria, una observación que sugiere que las conexiones ya existían.[14] Y es que existen muchas conexiones neuronales que ya están presentes pero quedan inhibidas, con lo que, desde un punto de vista funcional, no surten ningún efecto. Liberarlas de la inhibición es el paso que les permite ser escuchadas.[15]

Como analogía, imagine una importante alteración en su círculo de amigos. Debido a un trágico malentendido en una fiesta (en la que todo el mundo iba tan desmadrado como usted), pierde a uno de sus mejores amigos. De repente, su input social es menor que antes, y ahora comienza a escuchar señales procedentes de aquellos amigos con los que ha mantenido una relación más tenue; hasta ese momento no habían conseguido que les prestara su plena atención. Sus voces quedaban ahogadas por las fuerte relaciones que mantenía con su círculo más íntimo. Ahora comienza a oír a estos amigos periféricos, empieza a llenar su vida social atendiendo a estas débiles conexiones y trabajando para reforzarlas.

Como puede adivinar por esta analogía, el mecanismo que nos permite descubrirlas pasa por liberarse de la inhibición que las fuertes conexiones habían proporcionado anteriormente. En términos neuronales, las conexiones previas ofrecían una inhibición lateral, que significa que su labor era calmar la actividad de sus vecinos más cercanos.[16] Cuando los inputs originales se calman (incluso por culpa de un cambio a muy corto plazo, como puede ser la anestesia de un brazo o que le pongan una venda en los ojos), el resultado es que se dan cambios veloces en los campos perceptivos. A veces se deben a cambios en la corteza, y otras veces a la desinhibición de conexiones contiguas y existentes del tálamo a la corteza.[17] En otras palabras, como consecuencia de la desinhibición, las extendidas proyecciones hasta entonces silenciosas se vuelven funcionalmente operativas.

Desvelar estas conexiones es posible solo porque en el cerebro encontramos una elevada intersección de conectividad redundante. La redundancia se inicia con gran intensidad, y disminuye con el tiempo. Consideremos el siguiente ejemplo: haga que alguien escuche un fuerte pitido, y aplique electrodos en el cuero cabelludo (electroencefalografía o EEG) para medir la respuesta del cerebro. En un adulto normal, el pitido suscita una respuesta eléctrica que se puede medir y localizar claramente en el lóbulo temporal, donde se encuentra la corteza auditiva, pero esta es más pequeña o inexistente en el lóbulo occipital (la corteza visual). Compárelo ahora con lo que vería en un niño de seis meses: la respuesta en la corteza temporal y occipital es prácticamente la misma. ¿Por qué? Porque la redundancia de las conexiones en el cerebro del bebé significa que las áreas auditiva y visual todavía no están muy diferenciadas.[18] Entre los seis meses y los tres años, existe un descenso gradual del tamaño de la respuesta mensurable a un pitido en las áreas visuales. El cerebro comienza muy interconectado, y con el tiempo va podando el solapamiento. Sin embargo, esta interconexión inicial no desaparece del todo. Incluso en el cerebro adulto, las fibras auditivas primarias entran directamente en la corteza visual primaria, y viceversa.[19] Y este entrecruzamiento es lo que permite una rápida redistribución.

Pero desvelar las conexiones silenciosas no es la única manera de provocar el cambio. También hay otros mecanismos, solo que a una escala temporal más lenta, en los que el cerebro utiliza un truco diferente: el crecimiento de axones en nuevas zonas, seguido de una proliferación de conexiones.[20] Para continuar con la analogía de las redes sociales, imagine que empieza a intercambiar un número de mensajes cada vez mayor con aquellos amigos periféricos a los que nunca prestó mucha atención. Con el tiempo, dado el espacio libre inesperado que hay ahora en su calendario social, estos amigos lejanos comienzan a invitarlo a cenar a sus casas, y se abre a nuevas amistades para las que antes no tenía tiempo. Busca establecer nuevas conexiones que surgen de círculos sociales más lejanos. Y lo mismo ocurre con el cerebro: con el tiempo, hay áreas incomunicadas que hacen surgir nuevas conexiones.[21]

Para resumir dónde estamos ahora: un principio general de reorganización es que el cerebro oculta muchas conexiones silenciosas. Estas están normalmente inhibidas y no aportan gran cosa, pero están disponibles si son necesarias en el futuro. El cerebro puede aprovecharlas y responder rápidamente a cambios en el input. Sin embargo, estas conexiones silenciosas son limitadas en número, y en el caso de un cambio más prolongado y más amplio, se utiliza un enfoque distinto: si los cambios a corto plazo resultan útiles para el animal, entonces con el tiempo ocurrirán cambios a largo plazo (como la aparición de nuevas sinapsis y de nuevos axones). Aparte de estos enfoques, hay una cosa más que contribuye a que el sistema se modere a sí mismo: la muerte.

Cuando pensamos en Miguel Ángel cincelando una estatua, es fácil imaginar que construyó su obra maestra de mármol poco a poco: modelando cada uno de los dedos, la nariz, la frente, los pliegues de las túnicas. Pero hay que recordar que comenzó con un bloque de mármol gigantesco. Sus creaciones surgieron eliminando fragmentos de piedra, no añadiendo nada. Sus obras maestras se basaban en descubrir las posibilidades que ofrecía el bloque.

Es el mismo principio que utiliza el cerebro a una escala temporal más larga. Después de todo, las neuronas buscan sin cesar su lugar adecuado. Van extendiendo sus antenas. Si obtienen una buena respuesta, siguen adelante. Si se las recibe con indiferencia, prueban suerte con otras neuronas de las inmediaciones. En cierto momento, si no obtienen ninguna retroalimentación positiva, simplemente interpretan que ese no es su sitio.

Las células pueden morir de dos maneras. Una es que no consigan suficientes nutrientes (pongamos porque se bloquea una arteria y deja el tejido huérfano de sangre): entonces las células mueren por no recibir los cuidados necesarios; en ese caso, se filtran sustancias químicas inflamatorias y causan daños en las inmediaciones. Es lo que se conoce como necrosis. Pero las células también pueden morir por apoptosis, es decir, cuando cometen un claro suicidio. De manera deliberada recogen sus cosas, ultiman sus asuntos y se consumen. La muerte celular apoptótica no es algo malo. De hecho, es el motor que modela un sistema nervioso. En el desarrollo embrionario, la trayectoria que va de una mano palmeada a unos dedos claramente definidos se basa en la eliminación de células, no en la adición. Los mismos principios se aplican al modelado del cerebro. Durante el desarrollo, se producen un cincuenta por ciento más de neuronas de las necesarias. A partir de ahí el procedimiento habitual es una extinción masiva.

## ¿ES EL CÁNCER UN EJEMPLO DE QUE LA PLASTICIDAD NO HA FUNCIONADO?

Creo que es posible que, en nuestra sociedad, el estudio del cáncer acabe solapándose con nuestro estudio de la plasticidad. He aquí una versión simplificada del cáncer: una célula sufre una mutación que provoca que se divida una y otra vez. Con ese proceso de réplica fuera de control, se convierte en un tumor y compromete al resto del sistema.

No obstante, el auténtico cáncer es más complicado. En un tumor, hay miles de millones de células que compiten por sobrevivir, y las células del tumor pueden ser muy distintas entre sí. Al igual que el cerebro, estas células están enzarzadas en la disputa por la supervivencia. La cantidad de nutrientes es limitada, y cada célula lucha por sobrevivir. En los cánceres más habituales encontramos la mutación de una célula que le da una ligera ventaja en esa encrucijada competitiva de luchar o morir.[22] Puede que la ventaja sea ligera, simplemente algo que le permite derrotar a sus vecinas más próximas. Sin embargo, en cuanto esta nueva célula mutante se ha replicado, sus propias células luchan consigo mismas. Por lo que pueden ocurrir posteriores mutaciones que le proporcionen una nueva ventaja, y así crea una nueva progenie de competidoras un poquito mejores. Estas siguen luchando, evolucionan, consiguen ser mejores luchadoras, y con el tiempo matan a la anfitriona porque luchan muy bien.

Volvamos ahora al cerebro y el cuerpo. Somos criaturas livewired. Las neuronas del cerebro –y en general todas las células del cuerpo– están inmersas en una batalla por la supervivencia, y a veces ese combate febril acaba en patología. Algunas mutaciones pueden darle una ligera ventaja a una célula en este entorno, pero a costa de llevar todo el sistema a una espiral de muerte.

Sugiero que los organismos multicelulares encuentran su nicho evolutivo en el filo del caos, mientras intentan alcanzar un equilibrio entre una competencia que les ofrece algo útil y una competencia tan feroz que mata el sistema. En mi opinión, esta es una manera de comprender la enorme incidencia de los cánceres en animales. Casi todos los mamíferos, por ejemplo, tienen un treinta por ciento de posibilidades de contraer el cáncer hacia el final de su vida. Parece sorprendente que al sistema le resulte tan fácil caer en ese estado.

En un sistema tan fuertemente basado en la competencia, una ventaja mínima puede acabar siendo desastrosa. Puede intensificar la competencia hasta el punto de la mutación. Un sistema en el que todas las piezas encajan perfectamente no debería conducir a la aparición de cánceres con múltiples mutaciones; no tendría por qué.

SALVAR LA SELVA CEREBRAL

Hemos visto en este capítulo que las sencillas reglas de la competencia por el territorio permiten que el cerebro codifique mapas que se pueden ampliar y comprimir. Hemos conocido a Alice, que nació sin un hemisferio cerebral, y nos hemos acordado de Matthew, el muchacho al que le extirparon un hemisferio. En ambos casos su cerebro sufrió una reconexión, de manera que ambos campos visuales transportaban información al único hemisferio del cerebro que les quedaba. Todo ello fue posible gracias a la competencia a nivel de sinapsis y neuronas, que permitió la rápida revelación de conexiones ya existentes, así como la aparición de nuevos axones y sinapsis. Durante todo el proceso, el deseo de Alice y Matthew de moverse, caminar, andar y ser como los demás niños de su edad contribuyó a proporcionar las señales de relevancia que permitieron que la reorganización de su cerebro se expresara plenamente.

La complejidad de todo lo que hay en una selva tropical hace que me pregunte por la complejidad de todo lo que se encuentra en la selva cerebral. Solemos creer que nuestros 86 mil millones de neuronas son como árboles y arbustos que se llevan muy bien entre ellos. Pero ¿y si las neuronas realmente forman parte de un bosque, y están en continua competencia para permanecer con vida? Los árboles y los arbustos ensayan interminables estrategias para ser más altos, o más anchos, o superarse unos a otros, porque todos pretenden alcanzar la luz del sol; sin ella, mueren. Es posible que los factores neurotróficos que hemos visto sean como la luz del sol para las neuronas, y que algún día comprendamos las estrategias de una neurona en términos de los trucos competitivos que utilizan unas contra otras.

Como he recalcado antes, todo lo que hemos visto en este capítulo es básicamente distinto de la manera en que construimos nuestras tecnologías actuales. Los ingenieros se jactan de sus intuiciones sobre la eficiencia, las exigencias mínimas y la limpieza. Esa devoción por la pulcritud permite reducir los cables. Pero también da lugar a la incapacidad de estar en equilibrio al borde del caos, de estar preparado para lo inesperado, de efectuar un rápido cambio en el sistema.

Teniendo en cuenta todo esto, ahora estamos preparados para pasar a una cuestión que ha estado asomando en un segundo plano: ¿por qué los cerebros jóvenes son mucho más plásticos que los adultos?

# 9. ¿POR QUÉ ES MÁS DIFÍCIL ENSEÑAR NUEVOS TRUCOS A UN PERRO VIEJO?

NACIDO COMO MUCHOS

En la década de 1970, el psicólogo Hans-Lukas Teuber del MIT sintió curiosidad por saber qué había sido de los soldados que casi treinta años antes habían sufrido heridas en la cabeza en la Segunda Guerra Mundial. Buscó a quinientos veinte hombres qué habían padecido daños cerebrales durante las batallas. Algunos había conseguido recuperarse bien, pero no todos. Mientras estudiaba sus historiales médicos, descubrió la variable que le interesaba: cuanto más joven era el soldado al recibir la herida, mejor se encontraba ahora; y cuanto mayor había sido en ese momento, más permanente devino el daño.[1]

Los cerebros jóvenes son como un globo terráqueo de hace cinco mil años: cada suceso distinto empuja las fronteras en una dirección diferente. Hoy en día, en cambio, después de milenios de historia, los mapas son bastante inmutables. Ahora que los humanos han dispuesto de siglos para hacer chocar las espadas y descargar los rifles, las fronteras territoriales se resisten al cambio. Puede que bandas errantes de saqueadores y conquistadores a caballo se hayan visto sustituidos por las Naciones Unidas y las reglas internacionales de combate. Las economías han crecido a base de información y conocimiento más que gracias al saqueo

238

de tesoros. Además, las armas nucleares han conseguido disuadirnos de comenzar una escaramuza. Así, incluso ante las discusiones sobre las políticas comerciales y los debates sobre inmigración, las fronteras entre los países tienen pocas posibilidades de cambiar. Las naciones se han estabilizado. Las masas terrestres de nuestro planeta comenzaron con enormes posibilidades a la hora de situar las fronteras, pero con el tiempo esas posibilidades se han ido reduciendo.

El cerebro madura igual que el planeta. A lo largo de años de disputas fronterizas, los mapas neuronales se han afianzado cada vez más. Como resultado, una lesión cerebral es terriblemente peligrosa para los ancianos, pero no tanto para los jóvenes. Un cerebro más viejo no puede reasignar fácilmente territorios asentados para nuevas tareas, mientras que un cerebro que está en el inicio de sus guerras todavía es capaz de reimaginar sus mapas.

Volvamos con el bebé Hayato y el bebé William. Cuando nacen, son capaces de comprender todos los sonidos de los lenguajes humanos. Y también pueden hacer muchas más cosas: captan los detalles sutiles de sus culturas, asimilan creencias religiosas y aprenden la reglas de las interacciones sociales. Aprenden cómo reunir ingentes cantidades de información, y, según a qué generación pertenezcan, lo hacen desplegando un pergamino, pasando las páginas de un libro o a través de la pantalla de un pequeño rectángulo.

Pero cuando se hacen mayores, la historia cambia un poco. Hayato pertenece a un partido político concreto, y es improbable que cambie. William toca el piano razonablemente bien, pero no tiene ningún interés en estudiar violín ni ningún otro instrumento. Y a Hayato le gusta cocinar, y todos sus platos explotan las combinaciones de los catorce ingredientes que está acostumbrado a manejar. William pasa su tiempo delante del ordenador con una pequeñísima fracción de los miles de millones de páginas web disponibles. Hayato juega al golf bastante bien, pero los demás deportes no despiertan su curiosidad. William vive en una ciudad de ocho millones de personas, pero solo tiene tres buenos amigos. Hayato no está especialmente interesado en la ciencia que aprendió en la escuela. Cuando va de compras, William siempre va pasando las camisas hasta que encuentra las de su estilo habitual, y escoge dos en sus colores preferidos. Hayato lleva el mismo corte de pelo desde que tenía ocho años.

Estas trayectorias vitales subrayan algo más general: los bebés humanos nacen con pocas habilidades integradas y una gran plasticidad, mientras que los adultos han acabado dominando tareas específicas a expensas de la flexibilidad. Existe una relación de compensación entre la adaptabilidad y la eficiencia: a medida que a su cerebro se le dan bien ciertos trabajos, se vuelve más incapaz de abordar otros.

Recuerde la historia del capítulo 6 acerca del violinista Itzhak Perlman, en la que uno de sus fans le dijo que daría la vida por tocar como él, a lo que Perlman contestó: «Yo ya la di». Perlman estaba señalando un hecho de la vida: para ser buenos en algo hay que cerrar la puerta a otras cosas. Porque solo tenemos una vida, y dedicarla a una cosa nos lleva por unos caminos concretos, mientras que hay otros que nunca pisaremos. Comencé este libro con una cita del filósofo Martin Heidegger: «Todo hombre nace como muchos hombres y muere como uno solo».

Desde el punto de vista de sus redes neuronales, ¿qué significa adentrarse en el mundo de las pautas y los hábitos? Imagine dos poblaciones separadas por unos cuantos kilómetros. La gente interesada en ir de una a otra toma todas las rutas posibles: algunos viajeros recorren la ruta panorámica que va por las montañas, otros prefieren la sombra del acantilado, otros van por las rocas resbaladizas de la orilla del río, y otros prefieren la ruta más rápida y más arriesgada que atraviesa los bosques. Gracias al tiempo y a la experiencia, hay una ruta que se hace más popular. Poco a poco el camino se va desbrozando, y comienza a convertirse en el más habitual. Al cabo de unos años el gobierno local decide construir carreteras. Al cabo de unas décadas, estas se convierten en autopistas. La variedad de opciones se reduce al camino habitual.

De manera parecida, el cerebro comienza con muchas rutas posibles a través de las redes neuronales; con el tiempo, se hace difícil salir de los caminos más transitados. Los caminos que no se utilizan se van cubriendo de maleza. Las neuronas que no triunfan en el mundo acaban cerrando el negocio y se suicidan. A través de décadas de experiencia, el cerebro acaba representando físicamente su entorno, y sus decisiones siguen los caminos pavimentados que quedan. La ventaja es que acaba con unas vías rápidas a la hora de solventar problemas. La desventaja es que cuesta más abordar los problemas con una inventiva no estructurada y sin trabas.

Aparte de la disminución de opciones en las sendas, hay una segunda razón por la que los cerebros más viejos son menos flexibles: cuando cambian, lo hacen solo en lugares pequeños. Por el contrario, el cerebro de un bebé se modifica en vastos territorios. Utiliza sistemas de transmisión como la acetilcolina para enviar comunicados por todo el cerebro, permitiendo que se modifiquen los caminos y las conexiones. Sus cerebros pueden cambiar por todas partes, y poco a poco se van enfocando como el revelado de una Polaroid. Un cerebro adulto cambia poquito cada vez. Mantiene casi todas las conexiones estables, aferrándose a lo que ha aprendido, y solo pequeñas zonas se vuelven flexibles gracias a un candado de combinación de los neurotransmisores adecuados.[2] Un cerebro adulto es como un pintor puntillista que modifica el matiz de unos cuantos puntitos en un cuadro casi terminado.

Entre paréntesis, podría preguntarse qué se *siente* al estar dentro del inmensamente maleable cerebro de un bebé. Todos hemos estado allí de niños, pero pocos lo recordamos. ¿Qué se siente al tener un cerebro plástico, desinhibido y aprender una amplia variedad de sucesos novedosos? Probablemente una manera de empezar a comprenderlo es considerar otras situaciones

241

en las que su conciencia y plasticidad funcionan a toda máquina. Cuando está en una tierra desconocida, es un viajero despierto, se empapa de las vistas del país extranjero, experimenta más novedades, aprende más cosas y distribuye más su atención. Después de todo, en su país presta atención a muy pocas cosas, pues todo es bastante predecible. Cuando viaja, es todo lo contrario del zombi que es en casa: se da cuenta de todo. Desde este punto de vista, cuando nos involucramos mucho en algo y prestamos atención, volvemos a ser como bebés.[3]

Las diferencias entre un bebé y un adulto son fáciles de ver, pero la transición normal de uno a otro no ocurre de una manera suave y gradual. Por el contrario, es como una puerta que se cierra. Y una vez cerrada, se acaba la posibilidad de cambiar.

EL PERIODO SENSIBLE

Recordemos a Matthew, el niño que conocimos al principio de este libro al que le habían extirpado la mitad de su cerebro. Lo cierto es que hay miles de personas que han sufrido una hemisferectomía, aunque este procedimiento radical por lo general solo se recomienda a los pacientes que tienen menos de ocho años. (Matthew tenía seis años cuando pasó por el quirófano, era casi viejo para esa operación.) Si un niño es mayor (adolescente, pongamos) tendrá que ir por la vida adaptando las tareas para que encajen en su cerebro en lugar de contar con que su cerebro se adapte a las tareas.[4]

Cuando esa puerta se cierra pueden observarse cambios más sutiles en el cerebro. Recordemos a Danielle, aquella chica tremendamente desatendida que descubrieron en una casa de Florida. Encerrada en una pequeña habitación durante toda su infancia, privada de conversación y afecto, acabó siendo incapaz de hablar, de ver a larga distancia y de mantener una interacción humana normal. Las posibilidades de recuperación de Danielle son escasas, algo que obedece a una razón principal: la encontraron demasiado tarde. Cuando la policía la descubrió, el mapa de su mundo ya estaba en gran medida estabilizado.

Las historias de Matthew y Danielle nos cuentan lo mismo: los cerebros son más flexibles al principio, en una ventana temporal conocida como el periodo sensible.[5] Cuando ese periodo pasa, la geografía neuronal es mucho más difícil de cambiar.

Como vimos en el caso de Danielle, el cerebro del niño necesita escuchar una gran abundancia de lenguaje durante el periodo sensible. Sin ese input, las neuronas nunca se ordenan para captar los conceptos fundamentales del lenguaje. Podríamos preguntar qué ocurre con un bebé sordo que carece de input auditivo. La respuesta: siempre y cuando presencie el lenguaje de signos en los padres, su cerebro se conectará correctamente para la comunicación. Además, el bebé sordo utilizará las manos para balbucear, formando gestos parecidos a los del lenguaje de signos, del mismo modo que un bebé que oye y está expuesto al lenguaje oral balbuceará con las cuerdas vocales.[6] Es lo que hará un bebé siempre que encuentre algún input que captar dentro del periodo sensible. Cuando la puerta se cierra, ya es demasiado tarde para aprender los fundamentos de la comunicación.

De manera que existe una ventana temporal para adquirir la capacidad de comunicarse, y también para aspectos más sutiles del lenguaje, como los acentos.[7] La actriz Mila Kunis habla inglés americano casi sin acento, por lo que la mayoría de la gente no sabe que nació en Ucrania y vivió allí, sin hablar una palabra de inglés, hasta los siete años. Por el contrario, Arnold Schwarzenegger, que ha estado en contacto con Hollywood y con la industria cinematográfica estadounidense desde los veintipocos, apenas tiene posibilidades de quitarse el acento austríaco. Comenzó a utilizar el inglés demasiado tarde, desde el punto de vista cerebral. Generalmente, si llega a un país desconocido durante sus primeros siete años, será capaz de hablar el nuevo idioma con la misma fluidez que un nativo, porque su ventana de sensibilidad para obtener los sonidos todavía está abierta. Si emigra cuando tiene ocho o diez años, sus dificultades para asimilarlo serán un poco mayores, pero se acercará bastante. Si tiene más de diecisiete años cuando cambia de país, es probable que su fluidez sea baja, y nunca perderá el acento que revela su origen. Su capacidad de metamorfosearse en una cultura distinta es una puerta que permanece abierta durante solo una década.

Antes vimos cómo podíamos aprovechar el principio de competencia para ayudar a un niño que ha nacido estrábico. El sistema visual del niño no se conectará para compartir su territorio de manera uniforme entre los dos ojos; por el contrario, favorecerá a uno y el otro verá poco o se quedará ciego. Esta visión desequilibrada se puede evitar reparando de manera quirúrgica la mala alineación de los ojos y después cubriendo el ojo bueno durante una temporada a fin de que el débil luche para recuperar el territorio perdido. La clave consiste en tapar el ojo durante el periodo sensible –más o menos los seis primeros años–, porque si no es demasiado tarde: la vista nunca se podrá recuperar.[8] Después de los seis años, los caminos de tierra del cerebro se han convertido en autopistas, y ya no se pueden modificar.

Las mismas lecciones se pueden aplicar a la ceguera. Como ya vimos, la cantidad de territorio de la corteza visual que se ha visto invadida es mayor en el caso de los ciegos de nacimiento, menor para aquellos que quedaron ciegos en la primera infancia, y menor aún en el caso de los que se quedan ciegos en una época posterior de la vida. Es más fácil abordar los primeros cambios en los inputs que en los posteriores. Se trata de un proceso que también se puede observar en el desempeño de cada uno. Cuanto más territorio ha perdido la corteza visual, mejor puede recordar una persona listas de palabras, pues la antigua corteza visual ahora se utiliza, en parte, para tareas memorísticas.[9] Como sería de esperar, esta ventaja memorística es mayor en aquellos que han nacido ciegos. Después vienen aquellos que quedaron ciegos en una primera fase de la infancia, y esa mejoría memorística es

244

menor o está ausente entre los que se quedaron ciegos en una época posterior.[10] El momento importa.

Esta información es crucial para los cirujanos cuando sopesan posibles operaciones. La misma operación para corregir el bloqueo de los ojos puede dar lugar a resultados muy distintos según el paciente: un joven puede desarrollar de nuevo la experiencia visual rápidamente, algo no tan habitual en una persona mayor. De hecho, en un paciente mayor, enchufar las señales de los datos visuales en la corteza occipital a veces puede desbaratar un sistema estable para el tacto y el oído.[11]

Volvamos al experimento en el que los nervios visuales de un hurón se reconectaban para enchufarlos a su corteza auditiva. Ese experimento demostró que la corteza funciona de manera bastante especializada, y allí donde se conectan los haces nerviosos, averigua cómo analizar los datos. Sin embargo, observemos que la transformación de la corteza auditiva no fue completa: la conexión acabó ligeramente más desorganizada que en la corteza visual, lo que incrementó la posibilidad de que la corteza auditiva se optimizara para un input ligeramente distinto.[12] Ello podría significar que la capacidad de cambio de la corteza se ve equilibrada al menos por alguna especificación previa genética. Pero de igual modo también puede significar que la corteza auditiva ya estaba creando la estadística de los inputs auditivos. Si las fibras visuales estuvieran conectadas desde el primer momento del desarrollo (pongamos en el seno materno, un experimento en la actualidad imposible), podría ocurrir que la transformación se completara.

La influencia de la sincronización del desarrollo se encuentra en todos los sentidos. ¿Recuerda que las áreas motora y somatosensorial se reajustan cuando falta un dedo o se aprende una nueva tarea? Por lo general, esto ocurre más en cerebros jóvenes que viejos. Al igual que Mila Kunis y su capacidad de hablar sin ningún acento, tenemos a Itzhak Perlman, que aprendió a tocar el violín de muy pequeño. Si aprende a tocar el violín de adolescente, prácticamente no existe ninguna posibilidad de que se convierta en un Itzhak Perlman. Por mucho que se esfuerce en dedicarle las mismas horas de práctica, su cerebro ya va rezagado: está demasiado solidificado cuando llega el momento de su primer pizzicato adolescente.

Adquirir la visión, el lenguaje y el dominio del violín se basa en un input normal del mundo, y si un niño, como le pasó a Danielle, no lo recibe, luego es demasiado tarde. Las capacidades de aprender el lenguaje, poder ver, interactuar socialmente, caminar con normalidad y poseer un neurodesarrollo típico se limitan a los años de la primera infancia. Después de cierto momento, estas capacidades se pierden. El cerebro necesita experimentar el input adecuado dentro de la ventana temporal adecuada para alcanzar su conectividad más útil.

Como resultado de esta flexibilidad menguante, en nuestra infancia nos influyen mucho los acontecimientos. Para ver un ejemplo interesante, considere la correlación entre la estatura de un hombre y el salario que cobra. En Estados Unidos, cada pulgada adicional de estatura se traduce en un aumento del 1,8 % en el salario neto. ¿Por qué ocurre? Se cree que la causa es la discriminación en la contratación: todo el mundo quiere contratar a un tipo alto por su imponente presencia. Sin embargo, existe una razón más profunda. El mejor indicador del futuro salario de un varón es su estatura a los *dieciséis años*. Lo que crezca después de esa edad, no cambia el resultado.[13] ¿Cómo hemos de interpretar este dato? ¿Se trata quizá del efecto de las diferencias nutricionales entre la gente? No: cuando los investigadores lo correlacionaron con la estatura a los siete y once años, el efecto no era tan poderoso. Por el contrario, es en nuestros años adolescentes cuando se forja nuestra condición social. La persona que es depende en gran medida de la persona que fue. No es de extrañar pues, que los estudios que han seguido a miles de niños hasta la edad adulta hayan descubierto que el efecto es más notorio en las carreras de orientación social, como es el caso de los vendedores o la gestión de personal. En otras profesiones, como los trabajadores manuales o los artesanos, el efecto no era tan marcado. No ha de sorprendernos que la manera en que la gente le trató durante sus años de formación influya poderosamente en su comportamiento en el mundo, en términos de autoestima, seguridad en uno mismo y capacidad de liderazgo.

Por ejemplo, la estrella mediática Oprah Winfrey tiene una fortuna de dos mil setecientos millones de dólares, en ese sentido nos puede extrañar oír que se cuenta de ella que siente un miedo muy profundo a terminar sin casa y sin un céntimo. ¿Cómo es posible? Por el camino que la llevó hasta allí. Antes de tener su propia empresa de medios de comunicación, fue una niña pobre en Mississippi, hija de una madre soltera y adolescente.

Tal como observó Aristóteles hace dos mil cuatrocientos años: «Los hábitos que formamos en la infancia no es que sean importantes, es que son fundamentales».


Para comprender la idea del periodo sensible, he introducido la metáfora de una puerta que se cierra. Ahora ya podemos llevar la analogía al siguiente nivel. No es una puerta: son muchas.

LAS PUERTAS SE CIERRAN A DIFERENTES VELOCIDADES

El cerebro es tan impresionable en sus primeros días que a veces se mete en algún lío. Puede que esté familiarizado con la costumbre que tienen algunas crías de ganso de salir del huevo y establecer una relación parental con el primer objeto animado que ven. En la mayoría de los casos es una estrategia suficiente –porque lo habitual es que lo primero que vean sea la madre–, pero pueden encontrarse con circunstancias que les induzcan a engaño. En la década de 1930 el zoólogo Konrad Lorenz no tuvo que esforzarse demasiado para que esos gansos le tomaran por el

Konrad Lorenz y sus impresionables gansos.

padre; lo único que tuvo que hacer fue dejarse ver durante una ventana de plasticidad muy rápida después de que nacieran, y ya le tomaron por un progenitor y le seguían a todas partes.

La puerta para que estos gansos reconozcan a sus padres se cierra pronto. Pero aún pueden aprender otras cosas, desde luego, como dónde está el río, el mejor lugar donde buscar comida y las identidades de otros gansos que conocen cuando son adultos.

Los periodos sensibles son distintos para las diferentes tareas del cerebro. No todos los cerebros son igualmente plásticos, en términos de lo flexibles que empiezan y durante cuánto tiempo conservan su adaptabilidad.

¿Obedece a algún patrón qué áreas se solidifican primero? Consideremos lo que ocurrió cuando los investigadores buscaron cambios en la corteza visual posterior al deterioro de la retina. Las regiones colindantes a la corteza visual, ¿ocuparían el tejido sin utilizar?, y de ser así, ¿con qué velocidad lo harían? Para su sorpresa, encontraron que no había cambios mensurables en la corteza visual. Ni después de un mes, ni de tres, ni de siete meses y medio. La parte de la corteza que estaba inactiva permaneció activa: no la habían ocupado las zonas colindantes.[14] Dada la historia de los estudios de plasticidad, la respuesta fue un poco inesperada. Después de todo, las áreas motoras y somatosensoriales de los adultos poseen mucha flexibilidad, lo que les permite aprender a ir en ala delta o en snowboard incluso de mayores.[15]

Así pues, ¿cuál es la diferencia entre los estudios relacionados con su vista y los relacionados con su cuerpo? ¿Por qué los patrones de la corteza visual primaria quedan fijados tras una ventana de unos pocos años, mientras que las cortezas motora y somatosensorial pueden seguir aprendiendo? ¿Por qué un niño de ocho años que padece estrabismo queda irrecuperablemente ciego en un ojo, mientras que una persona de cincuenta años con parálisis puede aprender a controlar un brazo robótico?

Debido a la variedad de las puertas que se cierran, existen diferentes periodos de plasticidad en las diferentes áreas del cerebro. Algunas redes neuronales son inflexibles, mientras que otras son enormemente adaptables; algunos periodos sensibles son breves, mientras que otros son prolongados.

¿Existe algún principio general detrás de esta diversidad? Una posibilidad es que los distintos periodos sensibles obedezcan a las diferentes estrategias de aprendizaje subyacentes de cada región.[16] Según este punto de vista, algunas regiones están orientadas a aprender durante toda la vida, porque están pensadas para codificar detalles cambiantes del mundo. Pensemos en las palabras del vocabulario, en la capacidad para aprender nuevas direcciones, o en el reconocimiento visual de las caras de la gente: son tareas para las cuales uno quiere conservar la flexibilidad. Por el contrario, otras zonas del cerebro tienen que ver con las relaciones estables —como los elementos básicos de la vista, cómo masticar la comida, o las reglas gramaticales generales— y estas zonas necesitan un cierre más rápido.

Pero ¿cómo puede el cerebro saber de antemano el orden en el que estabilizar las cosas? ¿Es algo genéticamente codificado?

249

Posiblemente algunos aspectos lo sean, pero quiero proponer una nueva hipótesis: el grado de plasticidad de una región cerebral refleja lo mucho que cambian sus datos (o la probabilidad de que cambien) en el mundo exterior. Si los datos que se registran son constantes, el sistema se estabiliza a su alrededor. Si los datos cambian constantemente, el sistema permanece flexible. Como resultado, los datos estables se estabilizan primero.

Tomemos la información que procede de los oídos en comparación con la que procede del cuerpo. Las áreas que codifican los sonidos básicos del mundo —como la corteza auditiva primaria— se vuelven resistentes al cambio. Se estabilizan muy pronto. Es lo que les ocurrió al bebé William y al bebé Hayato cuando fijaron su paisaje de sonidos posibles. Por el contrario, las áreas motora y somatosensorial que participan en el movimiento del cuerpo se vuelven más plásticas, porque los planos corporales cambian durante toda la vida: engordas, adelgazas, te pones botas zapatillas, llevas muletas, te subes a la bicicleta, a una moto o a un trampolín. Por eso William y Hayato, de adultos, pueden quedar para ir de vacaciones y aprender a hacer windsurfing. Mientras que las estadísticas de sonido no varían demasiado, la retroalimentación que el cuerpo recibe del mundo cambia constantemente. Es por eso que la corteza auditiva primaria se contrae, pero no tanto el plano corporal.

Centrémonos en un solo sentido, como la vista. Las neuronas de las zonas visuales de nivel inferior —como la corteza visual primaria— codifican propiedades básicas del mundo: bordes, colores y ángulos. Por el contrario, las áreas superiores de la corteza visual participan en cuestiones más concretas, como el trazado de su calle, el elegante diseño del deportivo de este año o la disposición de las aplicaciones de su teléfono. La información de las áreas de nivel inferior es la que se fija primero, y las capas sucesivas se van conectando sobre estos cimientos. De manera que los ángulos posibles en los que se pueden orientar las líneas es algo que queda fijado, pero todavía puede aprender la cara de la

250

última estrella de cine. En la jerarquía de la flexibilidad, las representaciones básicas se aprenden primero; estas reflejan las estadísticas principales del mundo visual, que es improbable que cambien. Estas representaciones de nivel inferior permanecen estables, y así se pueden aprender los conjuntos de nivel superior (que podrían cambiar más rápidamente).

De manera análoga, si está construyendo una biblioteca, querrá concretar primero lo más básico: decidir la posición de los estantes, el sistema de Clasificación Decimal Dewey para su organización, y el flujo de trabajo para sacar libros. Una vez haya definido todo esto, será sencillo mantener un inventario flexible de libros, expandir la oferta en categorías interesantes, reducir los volúmenes pasados de moda y probar constantemente con nuevos títulos.

Así pues, cuando una persona pregunta si el cerebro es plástico cuando envejecemos, no podemos darle una sola respuesta. Depende de la zona del cerebro de la que estemos hablando. La plasticidad disminuye con la edad, pero a lo largo y ancho del cerebro disminuye de manera distinta, de un modo profundo o superficial, según la función.

La hipótesis de que la plasticidad-refleja-la-variación tiene una analogía en la genética. De diversas maneras que la ciencia todavía se esfuerza por comprender, parece que el genoma se bloquea en algunas partes de sus secuencias nucleotídicas más que en otras, protegiéndolas contra la mutación. Por el contrario, otras regiones de los cromosomas son más variables. La variabilidad de una secuencia genética es un reflejo aproximado de la variabilidad de los rasgos del mundo.[17] Por ejemplo, los genes del pigmento de la piel son variables, pues los humanos que se encuentran a distintas latitudes necesitan cambiar la pigmentación para asimilar suficiente vitamina D; por el contrario, los genes que codifican las proteínas que descomponen el azúcar son estables, pues se trata de una fuente de energía básica e inmutable. Por analogía, la futura investigación puede que sea capaz de cuantificar la «variabilidad» de las funciones mentales, sociales y conductuales de la vida humana, y poner a prueba la hipótesis de que los circuitos más flexibles del cerebro reflejan las partes más variables de nuestro entorno.

## CAMBIANDO AÚN DESPUÉS DE TODOS ESTOS AÑOS

Los adultos envidian a los niños porque cuentan con la capacidad de asimilar idiomas a una velocidad extraordinaria, de ver un problema desde una perspectiva mágica y extravagante y de celebrar la novedad de cada experiencia, ya sea mirar por la ventanilla de un avión o acariciar un conejo por primera vez. Los cerebros más viejos tienen más puertas cerradas, y por ese motivo los veteranos de la Segunda Guerra Mundial de la investigación de Teuber daban peores resultados cuanto más viejos eran, y por eso Arnold conserva su fuerte acento. De manera parecida, cuanto más antigua es una ciudad, más se resiste al cambio su infraestructura. Roma, por ejemplo, no pudo desenmarañar sus sinuosas calles y parecerse a la cuadrícula de Manhattan; su prolongada historia ha ido fijando sus serpenteantes rutas. Al igual que los humanos en crecimiento, las ciudades profundizan los primeros caminos que abrieron.

En 1984, a la edad de treinta y cinco años, el físico Alan Lightman publicó un breve ensayo en el *New York Times* titulado «Expectativas perdidas», en el que se lamentaba de percibir que su mente era cada vez más rígida:

> Los años de mayor agilidad mental para los científicos, igual que para los atletas, son los que pertenecen a su juventud. Isaac Newton tenía veintipocos años cuando descubrió la ley de la gravedad, Albert Einstein tenía veintiséis cuando formuló la relatividad especial, y James Clerk Maxwell había finalizado su teoría electromagnética y se había retirado al campo cuando

tenía treinta y cinco. Cuando hace unos meses cumplí los treinta y cinco llevé a cabo el desagradable pero irresistible ejercicio de hacer recuento de mi carrera en el campo de la física. A esa edad, o con pocos años más, los logros más creativos han terminado o son visibles. O tienes lo que hay que tener y lo has utilizado o no lo tienes.

De esos mismos sentimientos se hacía eco el físico James Gates en una entrevista en televisión:

Se suele decir que los físicos viejos aceptan las ideas nuevas cuando mueren. Es la generación siguiente la que hace fructificar plenamente las ideas nuevas. Cuando te conviertes en un físico viejo como yo, sabes mucho, y eso es como el lastre de una embarcación; te arrastra hacia abajo. Llevas el peso de todo lo que sabes. Y hay veces en que una idea, como una pequeña hada o un duende, pasa a tu lado y dices: «Bah, no sé lo que es, pero no puede ser importante». Bueno, pues a veces lo es.

Dichos cantos elegíacos son típicos de la vejez. Por suerte, aunque la plasticidad cerebral disminuye con los años, sigue estando presente. El livewiring no es solo el privilegio de los jóvenes. La reconfiguración neuronal es un proceso constante que perdura a lo largo de nuestra vida: formamos nuevas ideas, acumulamos información reciente y recordamos a la gente y los acontecimientos. A pesar de haber disminuido su flexibilidad, Roma evoluciona. La ciudad no es la misma ahora que hace veinte años. Hoy en día sus estatuas están rodeadas de repetidores de móvil y cibercafés. Aunque los rudimentos son difíciles de cambiar, los detalles de la ciudad progresan acorde con las nuevas circunstancias, igual que la biblioteca cambia su fondo mientras su arquitectura sigue siendo la misma.

Lo hemos visto en muchos estudios a lo largo de este libro; con los juegos malabares, los instrumentos musicales, la conducción automovilística... en todos ellos interviene la plasticidad adulta. Y un ejemplo fascinante surgió hace poco en el Estudio sobre las Monjas, una investigación que duró décadas sobre cientos de monjas católicas que vivían en conventos.[18] Todas las hermanas aceptaron que se pusiera a prueba su función cognitiva de manera regular, compartieron sus historiales médicos y donaron su cerebro después de morir. Lo más asombroso fue que algunas hermanas no mostraron ningún declive cognitivo –eran vivas como el rayo– y cuando se les practicó la autopsia cerebral se descubrió que el alzhéimer había causado estragos. En otras palabras, sus redes neuronales degeneraron físicamente, pero no sus facultades. ¿Cómo se podía explicar? La clave es que las monjas, en su convento, utilizaron en todo momento su inteligencia hasta sus últimos días. Tenían responsabilidades, tareas, vida social, discusiones, juegos nocturnos, debates en grupo, etc. Contrariamente a un octogenario típico, no llevaban una vida retirada que las hundía en un sofá delante de la televisión. Debido a su activa vida mental, su cerebro se veía obligado a construir continuamente nuevos puentes, aun cuando algunos de sus caminos neuronales se estuvieran derrumbando físicamente. De hecho, una de cada tres monjas parecía haber sufrido la patología molecular del alzhéimer sin los síntomas cognitivos esperados, una cifra asombrosa. Una vida mental activa, aunque sea a una avanzada edad, fomenta nuevas conexiones.[19]

El aprendizaje, por tanto, puede darse a cualquier edad. Pero ¿por qué es más lento a medida que el cerebro madura? Una de las razones es que muchas puertas se han cerrado. Pero hay otra manera de verlo. Recordemos que los cambios cerebrales vienen provocados por la *diferencia* entre el modelo interno y lo que ocurre en el mundo. De este modo, el cerebro solo cambia cuando se encuentra con algo imprevisto. A medida que uno envejece y aprende las reglas del mundo –desde las expectativas de su vida doméstica hasta el comportamiento en sus círculos sociales, pasando por la comida que prefiere–, su cerebro se ve menos exigido por los nuevos estímulos, y, por tanto, está más asentado. Por ejemplo, cuando es un niño, su modelo interno consiste en que todos crean todo lo que usted cree. A medida que la experiencia del mundo le enseña la diferencia entre su predicción y su experiencia, sus redes se adaptan para abordar esa brecha creciente.

O considere lo que ocurre cuando empieza a trabajar en un sitio nuevo. Al principio todo es nuevo: sus compañeros, sus responsabilidades, su manera de enfocarlo. Durante los primeros días y semanas, a medida que incorpora su nuevo empleo a su modelo interno, posee una gran plasticidad cerebral.

Vemos este mismo patrón en la manera en cómo se asientan las naciones. Consideremos las enmiendas a la Constitución de cualquier país: casi todos los cambios ocurren al principio, mientras la nación aprende las estrategias para gobernarse; después, la Constitución se va asentando y hay menos enmiendas. En la Constitución de Estados Unidos, por ejemplo, doce de sus enmiendas se aprobaron en los primeros trece años; posteriormente, hubo un máximo de cuatro cambios cada veinte años, y en casi todos los demás periodos no hubo ninguno. El último, la ratificación de la Vigésimo Séptima Enmienda, ocurrió en 1992. Desde entonces la Constitución ha permanecido inmutable, como un cerebro más viejo. Así, las naciones disminuyen lentamente su adaptación al mundo: se modifican profusamente al principio, y con el tiempo adoptan un modelo que funciona y ofrece lo que el país necesita para ser operativo.

La consolidación del cerebro refleja su éxito a la hora de comprender el mundo que lo rodea. Las redes neuronales quedan fijadas de manera más profunda no necesariamente porque mengüen sus funciones, sino porque han sabido comprender las cosas. Así pues, ¿de verdad querría volver a tener la plasticidad del niño? Aunque tener un cerebro como una esponja que absorbe todo cuanto le rodea le parezca atractivo, el juego de la vida consiste en gran medida en aprender las reglas. Lo que perdemos en maleabilidad lo ganamos en experiencia. Puede que nuestras redes de asociación, que tanto nos ha costado crear, no sean del todo correctas ni tampoco internamente coherentes, pero equivalen a la experiencia de la vida, a los conocimientos necesarios y a un criterio para movernos por el mundo. Un niño no cuenta con la capacidad para dirigir una empresa, concebir ideas profundas o guiar una nación. Si la plasticidad no declinara, no podría descifrar las convenciones del mundo. No tendría memoria ni un buen reconocimiento de patrones, no tendría la capacidad para moverse en la vida social. No podría leer un libro, mantener una conversación profunda, montar en bici o conseguir comida sin ayuda. Volvería a estar desamparado como cuando era un niño pequeño.

Imagine que se puede tragar una cápsula que renueva la plasticidad de su cerebro: eso le daría la capacidad de reprogramar sus redes neuronales para aprender idiomas rápidamente y adoptar nuevos acentos y tener una nueva perspectiva de la física. El coste: olvidaría todo lo anterior. Los recuerdos de la infancia quedarían borrados y los nuevos se escribirían encima. Su primer amor, su primer viaje a Disneylandia, su interacción con sus padres: todo ello se desvanecería como un sueño al despertar. ¿Le valdría la pena?

Al imaginar guerras futuras, uno de los escenarios más espeluznantes es el de que exista un arma biológica que vuelva a activar la plasticidad: nadie queda físicamente herido, pero las tropas regresan a cuando eran bebés. Olvidan su capacidad de caminar y hablar. Todos los recuerdos quedan borrados. Cuando sus comandantes los mandan de vuelta a casa, no se acuerdan de su familia, sus amigos, su esposa o hijos. Técnicamente se encuentran bien: pueden aprender otra vez, no tienen nada dañado. Solo que su vida mental –la parte que no podemos ver fácilmente– se ha reiniciado y ha vuelto a su estado original.

La escena es tan espantosa porque, básicamente, su *identidad* consiste en la suma total de su memoria. Pasemos a ello ahora.

# 10. ¿RECUERDA CUÁNDO...?

> El último día, la agonía no cesaba. Una y otra vez,
> la empujaba casi hasta sacarla de la cama, y tenían que
> forcejear con ella para que volviera a tumbarse. Él no
> pudo soportarlo, salió de la habitación y se echó a
> llorar como si no tuviera lágrimas suficientes. Jeannie
> se acercó a consolarlo.
> –Abuelo, abuelo, no llores –dijo con su suave
> voz–. Ella no está ahí, me lo prometió. El último día
> me dijo que regresaría en cuanto oyera la música, de
> vuelta con esa niña de la carretera del pueblo donde
> nació. Me lo prometió. Es una boda y todo el mundo
> baila, mientras las alegres flautas vibran, tiemblan en
> el aire. Déjala ahí, abuelo, ahí está bien. Me lo prome-
> tió. Vuelve, vuelve y ayuda a su pobre cuerpo a morir.
>
> TILLIE OLSEN, *Dime una adivinanza*

El retrato que dibuja Tillie Olsen de una abuela que agoniza
nos habla de una mujer cuyos recuerdos recientes han desaparecido, mientras que los recuerdos más antiguos, los de la infancia,
perduran en todo su detalle. Si ha conocido a alguien que padece senilidad o alzhéimer, habrá observado este patrón.

De hecho, es uno de los patrones más antiguos advertidos en
la neurología. En 1882, esta observación fue canonizada por el
psicólogo francés Théodule-Armand Ribot, al que sorprendió
observar que los recuerdos más antiguos eran más estables que
los recientes.[1] Hoy en día es algo que se conoce como la Ley de
Ribot, y explica por qué algunas personas, cuando se acercan el
final de su vida, regresan al lenguaje de su infancia. En 1955,

cuando Albert Einstein murió en un hospital de Princeton, Nueva Jersey, expresó sus últimos pensamientos. Todo el mundo quería saber cuáles habían sido las últimas palabras del gran físico, pero nunca las conoceremos, y no porque no hubiera una enfermera presente para escucharlas, sino porque las pronunció en alemán, su lengua materna. La enfermera de noche solo hablaba inglés, por lo que sus últimas palabras se perdieron.

No es de extrañar que Ribot quedara sorprendido por lo singular de esta pauta de la memoria: otros sistemas de almacenaje no funcionan así. La memoria institucional olvida antiguas épocas de liderazgo, las instituciones educativas se centran en tendencias actuales, los ayuntamientos se jactan de sus recientes logros más que de los éxitos del siglo pasado.

Así pues, ¿por qué el cerebro va hacia atrás? ¿Por qué los antiguos recuerdos arraigan con más fuerza? Es una pista clave para comprender los principios que actúan bajo el capó. Así que ahora pasaremos a uno de los aspectos más importantes del livewiring: el fenómeno de la memoria.

HABLARLE A SU FUTURO YO

> Antes de la despedida,
> ¡tus tabletas, Memoria, por tu vida!
>
> MATTHEW ARNOLD

En la película *Memento*, Leonard Shelby es incapaz de convertir la memoria a corto plazo en memoria a largo plazo, una enfermedad conocida como amnesia anterógrada. Es capaz de recordar lo que ocurre en una ventana de cinco minutos, pero todo lo anterior se desvanece. Para remediarlo, se tatúa información crucial directamente sobre la piel para no olvidarse de su misión. Es su manera de hablar consigo mismo a través del tiempo.

Todos somos como Leonard Shelby, pero grabamos la información crucial de *dónde-he-estado* en nuestros circuitos neuronales en lugar de sobre la piel. Así es como nuestros yos futuros saben lo que nos ha ocurrido, y por tanto qué hacer en cada momento.

Hace casi dos mil cuatrocientos años, Aristóteles fue el primero que intentó describir este proceso en su manuscrito *De Memoria et Reminiscentia* (*De la memoria y el recuerdo*). Utilizó la analogía de dejar una marca sobre un sello de cera. Por desgracia para Aristóteles, no tenía datos en los que basarse, por lo que la magia neuronal mediante la cual un suceso del mundo se convierte en un recuerdo en la mente quedaría envuelta en el misterio durante milenios.

La neurociencia ha comenzado a desentrañar el misterio. Sabemos que cuando aprendemos un dato nuevo –como por ejemplo el nombre de nuestro nuevo vecino–, ocurren cambios físicos en la estructura del cerebro. Durante décadas, los neurocientíficos se han pasado incontables horas sentados en sus laboratorios para comprender cuáles son esos cambios, cómo se orquestan a través de los vastos mares de las neuronas, cómo encarnan el conocimiento y cómo se pueden leer décadas más tarde. El resultado es que, a pesar de que faltan algunas piezas, se está formando una imagen.

Las formas simples de la memoria se han estudiado intensivamente a nivel celular y de redes en modestos organismos tales como la babosa de mar. ¿Por qué la babosa de mar? Sus neuronas son grandes, y es bastante más fácil de estudiar que un humano. He aquí cómo funciona el experimento: los científicos hurgan suavemente en la babosa de mar con un palo. El animal retrae la agalla y el sifón. Pero si se lo hacen repetidamente cada noventa segundos, al cabo de un tiempo la babosa deja de retraerse. «Recuerda» que el estímulo no tiene nada de dañino. En el siguiente paso, los científicos hacen coincidir ese suave toque con una descarga eléctrica en la cola, y entonces el reflejo de retraerse por el simple roce del palo se vuelve más grande: la babosa «recuerda» que el palo va parejo con algo peligroso.[2]

Estos experimentos nos han hecho aprender mucho acerca de los cambios que ocurren a nivel molecular; sin embargo, los animales que han llegado más tarde a la fiesta evolutiva (como por ejemplo los mamíferos) poseen una capacidad de memoria mucho más poderosa y de mayor alcance que la que se puede observar en los invertebrados. Los humanos podemos recordar detalles de nuestra autobiografía. Podemos recordar lo que hemos soñado e imaginado. Podemos recordar los detalles espaciales de vastas regiones geográficas. Podemos adquirir complejas habilidades que nos permiten hacer frente a las condiciones comerciales, sociales y climáticas. Y de manera conveniente, contamos con la capacidad de olvidar las minucias irrelevantes, como la ubicación de la plaza del parking del aeropuerto de hace nueve meses, o las palabras exactas de una conversación.

La primera investigación sistemática de la base física de la memoria en los mamíferos la emprendió el neurobiólogo de Harvard Karl Lashley en la década de 1920. Su razonamiento fue que si pudiésemos enseñarle a una rata algo nuevo (como por ejemplo a encontrar el camino en un laberinto), entonces podríamos ser capaces de borrar ese nuevo recuerdo extirpando el trocito adecuado del cerebro de la rata. Todo lo que tenía que hacer era encontrar ese lugar mágico, extraerlo y demostrar que la rata ya no podía encontrar el camino.

De manera que entrenó a veinte ratas para correr por el laberinto. A continuación utilizó el escalpelo para cortar un área diferente de la corteza de cada animal, y les concedió a las ratas tiempo para recuperarse. Después volvió a poner a prueba cada rata para ver qué zonas dañadas habían borrado el recuerdo de la ruta en el laberinto.

El experimento fue un fracaso: todas la ratas consiguieron encontrar perfectamente el camino. Ninguna lo olvidó.

Pero el fracaso del experimento fue su perdurable éxito. Lashley comprendió que el recuerdo que tenía una rata del camino del laberinto no se podía localizar en un solo punto. La memoria no se reduce a un área en concreto, sino que se distribuye ampliamente. El experimento reveló que en el cerebro no hay ningún órgano concreto dedicado a la memoria: el almacenaje de la memoria no es como un archivador, sino que su distribución se parece más a la computación en la nube, en la manera que su bandeja de entrada del e-mail se desperdiga en servidores por todo el planeta, a menudo con una alta redundancia.

Pero ¿cómo queda escrita la memoria –un nombre, un fin de semana esquiando, una pieza musical– en una serie de miles de millones de células ampliamente distribuidas? ¿Cuál es el lenguaje de programación que traduce el ámbito de la experiencia al ámbito de lo físico?

Durante el siglo XIX, antes del microscopio de alta resolución, se suponía que el sistema nervioso, con sus miles de autopistas fibrosas recorriendo el cuerpo, era una red continua, a la manera de los vasos sanguíneos. Nadie contradijo este punto de vista hasta hace un siglo, cuando el neurocientífico español Ramón y Cajal comprendió que, por el contrario, el cerebro es una colección de millones de células discretas. En lugar de una autopista, el sistema nervioso era más como un mosaico de proyectos de carreteras locales que se comunicaban entre sí. A este supuesto lo denominó la «doctrina de la neurona», una idea que le granjeó uno de los primeros premios Nobel. La doctrina de la neurona planteaba una nueva cuestión importante: si las células del cerebro están separadas, ¿cómo se comunican entre ellas? Y acto seguido determinó la respuesta: se conectan en puntos especializados que ahora llamamos sinapsis. Ramón y Cajal sugirió que el aprendizaje y la memoria podían ocurrir gracias a cambios en las fuerzas de las conexiones sinápticas.

En 1949, el neurocientífico Donald Hebb le había estado dando vueltas a la idea y consiguió perfeccionarla: si una célula *A* participa sistemáticamente en activar una célula *B*, la conexión entre ambas queda reforzada («potenciada»).[3] En otras palabras: las células que se activan juntas, quedan conectadas.

En la época en que Hebb planteó esta hipótesis, no existía ninguna evidencia experimental que la sustentara. Después, en 1973, dos investigadores descubrieron algo que sugería que Hebb podía haber dado en el clavo. Tras estimular neuronas aferentes en una zona llamada hipocampo, descubrieron un aumento de la respuesta eléctrica en la célula receptora (postsináptica). Y que esa señal más grande duraba hasta diez horas. Lo denominaron «potenciación a largo plazo», y fue la primera demostración de que la fuerza de las conexiones se podía modificar como resultado de su historia reciente.[4]

Todo el mundo intuyó rápidamente que todo lo que sube necesita disponer de la capacidad de volver a bajar: si una conexión puede potenciar, también necesita la capacidad de deprimir. De lo contrario la red quedaría saturada y sería incapaz de almacenar nada nuevo. En la década de 1990 se descubrió que diversas manipulaciones (por ejemplo, *A* se activa sin respuesta de *B*) pueden conducir a la depresión a largo plazo; es decir, que la fuerza entre las dos células se debilita.

Los científicos concluyeron que habían encontrado la base física de la memoria.[5] Después de todo, un cambio sutil en la fuerza de las conexiones puede cambiar de manera radical el comportamiento de salida de una red. La actividad fluye a través del sistema basándose en lo ocurrido anteriormente. Al afinar sus parámetros, una red puede establecer vínculos entre cosas que han ocurrido al mismo tiempo. La idea es que todos los recuerdos de su vida podrían basarse en un mecanismo tan simple como este.

Piense en su mejor amigo, o en la casa de su mejor amigo. Verlo a él pone en funcionamiento una constelación particular de neuronas, y la casa activa otras. Como los dos grupos de neuronas se activan al mismo tiempo cuando va a verlo, los dos conceptos quedan asociados, y de ahí lo que se llama aprendizaje asociativo. Y mejor todavía, las redes asociativas son resistentes al input ruidoso, de manera que un simple dibujo de la casa de su amigo puede provocar que piense en él, además de otras asociaciones: recuerdos de sus conversaciones, comidas y risas compartidas.

A principios de la década de 1980, el físico John Hopfield intentó comprender si una red neuronal artificial muy simplificada podría almacenar una pequeña colección de «recuerdos».[6] Descubrió que si exponía una red a ciertos patrones (pongamos a las letras del alfabeto) y reforzaba las sinapsis entre las neuronas que se activaban de manera simultánea, entonces la red recordaría los patrones. Es decir, cada letra (pongamos la *E*) activaba una constelación concreta de neuronas, y estas reforzaban sus conexiones entre sí. La letra *S*, por el contrario, quedaría representada por un patrón distinto. Ahora Hopfield podía presentar una versión corrupta de uno de los patrones (pongamos una *E* con la parte superior recortada), y la cascada de actividad que recorría la red evolucionaría hacia el patrón de la *E* completa. En otras palabras, la red completaba el patrón según la idea que tenía de cómo debía ser una *E*, teniendo en cuenta las experiencias anteriores. Además, estas redes eran sorprendentemente resistentes a la degradación: si eliminabas unos cuantos nódulos, los recuerdos distribuidos de la red seguían siendo recuperables. Fue una poderosa demostración de cómo funciona la memoria en una red neuronal artificial simple, y abrió la puerta a un aluvión de estudios sobre las «redes de Hopfield».[7]

En décadas recientes, y sobre todo en años recientes, el campo de las redes neuronales artificiales ha despegado. Este desarrollo no se ha debido a los nuevos avances teóricos, sino al inmenso poder computacional, que permite la simulación de gigantescas redes artificiales por donde pasan millones o miles de millones de unidades.[8] Dichas redes han llevado a cabo proezas extraordinarias, como derrotar a los mejores jugadores del mundo de ajedrez o de go.

Sin embargo, las redes neuronales artificiales todavía están lejos de operar como el cerebro. Aunque son tremendamente impresionantes, fracasan estrepitosamente cuando se les pide que cambien de tarea: por ejemplo, que pasen de distinguir entre perros y gatos a distinguir entre aves y peces. La redes neuronales artificiales están inspiradas en el cerebro, pero han ido en su propia dirección simplificada. Para comprender la magia del cerebro (es decir, lo que puede hacer y que las redes neuronales artificiales todavía no pueden), tenemos que observar con lucidez los desafíos y trucos de la memoria real biológica.

## EL ENEMIGO DE LA MEMORIA NO ES EL TIEMPO, SINO LOS DEMÁS RECUERDOS

El primer problema al que se enfrenta el cerebro es que su vida es larga. Los animales se encuentran con entornos cambiantes que les suponen un desafío, con lo que tienen que asimilar información nueva a lo largo de años o décadas. Pero cuando se aprende durante toda la vida ha de existir un equilibrio continuo entre los dos extremos: proteger los datos antiguos al tiempo que se registran los nuevos. En las redes neuronales artificiales, el aprendizaje se hace mediante una «fase de entrenamiento» (habitualmente con miles de millones de ejemplos), que posteriormente se pone a prueba en una «fase de recuerdo». Los animales no se pueden permitir ese lujo. Tienen que aprender y recordar sobre la marcha a lo largo de su vida.

Por desgracia, los modelos de memoria basados en los principios básicos del cambio sináptico enseguida chocan con un problema: mientras que el aprendizaje hebbiano va muy bien para codificar la memoria, *sigue* yendo muy bien para codificar la memoria... y rápidamente acaba escribiendo encima de las cosas aprendidas anteriormente.[9] Las redes artificiales con la memoria llena se degradan hasta convertirse en un cieno memorístico. Los primeros recuerdos quedan desdibujados depués de cualquier nueva actividad del sistema, de manera que, al poco tiempo, cuando acaba el primer acto de una obra de teatro sería incapaz de recordar cómo ha empezado. Este problema se conoce como el dilema de la estabilidad/plasticidad: ¿cómo retiene el cerebro lo que ha aprendido antes y al mismo tiempo consigue asimilar lo nuevo? De alguna manera, los recuerdos necesitan protección. No contra los estragos del tiempo, sino contra la invasión de otros recuerdos.

Mientras que las redes neuronales artificiales padecen el problema del cieno memorístico, eso no ocurre con los cerebros. En su recuerdo, la lectura de un nuevo libro no se escribe sobre el nombre de su esposa, ni aprender una nueva palabra del vocabulario empeora ligeramente el resto de su vocabulario.

El hecho de que el cerebro sortee este dilema –bloqueando de alguna manera recuerdos más antiguos– nos indica que no todo consiste en reforzar y debilitar sinapsis en una red. Está ocurriendo algo más.

La primera solución al dilema de la estabilidad/plasticidad implica encender y apagar la flexibilidad según la relevancia de la información. Como hemos visto antes, los neuromoduladores pueden controlar con diligencia la plasticidad de las sinapsis. Así, el aprendizaje tiene lugar solo en los lugares y en los momentos apropiados, sin que la actividad tenga que pasar cada vez a través de la red.[10] Esta especificidad consigue que la red tarde en descender al cieno memorístico, porque solo cambia las fuerzas sinápticas cuando ocurre algo importante: si oye el nombre de un nuevo colega, alguna noticia de sus padres, o sale una nueva temporada de su serie de televisión preferida. Pero la red no tiene que cambiar para el nombre del camarero de ese restaurante que una vez probó, o el color de la camisa de un transeúnte o el dibujo de las grietas en la acera. Estas características de cambio-solo-cuando-es-relevante nos recuerdan que el cerebro no es simplemente una pizarra en blanco en la que el mundo garabatea todas sus historias. Al contrario, el cerebro llega equipado para ciertos tipos de aprendizaje en situaciones concretas. Las experiencias se convierten en recuerdos cuando son relevantes para la vida del organismo, y sobre todo cuando están conectadas con estados muy emocionales como el miedo o el placer. Esto reduce las posibilidades de que la red se sobrecargue, porque no todo queda escrito.

Solo que esto no *resuelve* el problema de la estabilidad/plasticidad, porque hay multitud de recuerdos importantes que hay que procurar almacenar.

Así que el cerebro hace algo más. Como segunda solución, no siempre guarda los recuerdos en un lugar, sino que envía lo que ha aprendido a otra zona para un almacenaje más permanente.

## HAY PARTES DEL CEREBRO QUE ENSEÑAN A OTRAS PARTES

Pensemos en un almacén. Si constantemente recibe nuevos envíos de cajas, con el tiempo acaba lleno. Pero si va enviando cajas a otro sitio a medida que van llegando las nuevas, puede mantener un espacio libre. De este modo, los recuerdos a menudo no se quedan donde se formaron, sino que se trasladan a otro lugar.

Parte de lo que sabemos acerca de la memoria procede de los datos del hipocampo y las regiones que lo rodean, un lugar básico en la formación de la memoria. En 1953, un paciente de veintisiete años llamado Henry Molaison fue sometido a una operación para aliviarle la epilepsia: la operación consistía en eliminar el hipocampo de ambos hemisferios del cerebro. Después de la operación, se descubrió que Molaison padecía una amnesia profunda: había perdido la capacidad de formar nuevos recuerdos o aprender nuevos hechos. De manera sorprendente, seguía pudiendo adquirir una capacidad limitada de nuevas habilidades, como leer en un espejo, aunque no recordaba haberla adquirido nunca. Tal como revelaron los estudios de Brenda Milner y sus colegas, el recuerdo que poseía Molaison de lo que le había ocurrido antes de la operación era prácticamente normal. Su caso centró la atención en el hipocampo, y de manera específica en por qué era tan esencial para *aprender* datos, pero no crucial para *recordar* datos que ya había aprendido.[11]

¿La respuesta? El papel del hipocampo en el aprendizaje es temporal. En él no hay ningún almacenaje permanente: Molaison podía recordar detallados sucesos autobiográficos anteriores a la operación.[12] La formación de nuevos recuerdos precisa del hipocampo, pero los recuerdos no se almacenan allí para siempre. Por el contrario, transmiten aprendizaje a parte de la corteza, que conserva el recuerdo de manera más permanente.

Así pues, ¿cómo salen los recuerdos de la estación de paso del hipocampo hacia su residencia más duradera en la corteza? Una propuesta es que el almacenaje estable no se puede alcanzar la primera vez que un patrón de actividad recorre la corteza; por el contrario, una zona como el hipocampo debe *reactivar* el recorrido varias veces para fijar el recuerdo en la corteza. Esta hipótesis sugiere por qué el hipocampo es necesario para consolidar la memoria: tiene que reproducir los patrones a la corteza una y otra vez.[13] En cuanto los recuerdos están en la corteza, ganan estabilidad con el tiempo. En el caso de Molaison: al no haber repetición, no hay almacenaje a largo plazo. El sistema se queda como estaba.

Vemos este movimiento de la memoria en muchas partes del cerebro. Imagine que aprende una nueva asociación: un cuadrado rojo significa que tiene que levantar el brazo, mientras que un círculo azul significa que debe dar una palmada. Practica y lo hace cada vez más deprisa. Durante el aprendizaje de esta habilidad los cambios se detectan rápidamente en el núcleo caudado (una parte de los ganglios basales), que detecta asociaciones recompensadas. Sin embargo, si sigue llevando a cabo la tarea, la actividad con el tiempo se puede detectar en su corteza prefrontal (justo detrás de la frente). Esas neuronas cambian a un ritmo más lento, lo que ha llevado a postular la hipótesis de que el núcleo caudado le enseña a la corteza prefrontal lo que ha aprendido.[14]

Pongamos otro ejemplo: cuando aprende a patinar sobre ruedas tiene que prestar atención y llevar a cabo un esfuerzo cognitivo. Pero después de muchos días de práctica ya no tiene que pensar en ello: es algo automático. Ello se debe a que las partes del cerebro que participan en el aprendizaje motor (los ganglios basales) transmiten ese aprendizaje a partes como el cerebelo.

La idea de enviar los paquetes es útil en el dilema de la estabilidad/plasticidad, pero sigue habiendo un problema de espacio limitado. Si envía las cajas por todo el mundo, no hay problema. Pero si traslada los paquetes a un almacén diferente, simplemente está cambiando el problema de sitio: el segundo almacén pronto acabará lleno.

Y eso nos lleva al comienzo de una solución más profunda.


MÁS ALLÁ DE LAS SINAPSIS

Las demostraciones del cambio sináptico han inspirado a miles de investigadores a representar el detallado paisaje del fenómeno y desvelar la maquinaria molecular que lo hace posible. No obstante, no está claro que la potenciación y la depresión a largo plazo sean el único mecanismo que interviene en la memoria, ni siquiera el más importante.[15] Después de décadas de estudio de los cambios sinápticos, sabemos que la plasticidad sináptica es necesaria para el aprendizaje y la memoria, pero no estamos seguros de que sea suficiente. Quizá los cambios en la fuerza sináptica no sean más que la manera en que las células entrelazadas equilibran cuidadosamente la excitación y la inhibición para protegerse de la epilepsia (la sobreexcitación) o el cierre (la sobreinhibición), y así los cambios sinápticos son *consecuencia* del almacenamiento de la memoria y no del mecanismo raíz.

Aunque los cambios a nivel sináptico son los que han recibido más atención, tanto desde un punto de vista teórico como experimental, hay otras muchas maneras posibles de almacenar los cambios dependientes de la actividad. Al concentrarse de manera tan intensa en los cambios sinápticos, es posible que el campo de estudio esté pasando por alto parte de la piedra de Rosetta de la memoria. Después de todo, miremos donde miremos en el sistema nervioso, encontramos parámetros ajustables: cambiamos algo aquí, y el cerebro se comporta de manera diferente allá. La naturaleza dispone de miles de trucos para amontonar pequeñas alteraciones.

Imagine que fuera un alienígena que descubre a los seres humanos. Se quedaría estupefacto ante el número de piezas y partes móviles que componen el fluido sistema que llamamos cerebro. A medida que observara a los humanos en su interacción diaria, sus ojos de alta resolución verían cambios en las formas de las neuronas, tales como el crecimiento o encogimiento de las dendritas basándose en la experiencia. Si observara el sistema todavía más de cerca, vería cambios en la cantidad de mensajeros químicos que libera una célula para comunicarse con otra. Detectaría cambios en el número de receptores que la otra célula expresa para recibir ese mensaje químico. Distinguiría cambios en las decoraciones químicas que cuelgan los receptores y vería cambios de rol. Se quedaría sobrecogido por las sofisticadas cascadas de moléculas e iones que hay dentro de las neuronas, y por cómo llevan a cabo computaciones y se adaptan a cada nuevo input. En los núcleos de las neuronas, a nivel del genoma, vería complejas estructuras químicas que se adosan a serpenteantes espirales de ADN, lo que provoca que algunos genes se expresen más y que otros queden más apagados.

Ese sistema le dejaría pasmado, porque la plasticidad tiene lugar en cada uno de esos mecanismos. Todos son flexibles. Los parámetros cambian a todas las escalas, desde el crecimiento e inserción de neuronas recién nacidas a cambios en la expresión de los genes. Con tantos grados de libertad en los sistemas biológicos, las posibilidades para el almacenaje de la memoria son inmensas.

De hecho, disponemos de muchas razones para pensar que las sinapsis no son lo único que cambia. En primer lugar, si el aprendizaje solo ajustara las eficacias de las sinapsis existentes, no esperaríamos grandes cambios en la estructura del cerebro. Pero, como hemos visto antes, cuando los voluntarios aprenden a hacer juegos malabares, aparecen cambios estructurales transitorios que se pueden ver a simple vista en la producción de imágenes cerebrales.[16] En otras palabras, los cambios corticales no son tan solo la modificación de las sinapsis, sino que al parecer también implican la adición de nuevo material celular.[17]

En segundo lugar, si los recuerdos simplemente quedaran retenidos en el tejido de los pesos sinápticos, no tendríamos razón alguna para esperar la *neurogénesis*: el crecimiento e inserción de nuevas neuronas.[18] De hecho, sería de esperar que las nuevas neuronas que se insertan en la red desbarataran el delicado patrón sináptico. Y sin embargo ahí están: un flujo de nuevas neuronas nacidas en el hipocampo y que se abren camino hacia la corteza adulta. No son algo accidental; se las puede asignar a la formación de la memoria. Por ejemplo, si entrena a una rata para una tarea de aprendizaje que requiere el hipocampo, el número de nuevas neuronas generadas por un adulto se dobla desde el comienzo. Por el contrario, si entrena a ratas en una tarea de aprendizaje que no necesita del hipocampo, el número de células nuevas no se altera.[19]

En tercer lugar, las alteraciones de los azúcares y las proteínas que hay en torno al ADN alteran los patrones de la expresión de los genes.[20] En este campo relativamente nuevo llamado epigenética, nos encontramos con que la experiencia del mundo se encarga de modificar qué genes quedan inhibidos y cuáles ampliados. Por ejemplo, las crías de ratón que reciben muchos cuidados (aquellas a las que su madre lame y acicala a menudo) muestran

270

alteraciones de los patrones que duran toda la vida en las moléculas que se pegan a las espirales de ADN, cosa que parece disminuir la ansiedad e incrementar los cuidados que esa cría, al ser adulta, dedicará a su progenie.[21] De este modo, sus experiencias con el mundo le van impregnando, hasta llegar al nivel de su expresión de los genes, donde quedan integradas a largo plazo.

Cuando los neurocientíficos y los ingenieros de inteligencia artificial hablan de cambios en una red, es habitual que se refieran a los cambios en la fuerza de las conexiones entre las células. Pero con sus inocentes ojos de alienígena, está claro por qué las sinapsis están condenadas a ser insuficientes: la plasticidad existe a lo largo y ancho del cerebro a todos los niveles. La manera en que la actividad fluye en las redes depende de todos los ajustes de la red, desde los grandes a los pequeños. Allí donde buscamos, encontramos plasticidad. Así pues, ¿por qué ese campo de estudio se concentra casi enteramente en la sinapsis? Porque es lo que podemos medir más fácilmente. El resto de la acción es generalmente demasiado insignificante para que nuestra tecnología actual pueda medir la vertiginosa dinámica de un cerebro vivo. Así que, al igual que el borracho que busca las llaves bajo la farola (no porque se hayan caído, sino porque es el único lugar bien iluminado), nos concentramos sobre todo en aquello que podemos ver.

Así pues, el cerebro dispone de muchos botones que puede manipular, lo que nos lleva a la siguiente parte de la historia: con todos estos parámetros posibles, ¿cómo modifica el cerebro cualquier elemento sin perturbar el funcionamiento de los demás? ¿Cómo podemos comprender la interacción de todas las piezas y partes? ¿Cuáles son los principios que permiten que esos muchos grados de libertad no se descontrolen y mantengan un sistema de equilibrio?

Propongo que lo importante no es cuáles son las partes biológicas, sino la *escala temporal* en la que operan. Lo que hay que contar de esta historia no son los mecanismos biológicos, sino el ritmo al que viven.

## ENCADENAR UNA SERIE DE ESCALAS TEMPORALES

Hace unos años, el escritor Stewart Brand propuso que para comprender una civilización tienes que observar las múltiples capas que funcionan simultáneamente a diferentes velocidades.[22] La moda cambia con rapidez, mientras que los negocios de una zona se transforman con más lentitud. Las infraestructuras –las carreteras y los edificios– evolucionan más gradualmente. Las reglas y leyes de una sociedad –la gobernanza– se adapta muy lentamente, pues quiere proteger las cosas contra los vientos del cambio. La cultura sigue un calendario propio, sin prisas, y se basa en los cimientos profundos de los relatos y la tradición. A una escala más lenta, la naturaleza avanza a un ritmo de siglos o milenios.

Aunque es algo que no siempre se observa, todas las escalas interactúan entre sí. Las capas más veloces instruyen a las más

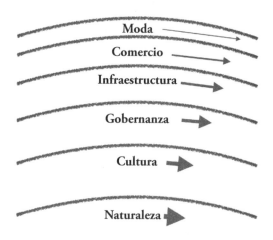

Las capas de la civilización y su ritmo.

lentas con innovaciones acumuladas. Al mismo tiempo, las capas lentas proporcionan controles y estructura a las capas rápidas. La fuerza y resistencia de una cultura no surge de un solo nivel del sistema, sino de su interacción.

El principio de las capas de la civilización y su ritmo es útil a la hora de reflexionar sobre el cerebro. En lugar de ir desde la moda hasta la naturaleza pasando por la gobernanza, podemos ver que el ritmo de las capas del cerebro va desde las veloces cascadas bioquímicas hasta los cambios en la expresión de los genes. Es decir, no solo cambia la fuerza de las sinapsis, sino también muchos otros parámetros (para los expertos, estos incluyen tipos de canal, distribuciones de canal, estados de fosforilación, las formas de las dendritas, la velocidad de transporte de iones, la velocidad de producción del óxido nítrico, las cascadas bioquímicas, las disposiciones espaciales de las enzimas, la expresión de los genes, etc.). Si dichos flujos se encadenan correctamente, un suceso transitorio puede dejar rastro, porque las rápidas cascadas desencadenan cascadas más lentas, que con el tiempo pueden provocar procesos mucho más lentos, que a su vez pueden poner en marcha cambios graduales y profundos. Así, los cambios plásticos se distribuyen a lo largo de un espectro temporal, no son simplemente cambios almacenados de todo o nada. Todas las formas de plasticidad interactúan entre sí, y la fuerza del sistema surge de que las capas operen de manera concertada.[23]

Podemos ver los resultados de este sistema de ritmo múltiple de muchas maneras. Supongamos que se queda prendado de una persona sorda. Se esfuerza por aprender el lenguaje de signos. Cada vez que hace un signo correcto, la persona por la que está colado le recompensa con unas sonrisas coquetas. Acaba aprendiendo bastante bien el lenguaje de signos, casi lo utiliza con fluidez, y de repente esa persona sorda se marcha del país. Los signos que ahora hacen sus solitarios dedos ya no obtienen ninguna recompensa. Sin ninguna compensación por su esfuerzo, acaba olvidando el lenguaje de signos. Parecería que la historia termina aquí, pero tres años más tarde otra persona sorda se traslada a su ciudad. Posiblemente por nostalgia, esta persona le parece igualmente atractiva, de modo que vuelve a esforzarse con el lenguaje de signos. Pero vaya, lo ha olvidado por completo: sus dedos ya no recuerdan lo que tienen que hacer. Lo lamenta, porque la última vez tardó dos meses en aprender a manejarlos con fluidez, y está seguro de que el nuevo objeto de su obsesión no tiene tanta paciencia. Pero descubre que esta vez aprende mucho más deprisa. De hecho, al cabo de tres días ya está ligando con fluidez. Aun cuando estaba seguro de que todo había quedado olvidado, ahí está, haciendo signos como un profesional.

Esa disminución en el tiempo de aprendizaje entre la primera y la segunda vez significa que una parte de su cerebro retuvo esa información, incluso después de esos desolados años sin practicar.[24] Esa disminución resulta de cambios lentos en las partes más profundas del sistema. La primera vez que quedó prendado, partes que se mueven rápidamente aprendieron la tarea, y con la práctica creciente transmitieron esos cambios a las capas más profundas. Cuando su enamorada cogió un avión y se fue, las capas más rápidas muy pronto ajustaron su comportamiento. Pero las capas más profundas dudaron sobre si seguirlas, reacias a abandonar ese aprendizaje lento y prolongado en el que habían invertido tanto tiempo. Así, cuando llegó la segunda sorda atractiva, las capas más profundas ya estaban preparadas para el lenguaje de signos, con lo que el tiempo de aprendizaje fue menor. Seguía disponiendo de esa habilidad que creía perdida, y que había quedado profundamente impresa en el circuito.

Los ocultos ahorros de tiempo del cerebro se han estudiado en muchos contextos, incluyendo el espacio exterior. Cuando un astronauta regresa de un largo viaje en órbita, no sale de la cápsula y se va andando a tomarse un café; por el contrario, tiene que recordar cómo se camina por la gravedad de la Tierra, casi como si lo aprendiera de nuevo. Pero lo vuelve a aprender rápidamente; no tiene que retrotraerse a la infancia. De hecho, cuando aprende a caminar inmediatamente después del vuelo, quedan patentes todos los ahorros que guarda el cerebro, y, por tanto, aprende a caminar otra vez muy deprisa.[25]

Ser consciente de la distinta velocidad de las capas del cerebro también arroja luz sobre la idea de los esquemas que aprendimos anteriormente. ¿Se acuerda de Destin y la bici trucada? Mencioné que después de meses de aprendizaje para montar con el manillar invertido, se sentía incapaz de montar en una bicicleta normal, pero la confusión no duraba mucho, y pronto era capaz de volver a manejarla. Tenía un esquema para cada una. Ahora podemos comprender los esquemas a un nivel más profundo: no se trata de aprendizajes a corto plazo que se escriben uno encima de otro (*He aprendido a montar en una bici con el manillar invertido, y ha desaparecido el programa para ir en bici normal*). Por el contrario, los programas se escriben en capas sucesivamente profundas basándose en el contexto de las demás cosas que ocurren en el cerebro. Después del entrenamiento, Destin tenía dos programas impresos en sus circuitos a largo plazo. El contexto (*¿qué clase de bicicleta estoy montando?*) guía el sendero correcto a través del circuito.

Al final, los programas excepcionalmente útiles quedan impresos hasta el nivel del ADN. Consideremos los instintos: esos comportamientos innatos que no tenemos que aprender.[26] Nos llegan a través de la plasticidad a una escala temporal más prolongada: la plasticidad darwiniana de las especies. Mediante la selección natural a lo largo de milenios, aquellos que poseen instintos que favorecen la supervivencia y la reproducción tienden a multiplicarse.


Hace un siglo, uno de los retos para comprender la memoria era la falta de tecnología. Ahora, uno de los retos es la presencia de tecnología, sobre todo los ordenadores. La revolución digital ha cambiado tan completamente todos los aspectos de nuestras vidas que a veces es difícil deshacerse de las metáforas, incluso cuando son muy poco acertadas, algo que se manifiesta sobre todo con la palabra «memoria». El cerebro humano no almacena los recuerdos igual que los ordenadores. Por el contrario, el cerebro retiene y recupera el recuerdo de una película sin codificarla píxel a píxel, y recordamos y reproducimos nuestras historias favoritas sin codificarlas palabra por palabra. Cuando alguien le cuenta un chiste, por ejemplo, no codifica un archivo de registro neuronal de cada palabra y sus inflexiones. Lo que hace es comprender el *sentido* del chiste. Si es usted bilingüe, puede que oiga un chiste en un idioma y se lo cuente a otra persona en un idioma distinto. El chiste no tiene las mismas palabras exactas, sino que trata de conceptos que se activan de manera interna.

En lugar de codificar las películas como píxeles, o los chistes como fonemas, codificamos nuevos estímulos con relación a cosas que hemos aprendido, incluyendo conceptos físicos y sociales. Lo que hemos aprendido se representa en términos de lo que ya sabemos. Dos personas miran una lista de fechas importantes de la historia de Mongolia, pero si una de ellas tiene un modelo muy desarrollado de Mongolia, los nuevos datos se incorporan más fácilmente a su red de conocimientos. Por otro lado, en el caso del que sabe poco del país y nunca ha estado, los datos no tienen dónde agarrarse.

Recordemos que en el modelo de las capas a distinta velocidad, las capas lentas proporcionan un contexto para las capas rápidas. Como resultado, la primera experiencia se convierte en fundacional, en la arquitectura sobre la cual se construirá todo lo posterior. Todo lo nuevo se comprende a través del filtro de lo antiguo.

Para mejor o peor, esto convierte algunos sueños del futuro en imposibles. En la película *Matrix*, Neo y Trinity encuentran un helicóptero B-212 en lo alto de un edificio. Neo le pregunta: «¿Sabes pilotar un helicóptero?». «Todavía no», le contesta ella, y solicita «un programa piloto para un helicóptero B-212». Su colega le da frenéticamente a las teclas de una serie de ordenadores, y al cabo de unos segundos el programa se carga en el cerebro de Trinity. Se suben al helicóptero y ella lo pilota diestramente entre los edificios.

A todos nos encantaría este futuro, pero no va a suceder. ¿Por qué no? Porque la memoria es una función de todo lo que ha venido anteriormente. Alguien podría aprender a pilotar un helicóptero B-212 codificándolo por su parecido con montar en motocicleta. Otra persona podría haber crecido montando a caballo, de manera que construiría su conocimiento de pilotar sobre los recuerdos motores de galopar un corcel. Una tercera persona almacenaría el conocimiento en el contexto de un videojuego infantil, etc., con lo que es imposible contar con una serie de instrucciones establecidas que se puedan cargar a cualquier cerebro. En otras palabras, y contrariamente a un ordenador, las «instrucciones» para pilotar una máquina no son un archivo, sino que están vinculadas a todo lo que ha ocurrido anteriormente en su vida. Las primeras experiencias construyen una ciudad de la memoria interna, en la que una nueva persona, arbusto o vehículo encaja naturalmente en su lugar.[27]

La clave para comprender el distinto ritmo de las capas es la interacción entre ellas. A medida que avanza el campo de la neurociencia, sospecho que muchas cuestiones clínicas acabarán comprendiéndose en términos de dichas interacciones.

Por ejemplo, recordemos al almirante Nelson: tras recibir un disparo de mosquete, le amputaron el brazo, pero pasó todos los años que le quedaban de vida sintiendo como si todavía tuviera ese brazo ausente pegado al cuerpo. Aunque la corteza que anteriormente respondía al tacto en el brazo ahora respondía a su cara, las áreas del cerebro río abajo seguían esperando que el anterior fragmento de corteza representara su brazo. Por tanto, cualquier actividad en esa zona seguía siendo interpretada como la sensación del brazo. Como suele ser habitual en las personas que han sufrido una amputación, eso conducía a una confusión perceptual en forma de una sensación fantasma: el almirante Nelson estaba seguro de que su brazo seguía existiendo, en el sentido de que siempre lo percibía. El sistema de la distinta velocidad de las capas funciona mejor para cosas que cambian a velocidades normales, pero el cambio de una capa más profunda puede llevar al sistema a un extraño estado, sobre todo cuando llega a la velocidad de una bala de mosquete.

En otro ejemplo, consideremos una rara enfermedad conocida como hipertimesia, en la que una persona posee una memoria autobiográfica básicamente perfecta: no olvida casi nada. Si se le menciona cualquier fecha del pasado, es capaz de decir el tiempo que hacía ese día, lo que hizo, lo que llevaba puesto y lo que vio. Cuando el campo de la neurociencia cuente con la tecnología suficiente para llegar al fondo de este fenómeno (a nivel neuronal y molecular), casi con toda seguridad se comprenderá como una interacción entre las capas, como por ejemplo la interconexión de las capas a una velocidad increíble. (Como nota al margen, aunque podría parecer estupendo recordarlo todo, los hipertimésicos padecen la incapacidad de olvidar lo trivial. Tal como Honoré de Balzac dijo en una ocasión: «Los recuerdos embellecen la vida, pero solo el olvido la hace soportable».)

Consideremos, por último, la sinestesia, una condición en la que la estimulación de un sentido activa de manera automática involuntaria experiencias en una segunda vía. Por ejemplo, una letra del alfabeto produce una experiencia de color interna, como si, por ejemplo una *J* activara una sensación interna de morado, o la *W* suscitara el verde.

La hipótesis más común es que la sinestesia refleja un grado aumentado de diafonía en tres áreas separadas del cerebro. Pero yo sugiero una hipótesis diferente: que representa una «plasticidad pegajosa».[28] Imaginemos que un niño ve una *J* morada, quizá como parte de un cartel en el muro de una escuela elemental, o cosida en una colcha, o la elige entre una caja de lápices. Como hemos visto, las sinapsis pueden modificar su fuerza si las neuronas están activas al mismo tiempo, pongamos las que codifican la *J* y las que codifican el morado. Se activan juntas, por lo que se conectan juntas. Ahora bien, para la mayoría de la gente la conexión entre la *J* y algún color seguirá modificándose cada vez que vean una *J* en un tono distinto. Así, cuando ven una *J* verde, la conexión entre la *J* y el verde queda reforzada, y la conexión entre la *J* y el morado se debilita. Si ven repetidamente jotas de distintos colores, no se inclinarán hacia ningún emparejamiento completo de letra y color. Lo que sugiero es que los sinestésicos tienen una plasticidad atípica, concretamente, una reducida capacidad para modificar una asociación una vez se ha establecido. Una vez se ha realizado el emparejamiento inicial entre letra y color, permanece *inmutable*.

¿Cómo se puede comprobar este fenómeno? Después de todo, cuando miro los colores del alfabeto de un sinestésico, por lo general parecen bastante distintos de los de otro. Así pues, ¿cómo podría saber si le han quedado grabados a partir de algo que vieron de niños?

Para comprobar esta hipótesis, construí la Batería de Sinestesia,[29] una evaluación online para verificar y cuantificar la sinestesia. Recogí y verifiqué datos de miles de participantes, y con dos de mis colegas de Stanford analizamos meticulosamente los alfabetos coloreados de 6.588 sinestésicos. Lo que descubrimos nos sorprendió muchísimo. Aunque los patrones de letra y color eran esencialmente aleatorios entre todos los participantes, había centenares que mostraban el mismo patrón de color: la *A* era roja, la *B* naranja, la *C* amarilla, la *D* verde, la *E* azul, la *F* morada, y el ciclo volvía a repetirse con una *G* roja.[30] Más extraño todavía resultaba el fenómeno de que todos los sinestésicos con ese patrón concreto habían nacido entre finales de la década de 1960 y la de 1980. En esa ventana temporal, más del quince por ciento de sinestésicos mostraron esa misma

| | | | |
|---|---|---|---|
| A | Rojo | N | Naranja |
| B | Naranja | O | Amarillo |
| C | Amarillo | P | Verde |
| D | Verde | Q | Azul |
| E | Azul | R | Violeta |
| F | Violeta | S | Rojo |
| G | Rojo | T | Naranja |
| H | Naranja | U | Amarillo |
| I | Amarillo | V | Verde |
| J | Verde | W | Azul |
| K | Azul | X | Violeta |
| L | Violeta | Y | Rojo |
| M | Rojo | Z | Naranja |

Muchos sinestésicos nacidos entre finales de la década de 1960 y finales de la de 1980 vieron los alfabetos con los colores que tenían en el juego de imanes para frigorífico de Fisher-Price. Uno de los participantes en el test tenía esta prueba fotográfica de que había recibido el juego cuando era niño.

relación de letra y color. En ningún caso lo hicieron los nacidos antes de 1967, ni tampoco casi ninguno de los nacidos después de la década de 1990.

Los colores resultaron ser los del juego de imanes Fisher-Price, que se fabricó entre 1971 y 1990 y adornó frigoríficos a lo largo y ancho de Estados Unidos. El juego de imanes no provocaba sinestesia, pero para la gente que tenía predisposición a ella se convirtió en la fuente del emparejamiento de letra y color.[31]

La sinestesia, al igual que la hipertimesia, refleja que algo permanece inmutable en su disposición por capas de distinta velocidad. En términos sociales, sería como si los obsesos de la moda adquirieran demasiado poder y presionaran las últimas tendencias hacia la capa de la gobernanza. Aunque la hipertimesia y la sinestesia no se consideran enfermedades, son estadísticamente insólitas, lo que sugiere que, en la mayoría de la población, la velocidad de interacción entre las distintas capas neuronales ha evolucionado de manera óptima.

## MUCHOS TIPOS DE MEMORIA

Al hablar de la memoria en este capítulo, lo hemos hecho como si fuera una sola cosa. Pero la memoria tiene muchas caras. Dada la variedad de estructuras anatómicas de las distintas regiones del cerebro, quizá no debería sorprendernos que haya tantos tipos distintos.

Tomemos el caso de Jody Roberts, que en 1985 trabajaba en el estado de Washington como periodista. Un día desapareció. Sus allegados la buscaron por todas partes, y al cabo de muchos años se resignaron a la trágica conclusión de que probablemente había muerto.

Pero no era así. Cinco días después de su desaparición, apareció a más de mil kilómetros de distancia, deambulando desorientada por un centro comercial de Aurora, Colorado. No llevaba encima ninguna identificación, tan solo la llave de un coche que nunca se encontró. Padecía una amnesia total. La policía la llevó al hospital. Jody no tenía ni idea de cuál era su identidad, de manera que escogió el nombre de Jane Dee, comenzó a trabajar en un local de comida rápida y se matriculó en la Universidad de Denver. Con el tiempo acabó trasladándose a Alaska, donde se casó con un pescador, consiguió trabajo diseñando páginas web y fue madre de dobles gemelos.

Doce años más tarde, un conocido identificó a Jody por una noticia. Jody se reunió con su sollozante y agradecida familia. Pero no la recordaba. Se mostró educada, aunque distante. Tal como su padre afirmó en las noticias: «Básicamente es la misma persona. En cierto sentido, la hemos recuperado».[32]

Lo más digno de atención en historias como la de Jody es que ella se acordaba de hablar inglés, de conducir, de coquetear, de conseguir un trabajo, de hacer de camarera, de programar páginas web y de cuidar de los niños. Simplemente no recordaba su autobiografía. Casos como el Jody (hay muchos) nos llevan a darnos cuenta de que hay muchos tipos de memoria. Contrariamente a lo que pueda parecer a primera vista, la memoria no es una sola cosa, sino que comprende muchos subtipos distintos. A nivel más amplio, existe una memoria a corto plazo (recordar un número telefónico lo suficiente como para marcarlo), y la memoria a largo plazo (lo que hizo en su último cumpleaños). Dentro de la memoria a largo plazo podemos distinguir la memoria declarativa (como los nombres y los datos) y la memoria no declarativa (como montar en bicicleta: una cosa que es capaz de hacer, pero que no sabe describir de manera exacta). Dentro de la categoría no declarativa hay varios subtipos: recordar cómo teclear rápidamente, por qué saliva cuando oye que se abre el envoltorio de un caramelo.

El primer paso para comprender la situación de Jody consiste en darse cuenta de que las diferentes estructuras del cerebro parecen ser responsables de diferentes tipos de aprendizaje y memoria. Una lesión en el hipocampo y las estructuras que lo rodean afecta a la formación de nueva memoria declarativa (*¿qué he comido para desayunar esta mañana?*), pero no a la no decla-

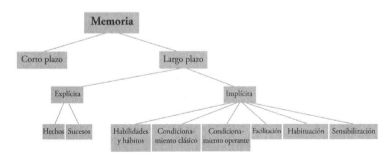

Diferentes tipos de memoria.

rativa (como hablar, cantar, caminar), y por eso el amnésico Henry Molaison podía seguir llevando una vida normal, sin ningún déficit a la hora de cepillarse los dientes, conducir su coche o mantener una conversación. Para aprender habilidades motoras son necesarias otras zonas del cerebro, sobre todo para aquellas habilidades que precisan equilibrio y coordinación. Hay otras áreas importantes que vinculan los actos motores con las recompensas subsiguientes. Y todavía hay otras que son básicas en los cambios de memoria relacionados con el condicionamiento del miedo, y diversas estructuras de recompensa en las que se basan el aprendizaje de estrategias exitosas de forrajeo. La lista de estructuras cerebrales y su relación con el aprendizaje y la memoria es larga y va en aumento. Jody y Henry nos enseñaron que la integridad de un subsistema concreto no es necesariamente esencial para la función de los demás. Usted puede perder la capacidad de recordar sus propios detalles, pero eso tiene poco que ver con la capacidad de aprender y recordar nuevas habilidades motoras.

Consideremos el siguiente ejemplo: desde su infancia, usted ha visto montones de pájaros, por lo que su cerebro ha llevado a cabo la generalización de que los animales con plumas pueden volar. Pero también ha visto avestruces en el zoo, y ha sido capaz de retener esa excepción particular a la regla. Además, a lo mejor también ha aprendido que el avestruz de su zoológico se llama «Dora», cosa que no se puede decir de los demás avestruces con que se podría encontrar.

Hace unos años, la gente que creaba redes neuronales artificiales comenzó a comprender que esto era un problema. Podían construir redes que aprendían generalizaciones (*las cosas con plumas vuelan*), o podían construir una red que contenía una serie de ejemplos específicos (*el pájaro llamado Dora no vuela, mientras que el llamado Paul vuela*). Pero no podían hacer las dos cosas. O bien la red cambiaba sus parámetros lentamente exponiéndose a miles de ejemplos, o cambiaban las cosas rápidamente obedeciendo a ejemplos únicos.

¿Cómo se consigue que un cerebro aprenda cosas a las dos escalas temporales simultáneamente? Después de todo, necesita diferentes escalas temporales de aprendizaje para recordar distintos tipos de datos sobre el mundo. A veces quiere generalizar (*los limones son amarillos*), y otras necesita recordar algo específico (*ese limón del cajón de las verduras de mi frigorífico está podrido*).

Esta aparente incompatibilidad de metas proporciona una pista importante.[33] Para desempeñar bien ambas funciones, el cerebro tiene que contar con diferentes sistemas a diferentes velocidades de aprendizaje: uno para la extracción de generalidades del entorno (aprendizaje lento) y otro para la memoria episódica (aprendizaje rápido). En un principio se propuso que esos dos sistemas eran el hipocampo y la corteza: el hipocampo es rápido en sus cambios (de manera que aprende velozmente de los ejemplos), mientras que la corteza se toma con calma la extracción de generalidades. El primero cambia deprisa, reteniendo los detalles, mientras que el segundo cambia despacio, y requiere muchos ejemplos. Mediante este truco, el cerebro puede llevar a cabo un aprendizaje rápido a partir de episodios individuales (*este botón arranca el coche de alquiler*), y al mismo tiempo puede realizar una extracción lenta de estadísticas a lo largo de las experiencias (*casi todas las flores florecen en primavera*).[34]

MODIFICADO POR LA HISTORIA

Cuando una actividad atraviesa el cerebro, este cambia su estructura. Desde el punto de vista del inmenso bosque biológico que hay dentro de su cráneo, el problema organizativo es

284

tremendo: el sistema nervioso debe cambiar físicamente para reflejar óptimamente el mundo en el que está inserto. Los cambios individuales deben realizar cada uno la aportación correcta a la red para encarnar el nuevo conocimiento, y los cambios deben posicionarse para tener relevancia en el comportamiento cuando, en el futuro, surja el momento adecuado. Al reflexionar sobre la memoria, nuestro error de simplificación ha sido asumir que se basa en un solo mecanismo de cambio. El clásico argumento del reforzamiento y el debilitamiento de las sinapsis nos ha servido de gran ayuda, y las redes neuronales artificiales que utilizan estos principios pueden llevar a cabo proezas de ingeniería impresionantes. Pero la memoria es algo más que marcar sinapsis en un gran diagrama de conexión. Como hemos visto, los modelos sinápticos sencillos pierden muy pronto la capacidad de representar viejos datos a medida que entran otros nuevos. La manera en que la memoria se degrada —y los viejos recuerdos tienen más estabilidad— desvela el secreto de las diferentes escalas temporales de cambio.

El modelo sináptico sería conveniente para los científicos y los ingenieros de inteligencia artificial, pero casi con toda certeza no es el enfoque de la naturaleza. Por el contrario, los cambios subyacentes a la memoria se distribuyen ampliamente a lo largo de colosales números de neuronas, sinapsis, moléculas y genes. Por analogía, consideremos la manera en que el desierto recuerda al viento: es algo que se percibe en las laderas de las dunas de arena, en la forma de las rocas y en las presiones evolutivas que modelan las alas de sus insectos y las hojas de sus plantas.

Los avances en el campo de la memoria reclaman una visión realista al máximo del fenómeno que estamos intentando explicar. Aunque las actuales redes neuronales artificiales consiguen proezas asombrosas (como discriminar fotografías con una habilidad sobrehumana), no captan el carácter básico de la memoria humana normal. La riqueza de nuestra memoria, sugiero, surge a través de una cascada biológica de escalas temporales. La nueva información se construye sobre la antigua, encaja en los límites proporcionados por la experiencia previa. He conocido a muchos estudiantes de medicina a los que les preocupa que, si aprenden un dato más, otro salga de su memoria. Por fortuna, este modelo de volumen constante no es cierto. Por el contrario, con cada cosa nueva que aprendemos somos más capaces de asimilar el nuevo dato relacionado.

## 11. EL LOBO Y EL ROVER DE MARTE

Hace poco leí un artículo sobre una escuela de California que cancela sus programas de artes liberales, música y educación física. ¿Por qué ese recorte presupuestario? Porque unos años antes decidieron dedicar todo el dinero a un centro informático de última tecnología para sus alumnos. Compraron ordenadores, servidores, monitores y periféricos por valor de trescientos treinta millones de dólares, y muy orgullosos exhibieron su tesoro educativo.

Pocos años más tarde, todo el equipo informático había quedado obsoleto. Ahora los chips eran más rápidos, la memoria había pasado de los discos duros a la nube, el nuevo software era incompatible con el antiguo firmware. Menos de una década después de su compra, se vieron obligados a tirar a la basura toda aquella chatarra. La niña de los ojos de la escuela –el gasto que había asesinado las artes creativas y la educación física– había tenido una corta vida, y ahora no era más que un recuerdo caro que relucía en el vertedero.

Esa noticia me hizo pensar. ¿Por qué todavía estamos construyendo máquinas con hardware que al final acabamos tirando? En el momento en que soldamos un circuito, inmediatamente queda condenado con su fecha de caducidad.

Si somos astutos estudiosos de la biología que nos rodea,

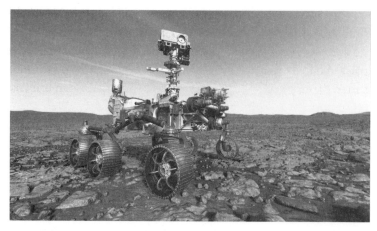

El Spirit, un maravilloso robot de exploración que es ahora una basura extraplanetaria de cuatrocientos millones de dólares.

podemos sacar partido de los principios del liveware. Pensemos que cuando un lobo queda con su pata atrapada en un cepo, se arranca la pata a mordiscos y se marcha cojeando. Comparémoslo con el Spirit, el robot que enviaron a Marte. Aterrizó en la superficie del planeta rojo el 4 de enero de 2004, y estuvo deambulando con éxito durante años. Pero a finales de 2009 el vehículo robótico de casi doscientos kilos se quedó atascado en el suelo. No podía moverse, en parte porque la rueda anterior derecha había dejado de funcionar. Atascados en terreno marciano, los paneles solares de Spirit consiguieron orientarse hacia el Sol. El robot perdió potencia, y hacia el invierno había sufrido daños irreparables. El 22 de marzo de 2010 emitió su canto de cisne a la Tierra y pereció.

El Spirit sobrepasó heroicamente la esperanza de vida que tenía programada. Pero si hubiéramos enviado colonias humanas que solo duran unos cuantos años antes de convertirse en un montón de huesos sobre el planeta rojo, estaríamos muy preocupados.

No estoy criticando la asombrosa ingeniería de la NASA. El problema es que seguimos construyendo robots con hardware. Si los actuales robots pierden una rueda, un eje o una parte de su placa madre, se acabó. Pero en el reino animal, los organismos sufren daños y siguen adelante. Cojean, se arrastran, dan brincos, aprovechan una debilidad, hacen lo que sea para seguir avanzando en dirección a sus objetivos.

El lobo atrapado se roe la pata y su cerebro se adapta a ese insólito plano corporal, porque recuperar la seguridad es relevante para sus sistemas de recompensa. Necesita comida, cobijo y el apoyo del resto de la manada. De manera que su cerebro elabora una solución para llegar allí.

La diferencia entre el Rover y el lobo reside en la diferencia entre información e información con un propósito. Contrariamente al Spirit, el lobo con la pata atrapada actúa con ambiciones: escapar al peligro y llegar a un lugar seguro. Sus acciones e intenciones se guían por la amenaza de depredadores y las exigencias de su estómago. El lobo actúa obedeciendo a sus metas. El resultado es que su cerebro absorbe información del entorno y de lo que sus extremidades le permiten hacer. Y su cerebro traduce estas capacidades en las acciones más útiles.

El lobo sigue adelante con tres patas porque los animales no se apagan cuando sufren un daño moderado. Y tampoco deberían hacerlo nuestras máquinas.

La Madre Naturaleza sabe que no tiene sentido que el cerebro de un lobo funcione con un hardware. Los planos corporales cambian. El entorno cambia. La compleja relación entre capacidades y acciones cambia. En lugar de predefinir los circuitos, el mejor plan consiste en construir un sistema infotrópico que lo optimice todo sobre la marcha, adaptándose para ser eficiente alcanzando sus metas. Algunos propósitos son a largo plazo (como la supervivencia), mientras que otros son a corto plazo (extraer gusanos de debajo de una roca); en todos los casos, el cerebro se adapta para conseguir esos propósitos.

289

¿Qué necesitarían nuestros robots para seguir funcionando cuando sufren algún daño? Tener la capacidad de pilotar un plano corporal diferente del que tenían al principio, aparejado con una fuerte inclinación a comer, socializar y sobrevivir. Si dispusieran de esa capacidad, podrían ir perdiendo ruedas y partes dañadas, pues el resto de sus circuitos se adaptarían para finalizar lo que han comenzado. Solo hay que imaginar el Rover de Marte arrancándose la rueda encallada e imaginando cómo desplazar toda la movilidad a las ruedas que le quedan. Esos principios podrían utilizarse para construir máquinas que se reconfiguren y combinen la interacción con el mundo y unos objetivos claros en la redacción de los patrones de sus propias conexiones. Cuando pierden un neumático, se les aplastan los ejes, o se les sueltan algunos cables, los circuitos que quedan se reconfiguran para finalizar lo que comenzaron.

Al igual que no tiene sentido que un lobo funcione con un hardware, tampoco lo tiene hacer funcionar con un hardware a las hermanas Polgár, a Itzhak Perlman o a Serena Williams. El mundo es demasiado complejo para preverlo, y resultaría imposible programar los genes para que encajen con la variedad del mundo. Al fin y al cabo, todo fluye: los cuerpos, las fuentes de comida y la correspondencia entre los inputs, las capacidades y los outputs. En lugar de predefinir los circuitos, sería mejor estrategia construir un sistema que mejore activamente, adaptándose para conseguir sus metas.


Durante décadas, la neurociencia se ha visto impulsada por las aportaciones de la ingeniería, desde los osciloscopios a los electrodos pasando por la producción de imágenes por resonancia magnética. Puede que por fin haya llegado el momento de invertir la dirección de la influencia y permitir que la ingeniería se aproveche de la biología.

Con la ingeniería actual que podemos encontrar en los impolutos y elegantes laboratorios de las empresas más ricas, no podemos ni acercarnos a esas criaturas móviles que vemos a nuestro alrededor: de los perros a los delfines, de los humanos a los colibrís, de los pandas a los pangolines. Esas criaturas no necesitan conectarse a ningún enchufe, pues ellas mismas encuentran su propia fuente de energía. Trepan, corren, se descaman, escalan, nadan, reptan, y con poco esfuerzo dominan ir en monopatín, en tabla de surf o en snowboard. Y todo ello es posible porque la Madre Naturaleza no deja de jugar con los genes para construir nuevos sensores y músculos, y el cerebro aprende a sacar provecho de todo ello. Y cuando esas criaturas sufren algún daño –desde romperse la pierna a sufrir una hemisferectomía–, siguen adelante. Los dispositivos que nosotros construimos no poseen la flexibilidad ni la resistencia que caracteriza a la biología.

Así pues, ¿por qué no hemos construido todavía dispositivos livewired? No nos tratemos con demasiada severidad: la Madre Naturaleza ha dispuesto de miles de millones de años para llevar a cabo billones de experimentos en paralelo. Apenas podemos imaginarnos perspectivas temporales de ese alcance, ni la cantidad de cerebros que han tenido que adaptarse y deambular por la Tierra, serpentear en sus aguas o deslizarse por los cielos.

Nos va a costar un poco ponernos al día. La buena noticia es que estamos desentrañando los códigos que nos rodean, y con un poco de suerte solo necesitaremos una ínfima fracción de ese tiempo.

Por tanto, ¿cómo podemos empezar a incorporar más profundamente los principios del livewiring en lo que construimos? La primera respuesta consiste en imitar lo que la Madre Naturaleza ya ha desarrollado. Tomemos como ejemplo los sensores que cubren el cuerpo de un pez ciego de las cuevas submarinas llamado tetra mexicano. Este pez detecta la presión y el flujo de agua y es capaz de descifrar las estructuras de las aguas negras como boca de lobo que lo rodean. Inspirándose en él, unos ingenieros de Singapur han construido versiones artificiales de esos sensores para los submarinos.[1] Después de todo, las luces de las naves submarinas consumen mucha energía y son perjudiciales para los ecosistemas. Utilizando una variedad de sensores pequeños y de baja potencia inspirados en el tetra mexicano, la esperanza es conseguir «ver» en medio de la total oscuridad gracias a los desplazamientos del agua.

Mientras que los sensores biomiméticos son un gran comienzo, no es más que el principio. El reto más grande consiste en diseñar un sistema nervioso que integre nuevos dispositivos de instalación automática. ¿Por qué va a ser esto tan útil? Tomemos como ejemplo los problemas con que se enfrenta continuamente la NASA en la Estación Espacial Internacional (EEI). La colaboración entre los países es la clave del proyecto, pero también el centro de un problema de ingeniería. Los rusos construyen un módulo, los estadounidenses añaden otro, los chinos aportan otro. La EEI se enfrenta a un problema continuo a la hora de coordinar los sensores de los módulos procedentes de distintos países. Los sensores de calor estadounidenses no siempre se sincronizan con los sensores de vibración rusos, y los sensores de las chinos tienen problemas para comunicarse con el resto de la estación. La EEI está continuamente destinando ingenieros a solventar el problema.

La manera correcta de abordarlo de una vez por todas sería imitar a la Madre Naturaleza. Después de todo, ella ha puesto en marcha miles de nuevos sensores, desde los ojos a las orejas pasando por la nariz y los sensores de presión, las fosas de calor, los electrorreceptores, los magnetorreceptores y más. Desde una perspectiva evolucionista, ha invertido sus esfuerzos en diseñar un sistema nervioso que puede extraer información de estos sensores sin que tenga que decirle nada acerca de ellos (capítulo 4). Los sensores pueden ser completamente distintos en su diseño, y sin embargo no tienen ninguna dificultad en funcionar perfectamente juntos. ¿Por qué? Porque el cerebro se mueve por el mundo, busca correlaciones entre los distintos flujos de datos que entran y calcula cómo poner a trabajar la información que le llega.

¿Cómo podríamos sacar provecho de este enfoque? Una de las técnicas más poderosas del cerebro consiste en llevar a cabo un acto motor y evaluar la retroalimentación. Sugiero que, en el futuro, el sensorio de la EEI debería ir acompañado de un trabajo destinado a permitir que descubriera su *motorium*, es decir, cómo utiliza su cuerpo. Después de todo, los principios de la EEI son los del diseño modular, que significa que su plano corporal cambia constantemente. Como hemos visto en el capítulo 5, los cerebros aprenden a manejar cualquier cuerpo en el que se encuentran. No hace falta ninguna programación anterior, tan solo balbuceo motor: intentar diversos movimientos y observar los resultados. De este modo, los cerebros determinan cómo es su cuerpo. Mediante la misma técnica, la EEI podría determinar de manera dinámica sus nuevos accesorios y las capacidades que los acompañan. El futuro de las máquinas de autoconfiguración significa que diseñaremos máquinas que no estarán acabadas, sino que utilizarán la interacción con el mundo para completar los patrones de su propio cableado.

Una vez se coordinan las señales de entrada y salida, sucede todo tipo de magia. Por poner un ejemplo, tomemos un popular microchip situado en el centro de muchos productos (la matriz de puertas lógicas programable en campo, FPGA por sus iniciales en inglés). Se trata de un chip asombroso, pero una de sus principales dificultades consiste en coordinar la sincronización de todas las señales de su interior. Los ceros y los unos discurren velozmente en los chips casi a la velocidad de la luz, y si un bit de una parte del chip llega de manera accidental a alguna parte antes que un bit de otra parte, se crea el desastre: toda la función lógica del chip queda comprometida. La sincronización de los microchips es todo un subcampo; hay gruesos libros sobre el tema.[2]

A través de la lente de un biólogo, hay una solución simple. El cerebro se topa con el mismo desafío que un chip: se enfrenta a un constante flujo de señales que entran (desde los dispositivos sensoriales y órganos internos) y un flujo de señales que salen (movimientos de las extremidades). Y la sincronización importa mucho. Si cree haber oído crujir una ramilla antes de que su pie pise el suelo, más vale que vigile la presencia de depredadores. Pero si lo ha oído después de su pisada, será una consecuencia sensorial normal de sus acciones, por lo que no hay que entrar en pánico. Para el cerebro, el reto es que no hay manera de programar previamente toda la sincronización de los sentidos individuales, porque el procesamiento demora el cambio. Cuando pasa de un lugar luminoso a otro oscuro, la velocidad a la que sus ojos le hablan a su cerebro se ralentiza casi una décima de segundo. Cuando hace calor en lugar de frío, las señales pueden viajar a través de sus extremidades a una velocidad más rápida. Cuando pasa de niño a adulto, la longitud de sus extremidades cambia, por lo que aumenta la cantidad de tiempo que necesita para enviar y recibir señales.

Así pues, ¿cómo soluciona el cerebro estos problemas de sincronización? No lo hace leyendo un grueso libro sobre la verificación de la sincronización. Por el contrario, va lanzando sondas al mundo: da una patada a una cosa, toca otra, golpea otra. Actúa según el supuesto de que si usted *crea* una acción (interactuando con el mundo), entonces la retroalimentación a través de todos los canales sensoriales debería estar sincronizada: debería ver, oír y sentir todas las consecuencias al mismo tiempo.[3] Después de todo, la mejor manera de predecir el futuro es crearlo. Cada vez que su cerebro interactúa con el mundo, manda un claro mensaje a los diferentes sentidos: sincronizad vuestros relojes.

Por lo tanto, la manera inspirada por las neuronas de solventar el problema de la sincronización de los microchips consistiría en conseguir que el chip se envíe sondas a sí mismo de manera regular (del mismo modo que una persona hace botar una pelota, llama a una puerta o mira adelante y atrás después de ponerse unas gafas). Cuando el chip es el que «crea» la sonda, tiene expectativas claras acerca de lo que supuestamente va a ocurrir. Lo que le permite adaptarse y deshacerse por fin de esos libros tan gordos.

A medida que incorporamos los principios del livewiring en nuestras máquinas, todo tipo de dispositivos queda a nuestro alcance. Consideremos los coches sin conductor. Es de suponer que en un futuro tendremos menos muertes en las carreteras, no solo porque los coches se conducirán solos y compartirán conocimiento y comunicación con los coches que nos rodean, sino también porque estarán aprendiendo en el sistema: con el tiempo, los coches se volverán mejores conductores. No es que vayan a estar programados a propósito para cometer errores al principio; lo que ocurre es que el mundo es complejo. No todas las situaciones se pueden programar previamente. Así, igual que los adolescentes aprenden de sus errores y comparten sus lecciones, los coches se volverán más listos con el tiempo.

También podemos utilizar los principios del livewiring para distribuir la electricidad de una manera mucho más eficaz que ahora. A medida que construimos el Internet de las Cosas (la conexión de dispositivos cotidianos con la red), podemos aportar y extraer recursos de nuestras colosales constelaciones de luces, aires acondicionados y ordenadores, utilizando Internet como un sistema nervioso gigantesco que distribuye electricidad cuándo y dónde se necesita.[4] Entre otras cosas, esta red inteligente abriría la puerta a la generación de energía privada: pensemos en añadir molinos de viento y granjas solares del mismo modo que la Madre Naturaleza añade nuevos dispositivos periféricos a una criatura y deja que el cerebro averigüe cómo utilizarlos. Aparte de aumentar la eficiencia, una red inteligente también podría ser capaz de resistir ataques curándose a sí misma. Casi todos los países del mundo afirman estar trabajando para poner en marcha versiones de redes inteligentes, pero la verdad es que la palabra «inteligente» puede representar diversos niveles. Su alumno de tercero es inteligente y Albert Einstein es inteligente. A medida que aprendamos a comprender y poner en marcha los principios del livewirng que la Madre Naturaleza ha concebido a lo largo de miles de millones de años, poco a poco haremos la transición de una red inteligente a una red genial.

Aparte de las ventajas del livewiring para los robots de exploración, los coches, los chips y las redes, espero ver cómo la biología redefine campos como la arquitectura. En la actualidad, nuestras construcciones más espléndidas palidecen en comparación con las creaciones de la naturaleza: de la hermosa estructura de una neurona al exquisito diseño del cerebelo pasando por el ágil baile de las extremidades. ¿Y si los arquitectos se inspiraran en la biología?

Imagine un edificio que percibe el aumento de ajetreo a través de los cuartos de baño y libera atrayentes o repelentes para reclamar el rápido crecimiento de más desagües, urinarios y tuberías de aguas residuales. O imagine una casa que conoce su propia arquitectura y puede reajustar su sistema nervioso según los cambios: cuando se añade una nueva habitación, los conductos de aire y la instalación eléctrica crecen de manera natural. El cerebro de la casa se reajusta, con lo que la casa también cambia de aspecto. De manera parecida, cuando una parte de la casa se destruye en un accidente, los recursos se reconfiguran de manera dinámica: una cocina dañada reubica el espacio de la encimera y sus aparatos electrónicos para que cumplan la misma función en una superficie menor.

En el futuro quizá también tengamos que enfrentarnos al dolor de una nevera fantasma, pero al menos no tendremos que enfrentarnos a esa casa anticuada en la que se derrumban las paredes y sanseacabó. ¿Y si diseñáramos ladrillos que aprendieran a leer sus señales mutuas para autoorganizarse en una estructura, igual que las neuronas individuales se ensamblan en un núcleo más grande? ¿Y si los edificios pudieran ir dando vueltas de manera dinámica para optimizar su exposición al sol, la sombra, el acceso al agua y la cantidad de viento a los que están expuestos? ¿Y si fueran móviles, capaces de levantarse y desplazarse a un lugar mejor cuando les amenaza un incendio o cambian los litorales en una escala temporal prolongada? La manera en que la ingeniería florecerá cuando lleguemos a comprender el liveware es infinita.

Finalmente, observemos que un futuro de dispositivos que se autoconfiguran cambiará el significado de lo que es una reparación. Los trabajadores de la construcción o los mecánicos de coches casi nunca se sorprenden: la rotura de una parte del edificio o del motor conducía a una serie de consecuencias bastante predecibles. Por el contrario, los residentes del primer año de neurología a menudo se muestran vacilantes e inseguros. Aunque acaban reconociendo y diagnosticando los problemas cerebrales con razonable exactitud, suelen frustrarse con los pacientes que no encajan en los modelos de los libros de texto. ¿Por qué los libros de texto tienen carencias? Porque los cerebros cambian según su historia, metas y prácticas. En un futuro lejano, los trabajadores de la construcción y los mecánicos de coches tendrán que ser como los neurólogos y reconocer principios generales en lugar de sacar un cable o un tornillo rotos.

A medida que iluminemos los principios de la función cerebral, podremos aplicarlos de manera beneficiosa a campos como la inteligencia artificial, la arquitectura, los microchips y los robots exploradores de Marte. No tendremos que seguir llenando vertederos con dispositivos frágiles. Los dispositivos que se autorreconfiguren poblarán no solo nuestro mundo biológico sino también nuestro mundo manufacturado.

Sospecho que en un futuro lejano nuestros descendientes volverán la mirada hacia la historia de la revolución industrial y se preguntarán por qué tardamos tanto en imitar los principios de la revolución biológica de la naturaleza de miles de millones de años de antigüedad, una revolución que podemos ver por todas partes.

Así pues, cuando un joven le pregunte cómo será la tecnología dentro de cincuenta años, le puede contestar: «La respuesta la tienes delante de tus ojos».

## 12. EN BUSCA DEL AMOR PERDIDO DE ÖTZI

En septiembre de 1991, una pareja alemana que hacía senderismo por los Alpes tiroleses se topó con un cadáver. El noventa por ciento de la parte inferior del cuerpo estaba congelada y metida dentro del hielo glaciar; solo se veían la cabeza y los hombros. El hombre del hielo estaba perfectamente intacto y liofilizado. A lo largo de los años, en las montañas se habían encontrado los cadáveres extraviados de diversos escaladores, pero aquel descubrimiento era diferente.

El hombre llevaba cinco mil años congelado.

Ese espécimen congelado acabó siendo conocido como el Hombre de Similaun, y al que se le dio el nombre de Ötzi. Con ayuda de picahielos lo sacaron parcialmente de su prisión en el curso de diversas visitas, volvió a quedar congelado debido al tiempo inclemente y finalmente lo sacaron con bastones de esquí. Después de que diferentes jurisdicciones debatieran durante semanas quién era el propietario del cuerpo, los científicos pudieron intervenir y determinar que el hombre procedía del Neolítico Tardío, concretamente de la Edad del Cobre.[1]

De inmediato surgieron los interrogantes. ¿Quién era ese hombre? ¿Qué aspecto tenía? ¿Por qué regiones había viajado? Mientras leía todo lo que habían escrito los científicos, me quedé estupefacto por lo mucho que se podía aprender de unos simples restos. El contenido del intestino revelaba sus dos últimas comidas (carne de rebeco y carne de ciervo, ambas acompañadas de escanda, salvado de trigo, raíces y frutas). El polen de su última comida había sido fresco, lo que permite deducir que su muerte había ocurrido en primavera. Su pelo nos revelaba las líneas generales de su dieta durante los meses anteriores a su muerte, y las partículas de cobre encontradas en él sugerían que había fundido metal. La composición del esmalte de sus dientes mostraba la región donde había pasado su infancia. Los pulmones ennegrecidos nos hablaban del humo de los fuegos del campamento. Las proporciones de los huesos de sus piernas indicaban que había pasado su juventud recorriendo grandes distancias por regiones montañosas. Había recibido una acupuntura primitiva para el desgaste de las rodillas, tal como mostraba el estado de sus huesos y las correspondientes marcas cruciformes en la piel. Las uñas de los dedos eran una crónica de su historial de enfermedades: tres líneas cruzando las uñas significaban que había sufrido enfermedades sistémicas en tres ocasiones los seis meses anteriores a su muerte.

Se puede extraer una enorme cantidad de datos de un cadáver, porque un cadáver está modelado por sus experiencias.

Como hemos visto, en el cerebro tiene lugar una conformación mucho más específica.

Puede que en algún momento seamos capaces de leer los detalles aproximados de la vida de alguien –es decir, lo que hizo y qué era importante para él– a partir del modelado exacto de sus recursos naturales. Si eso fuera factible, equivaldría a un nuevo tipo de ciencia. Si observamos cómo el cerebro se modela a sí mismo, ¿podemos saber a qué estuvo expuesta una persona, y quizá qué cosas le importaban? ¿Qué mano utilizaba para las habilidades motoras delicadas? ¿Cuáles eran las señales relevantes de su entorno? ¿Cuál era la estructura de su lenguaje? Y todo el resto de preguntas que no podemos responder solo mirando los intestinos, el pelo, la rodillas y las uñas.

Después de todo, es la misma lógica con la que llevamos a cabo la ingeniería inversa de los aviones de guerra derribados de nuestros enemigos. Asumimos que la función está relacionada con la estructura: si los cables de la cabina de vuelo poseen una configuración especial, es por una razón. Por la misma razón podemos decodificar el cerebro de manera retrospectiva.

Si todo va bien, dentro de cincuenta años podremos volver a visitar al Hombre de Similaun en su jaula acristalada de Bolzano, Italia. Lo sacaremos de la prisión trasparente que refleja el glaciar donde lo encontraron. Y leeremos los detalles de su historia directamente grabados en el tejido de su cerebro. Comprenderemos su vida no desde el exterior, sino desde su propio punto de vista. ¿Qué cosas le importaban? ¿En qué invertía el tiempo? ¿Amaba a alguien? En este momento esto es pura ciencia ficción, pero dentro de unas cuantas décadas podría ser solo ciencia.

Ya sabemos que la evolución, en escalas temporales prolongadas, configura a las criaturas para que encajen en su entorno. Consideremos el hecho de que los fotorreceptores de nuestras retinas están perfectamente adaptados al espectro de luz que emite el sol, y que nuestros genomas contienen un registro arqueológico de antiguas infecciones. Pero a la escala temporal más corta de una vida, los circuitos del cerebro nos pueden decir mucho más. La estructura del cerebro ilumina las preocupaciones, inversiones de tiempo y los puntos calientes informativos del entorno local de una persona. De este modo, podríamos llegar a conocer al Hombre de Similaun no solo como representativo de su tiempo, sino que también podríamos leer el diario microscópico grabado en el texto de sus neuronas. Podríamos observar las caras de sus hermanos, sus hijos, sus mayores, sus amigos y sus competidores; oler sus noches lluviosas y sus fuegos de campamento; escuchar su lenguaje y las voces que conocía; experimentar sus alegrías personales, sus miedos, sus desengaños amorosos y sus esperanzas.

Ötzi no tuvo la suerte de vivir en una época en la que podía

301

apuntar a su mundo con una cámara de vídeo y grabarlo. Pero tampoco le hizo falta. Él era la cámara de vídeo.

## HEMOS CONOCIDO A LOS METAMÓRFICOS, Y SON NOSOTROS

La gente a veces me dice cosas como: «Los médicos le dijeron a mi sobrina que no volvería a andar. ¡Y ahí la tienes, corriendo tan campante!». En primer lugar, me siento feliz por el paciente y por la familia porque las cosas les salieran bien. En segundo lugar, me muestro un tanto escéptico ante el hecho de que su médico realmente les dijera que nunca volvería a andar. Al menos no sin que fueran precedidas de otras palabras como «las previsiones parecen indicar que». O quizá el médico simplemente intentaba evitar un pleito legal rebajando mucho las expectativas para que luego agradecieran cualquier progreso. Fuera cual fuera la razón, un buen médico casi nunca suele ser tan tajante, porque la capacidad del cerebro de reconfigurarse mantiene la puerta abierta a otras posibilidades, sobre todo en los jóvenes.

En mi opinión, el livewiring es probablemente el fenómeno más hermoso de la biología. En este libro he procurado resumir sus rasgos principales en siete principios.

1. **Refleja el mundo.** El cerebro acaba adaptándose a su input.
2. **Envuelve los inputs.** El cerebro aprovecha cualquier información que le llega.
3. **Pilota cualquier maquinaria.** El cerebro aprende a controlar cualquier plano corporal en el que se encuentra.
4. **Retiene lo importante.** El cerebro distribuye sus recursos basándose en la relevancia.
5. **Fija la información estable.** Algunas partes del cerebro son más flexibles que otras, según el input.

6. **Compite o muere**. La plasticidad surge de una lucha por la supervivencia de las partes del sistema.
7. **Se mueve hacia los datos**. El cerebro construye un modelo interno del mundo, y se ajusta cada vez que las predicciones son incorrectas.

El livewiring es más que una curiosidad de la naturaleza que nos deja con la boca abierta; es el truco fundamental que hace posible la memoria, la inteligencia flexible y las civilizaciones. Cuando nos encontramos sin las herramientas para un trabajo, es el ajuste fino que le permite al cerebro crear esas herramientas.

El livewiring es el mecanismo a través del cual la evolución, gracias a la selección natural, se ve aliviada de algunas presiones imposibles: en lugar de presagiar todas las eventualidades, el cerebro puede ajustar sobre la marcha miles de millones de parámetros para enfrentarse a lo imprevisto.

La plasticidad se encuentra a todos los niveles, desde las sinapsis a regiones cerebrales enteras. La lucha constante por el territorio cerebral es una competencia en la que solo sobreviven los más fuertes: cada sinapsis, cada neurona, cada población lucha por sus recursos. Mientras se libran guerras fronterizas, los mapas cambian de tal manera que las metas más importantes para el organismo se reflejan siempre en la estructura del cerebro.

El livewiring se convertirá en una parte habitual de nuestro pensamiento: a medida que vayamos comprendiendo el mundo, veremos con más claridad el papel que desempeña en todo.

Consideremos el brusco descenso del crimen en Estados Unidos a mediados de la década de 1990. Una hipótesis es que esa caída se debió a una sola ley –la Ley del Aire Limpio–, que exigía que los automóviles pasaran de la gasolina con plomo a la sin plomo. Con menos plomo en el aire, el crimen descendió de manera significativa veintitrés años más tarde. Resulta que los altos niveles de plomo del aire perjudicaban el desarrollo del cerebro del recién nacido, con lo que la gente se comportaba de manera

más impulsiva y pensaba menos a largo plazo. ¿Es una coincidencia la correlación entre los niveles de plomo y el crimen? Probablemente no. Diferentes países se han pasado a las gasolinas sin
plomo en diferentes ocasiones, y todos ellos han visto como
descendían los crímenes veintitrés años después de ese cambio.[2]
Si la hipótesis es correcta, significa que la Ley del Aire Limpio
puede que haya hecho más para combatir el crimen que cualquier
otra política en la historia en Estados Unidos. Aunque esta hipótesis precisa más investigación, resalta la importancia de la idea
de que nuestro proceso de livewiring puede verse influido de
manera furtiva por moléculas, hormonas y toxinas. Si alguna vez
ha dudado de la importancia de la plasticidad cerebral, puede
estar seguro de que sus zarcillos se extienden del individuo a la
sociedad.

Debido al liveware, cada uno de nosotros es una nave de
espacio y tiempo. Llegamos a un lugar concreto del mundo y
absorbemos los detalles de ese lugar. Esencialmente, nos conver-
timos en un dispositivo de grabación de nuestro momento en el
mundo.

Cuando conoce a una persona mayor y se siente escandaliza-
do por sus opiniones y visión del mundo, puede intentar com-
prenderle considerándolo un dispositivo de grabación de su
ventana temporal y sus experiencias. Algún día su cerebro será
también esa instantánea osificada por el tiempo que frustra a la
siguiente generación.

He aquí una muestra de mi nave: recuerdo la canción pro-
ducida en 1985 titulada «We Are the World», que interpretaron
decenas de superestrellas de la música para recaudar dinero para
los niños pobres de África. El tema era que cada uno de nosotros
comparte la responsabilidad del bienestar de todos.

Al recordar ahora la canción, no puedo evitar sino darle otra
interpretación a través de mi lente de neurocientífico. En general,

transitamos la vida pensando *ese soy yo y eso es el mundo*. Pero como hemos visto en este libro, la persona que es usted surge de todo aquello con lo que ha interactuado: su entorno, todas sus experiencias, sus amigos, sus enemigos, su cultura, su sistema de creencias, su época: todo en conjunto. Aunque valoramos afirmaciones como «es dueño de su destino» o «es alguien que piensa por su cuenta», de hecho es imposible separarnos del rico contexto en el que estamos inmersos. No existe un *tú* sin el exterior. Sus creencias, dogmas y aspiraciones están modelados por el contexto, por dentro y por fuera, como una escultura arrancada de un bloque de mármol. Gracias al liveware, cada uno de nosotros es el mundo.

# AGRADECIMIENTOS

Mi carrera de neurocientífico ha progresado gracias a muchas personas en las que se ha reflejado mi fascinación por la creatividad infinita de la caja de herramientas de la naturaleza, y de las que he aprendido el placer que proporciona buscar respuestas. En primer lugar, quiero mencionar a mis padres, Cirel y Arthur, que modelaron mi cerebro durante sus periodos más sensibles; Read Montague, Terry Sejnowski y Francis Crick, que posteriormente lo moldearon en mis estudios de posgrado; y docenas de amigos, estudiantes y compañeros. Gracias a mis colegas de Stanford por proporcionarme una cocina llena de manjares intelectuales. Hay muchos amigos a los que acudo en busca de inspiración y discusiones fructíferas –demasiados para enumerarlos aquí–, pero esta lista incluye a Don Vaughn, Jonathan Downar, Brett Mensh, y a todos los estudiantes que han pasado por mi laboratorio a lo largo de los años. Quiero dar las gracias a Tristan Renz y Scott Freeman por apoyar económicamente nuestro trabajo de sustitución sensorial antes de que nadie estuviera dispuesto a arriesgarse con él, a mi exestudiante de posgrado y actual socio comercial Scott Novich por trabajar conmigo para hacer realidad la tecnología, y a todos los fantásticos empleados de Neosensory.

Quiero dar las gracias a Dan Frank y Jamie Byng por ser unos magníficos editores y por su inquebrantable apoyo. Quiero dar las gracias a The Wylie Agency –sobre todo a Andrew, Sarah, James y Kristina– por su tenaz y permanente respaldo.

Quiero expresar mi agradecimiento a todos aquellos que leyeron atentamente este libro, entre ellos Mike Perrotta, Shahid Mallick, Sean Judge, y a todos los maravillosos alumnos de la clase de Plasticidad Cerebral que imparto en la Universidad de Stanford.

Dedico este libro a mis dos hijos, Aristotle y Aviva, en cuyas hermosas cabecitas los principios de la plasticidad cerebral se desarrollan a cada segundo. Y quiero expresar mi amor y gratitud más profundos también a mi esposa, Sarah, por ser mi sostén, mi piedra angular y mi puntal. Aunque la adoración generalmente habita el dominio de la poesía lírica, no sería nada sin el livewiring: nuestro amor compartido ha reescrito cada uno de nuestros cerebros.

Finalmente, quiero agradecer la enorme inspiración que he recibido de mis alumnos y lectores de todo el mundo. No siempre se dan cuenta de lo fabuloso que es mi trabajo, sobre todo cuando tengo la envidiable tarea de desarrollar una idea que no se les ha ocurrido antes. Los reflejos de una hermosa verdad iluminan nuestras caras.

# NOTAS

Para que las ideas de este libro fueran lo más accesibles posible, he escrito los conceptos en un lenguaje sencillo en lugar de en el argot de esta disciplina. Dicha elección tiene sus pros y sus contras. Para minimizar los contras, las notas al final permitirán a los lectores interesados rastrear los conceptos hasta la literatura original, y profundizar en los detalles con un vocabulario científico.

## 1. *El tejido vivo y eléctrico*

1. Entrevista personal con la familia de Matthew.

2. Curioso pero cierto: el cirujano de Matthew fue el doctor Ben Carson, que posteriormente se presentó a las primarias para presidente de Estados Unidos del Partido Republicano, y perdió ante Donald Trump.

3. Para complicar aún más las cosas, las neuronas están sustentadas por un número igual de células llamadas «glías». Mientras que las glías son importantes para la función a largo plazo, las neuronas son las únicas que transmiten información rápidamente. Solía creerse que había diez veces más glías que neuronas; ahora sabemos, a partir de nuevos métodos (como por ejemplo el fraccionador isotrópico) que la

proporción es de uno a uno. Véase Bahney, J., C. S. von Bartheld y S. Herculano-Houzel, «The search for true numbers of neurons and glial cells in the human brain: A review of 150 years of cell counting», *The Journal of Comparative Neurology*, 524 (2016), pp. (18) 3865-3895. Para una idea general de los números, véase también Shepherd, Gordon M. (ed.), *The Synaptic Organization of the Brain*, Oxford University Press, 2004.

4. He aquí una pequeña subserie de experiencias que podría tener un niño de dos años. Todas ellas modelan su trayectoria futura de alguna manera incognoscible: escucha un cuento sobre un chico que tiene una larga cola y espanta moscas. Josette, una amiga de su madre, los visita con una cacerola plateada humeante que contiene albóndigas. Tres niños mayores pasan junto a la casa en bicicleta y chillando. Ve un gato blanco durmiendo sobre el cálido capó de una camioneta. Su madre le dice a su padre: «Es como aquella vez en Nuevo México», y los dos se ríen. Su padre está junto al fregadero y come de un táper que contiene coles de Bruselas mientras habla con la boca llena. El niño reposa la mejilla sobre el frío del parqué. Ve a un hombre grande disfrazado de castor que reparte cacahuetes. Etcétera. Cada una de estas experiencias le modela de alguna manera ínfima, y si las experiencias fueran ligeramente distintas se convertiría en un hombre ligeramente distinto. Estas consideraciones podrían preocupar, con razón, a los padres, ya que es suya la responsabilidad de guiar al niño en la dirección correcta. Pero la inmensidad del océano de experiencias posibles hace que sea imposible navegarlo. Es imposible saber la influencia de elegir un libro y no otro, ni la importancia de cualquier decisión o exposición. La trayectoria vital –incluso la de un solo día– es demasiado compleja para poder predecir qué la afecta. Mientras que todo esto no disminuye en absoluto los deberes y preocupaciones de los padres, al final ese grado de incognoscibilidad puede acabar siendo un tanto liberador.

5. Nishiyama, T. «Swords into plowshares: civilian application of wartime military technology in modern Japan, 1945-1964», Tesis doctoral, 2005.

6. El principal argumento de esta sección se puede encontrar en

Eagleman, D. M., *Incognito: The Secret Lives of the Brain*, Pantheon, Nueva York, 2011. (Hay traducción española: *Incógnito: Las vidas secretas del cerebro*, Anagrama, trad. de Damià Alou, Barcelona, 2011.)

7. Existe un debate en torno a cómo delimitar claramente las fronteras tradicionales que rodean el término «plasticidad». ¿Cuánto tiene que durar un cambio para poder ser calificado de plástico? ¿Es posible distinguir la plasticidad de conceptos como maduración, predisposición, flexibilidad y elasticidad? Estos debates semánticos son tangenciales al meollo de este libro; no obstante, para aquellos acostumbrados a la palabra he incluido aquí alguna discusión.

Parte del debate gira en torno a *cuándo* hay que utilizar el término plasticidad. ¿Son las cuestiones de la plasticidad del desarrollo, la plasticidad fenotípica y la plasticidad sináptica expresiones de lo mismo, o es solo que «plasticidad» es un término que se utiliza con poca precisión en contextos diferentes? Que yo sepa, la primera persona que abordó explícitamente la cuestión fue Jacques Paillard, en su ensayo de 1976 *Réflexions sur l'usage du concept de plasticité en neurobiologie*, que fue traducido y comentado por Bruno Will y sus colegas en 2008. Si hacemos caso a Paillard, el ensayo de 2008 sugiere que un ejemplo apropiado de «plasticidad» debe incluir cambios estructurales *y* funcionales (no solo uno u otro) y debe distinguirse de la *flexibilidad* (por ejemplo, las adaptaciones preprogramadas), la *maduración* (pongamos el desarrollo normal de un organismo), y la *elasticidad* (cambios a corto plazo que con el tiempo vuelven a su estado anterior). Como veremos más adelante en este libro, no siempre es posible distinguir estos temas. Por poner un ejemplo, dedicaremos todo un capítulo a explorar cómo el cerebro cambia a diferentes escalas temporales, y cómo dichos cambios pueden transmitirse a diferentes partes del sistema (por ejemplo, del nivel molecular a la arquitectura celular más amplia). Bajo esta luz, si nuestra tecnología midiera un cambio que con el tiempo regresara a su estado original –pero solo porque no podemos medir simultáneamente el efecto dominó–, ¿deberíamos concluir que el sistema entero no es plástico? No me parece prudente anclar las definiciones semánticas en nuestra limitada tecnología actual.

Los debates acerca de la palabra «plasticidad» a menudo tienden a ser tormentas en un vaso de agua. En el contexto de este libro, nuestro interés es comprender la automodificación del kilo y medio de tecnología futurística que hay dentro de nuestro cráneo. Si al final de la lectura acabamos comprendiéndolo, habremos triunfado.

8. Matthew cojea del lado opuesto al que le extirparon el hemisferio, porque cada hemisferio controla el lado opuesto del cuerpo. La cojera residual obedece a que el hemisferio restante fue parcialmente capaz de asumir la función motora del hemisferio extirpado, aunque no del todo.

## 2. No hay más que añadir el mundo

1. Gopnik, A., y L. Schulz «Mechanisms of theory formation in young children», *Trends in cognitive sciences*, 2004, 8: 371-377.

2. Spurzheim, J., *The physiognomical System of Drs Gall and Spurzheim*, Baldwin Cradock and Joy, Londres, 1815.

3. Darwin, C., *The Descent of Man*, Rand McNally, Chicago, 1874. (Hay traducción española: *El origen del hombre*, trad. de Joandomènec Ros, Crítica, Barcelona, 2009.)

4. Diamond, M. C., D. Krech, y M. R. Rosenzweig, «Chemical and anatomical plasticity of brain», *Science*, 1964, 164: 610-619.

5. Diamond, M., *Enriching Heredity*, The Free Pres, Nueva York, 1988.

6. Bennett, E. L., y M. R. Rosenzweig, «Psychobiology of plasticity: effects of training and experience on brain and behavior», *Behavioural Brain* Research, 1996, 78: 57-65; Diamond, M., «Response of the brain to enrichment», *Anais da Academia Brasileira de Ciências*, 2001, 73: 211-220.

7. Jacobs, B., M. Schall, y A. B. Scheibel, «A quantitative dendritic analysis of Wernicke's area in humans. II. Gender, hemispheric, and environmental factors», *The Journal of Comparative Neurology*, 1993, 327: 97-111. Ahora bien, no sería ninguna tontería que usted pregun-

tara en qué dirección va la flecha de la causalidad: ¿es posible que aquellos que poseen mejores dendritas tengan más opciones de entrar en la universidad, y no que el ir a la universidad provoque ese crecimiento? Buena pregunta. Todavía no hay experimentos que permitan descartarlo. Pero como veremos en capítulos siguientes, los cambios cerebrales se pueden medir ahora al momento a medida que la gente aprende nuevas cosas, incluyendo los juegos malabares, la música, los mapas, etc.

8. El Proyecto del Genoma Humano hizo una primera estimación de unos veinticuatro mil genes; el número se ha reducido desde entonces, y ahora no es más que de diecinueve mil. Véase Ezkurdia *et al.*, «Multiple evidence strands suggest that there may be as few as 19,000 human protein-coding genes», *Human Molecular Genetics*, 23 (2014), pp. (22) 5866-78.

9. Ampliaremos mucho más este tema en capítulos posteriores. Mientras que la dependencia y la independencia de la experiencia parecen relatos contrapuestos, no siempre existe una nítida frontera entre ambos. (Véase Cline, H., «Sperry and Hebb: oil and vinegar?», *Trends in Neurosciences*, 26 (2003), pp. [12]: 655-61). A veces hay mecanismos integrados que estimulan la experiencia del mundo, y otras veces la experiencia del mundo conduce a una expresión genética que provoca que se integren cosas nuevas. Consideremos lo que parece ser una evidente descripción de una actividad dependiente de la experiencia: en la corteza visual primaria se encuentran franjas alternadas de tejido que llevan información del ojo izquierdo al ojo derecho (lo desarrollaremos en capítulos posteriores). Los axones que transportan esta información visual específica para el ojo se ramifican ampliamente en la corteza, y acto seguido se segregan en zonas específicas para el ojo. ¿Cómo saben cómo segregarse? El truco es que la separación surge de patrones de actividad correlacionada: las neuronas del ojo izquierdo suelen estar más correlacionadas entre ellas que con las neuronas del ojo derecho.

A mediados de la década de 1960, los neurobiólogos de Harvard David Hubel y Torsten Wiesel demostraron que el mapa de franjas que se alternaban de manera regular podía ser drásticamente transformado por la experiencia: cerrar el ojo de un animal conduce a una expansión del territorio ocupado por las fibras del ojo abierto, lo que demuestra la necesidad de actividad neuronal en la competencia sináptica que forma estos mapas (Hubel y Wiesel, 1965).

Sin embargo, hay aquí un misterio oculto, porque anteriormente Hubel y Wiesel habían observado que la formación de territorios alternados de los ojos derecho e izquierdo no dependía de la actividad: incluso animales criados en la oscuridad absoluta desarrollaban esos patrones (Horton y Hocking, 1996). ¿Dónde estaba la coherencia de esos descubrimientos?

Se tardó años en resolver la paradoja. Resultó que mientras el animal en desarrollo flota en el seno materno, su retina genera oleadas espontáneas de actividad. Estas oleadas más o menos simulan la visión. Los brotes de actividad son toscos —no poseen los nítidos bordes de la experiencia visual auténtica de grano fino—, pero son suficientes para correlacionar la actividad de las fibras contiguas en cada ojo, provocando la segregación específica para cada uno en zonas del cerebro posteriores (tales como el núcleo geniculado lateral del tálamo y la corteza). En otras palabras, el cerebro proporciona su propia actividad al principio del desarrollo para contribuir al proceso de segregar los ojos; posteriormente, lo acaba ocupando el input visual del exterior (Meister *et al.*, «Synchronous bursts of action potentials in ganglion cells of the developing mammalian retina», *Science*, 252 (1991), pp. (5008): 939-43). De este modo, la línea entre la experiencia del mundo y la actividad neuronal preespecificada es borrosa. La interacción entre la experiencia del mundo y las instrucciones genéticas puede ser compleja. El principio general es que los mecanismos moleculares independientes de la experiencia conducen a unas conexiones iniciales imprecisas del cerebro. Después, la actividad causada por la interacción con el mundo refina estas conexiones. Ya no podemos pensar en el cerebro como el resultado exclusivo de los genes o de la experiencia del mundo, porque a veces los genes suplantan la experiencia del mundo. Los mecanismos dependientes de la experiencia y los independientes de la experiencia están estrechamente entrelazados.

10. Leonhard, Karl, «Kaspar Hauser und die moderne Kenntnis des Hospitalismus», *Confinia Psychiatrica* (1970), pp. 13: 213-229.

11. DeGregory, L., «The Girl in the Window», *St. Petersburg Times*, 2008. Debería observarse que en los últimos años Danielle ha mostrado ciertas mejoras. Ha aprendido a utilizar el retrete, puede comprender algunas cosas que le dice la gente y expresar algunas réplicas verbales limitadas. Hace poco estuvo asistiendo a preescolar y aprendiendo a dibujar las letras. Se trata de señales fantásticas y bienvenidas; por desgracia, sigue siendo improbable que consiga recuperar gran parte del terreno que perdió durante sus primeros y trágicos años de vida.

Otra cosa digna de observación. Los niños como Danielle, criados en condiciones de estrés y privación, muestran un crecimiento corporal inadecuado, algo que se conoce como enanismo psicosocial. Por irónico que parezca, un escritor médico intentó acuñar un nuevo término para este fenómeno: el síndrome de Kaspar Hauser (Money, J., *The Kaspar Hauser Syndrome of «psychosocial dwarfism»: Deficient statural, intellectual and social growth induced by child abuse*, Prometheus Books, Nueva York, 1992) una elección desacertada e irresponsable, teniendo en cuenta que Kaspar Hauser casi con toda seguridad fingía un pasado salvaje.

12. Por suerte, los actuales protocolos de los derechos de los animales prohíben que hoy en día tengan lugar investigaciones como esa. Ya en su momento, muchos de los colegas de Harlow se quedaron horrorizados por sus experimentos, que infundieron nuevo vigor al movimiento de liberación animal que florecía en Estados Unidos. Uno de los críticos de Harlow, Wayne Booth, escribió que los experimentos de Harlow simplemente demostraban «lo que todos sabíamos de antemano: que se puede destruir a las criaturas sociales destruyendo sus vínculos sociales».

## 3. *El interior refleja el exterior*

1. Véase Penfield, W., «Memory mechanisms», *AMA Archives of Neurology and Psychiatry*, 1952, 67 (2): 178-98; Penfield, W., «Activa-

tion of the record of human experience», *Ann R Coll Surg Eng*, 29 (1961), pp. (2): 77-84.

2. La corteza es la capa exterior (generalmente de unos tres milímetros de grosor) del cerebro. Se la conoce como materia gris porque sus células parecen más oscuras que la materia blanca que hay debajo. En animales más grandes la corteza suele mostrar pliegues y estrías. La primera franja que Penfield midió se denomina «corteza somatosensorial», en referencia a la sensación del cuerpo, o «soma».

3. Ettlin, David Michael, «Taub denies allegations of cruelty», *The Baltimore Sun*, 1 de noviembre, 1981.

4. Pons, T. P. *et al.*, «Massive cortical reorganization after sensory deafferentation in adult macaques», *Science*, 252 (1991), pp. 1857-1860; Merzenich, M., «Long-term change of mind», *Science*, 282 (1998), pp. (5391): 1062-1063; Jones, E. G., y T. P. Pons, «Thalamic and brainstem contributions to large-scale plasticity of primate somatosensory cortex», *Science*, 282 (1998), pp. (5391): 1121-25; Merzenich, M. *et al.*, «Somatosensory cortical map changes following digit amputation in adult monkeys», *The Journal of Comparative Neurology*, 224 (1984), pp. 591-605.

5. Aparte de en la corteza, se dan cambios organizativos masivos en otras zonas del cerebro, como el tálamo y el tallo cerebral; más tarde volveremos a ello.

6. Knight, R., *The Pursuit of Victory: The Life and Achievement of Horatio Nelson*, Basic Books, Nueva York, 2005.

7. Mitchell, S. W., *Injuries of Nerves and Their Consequences*, Lippincott, Filadelfia, 1872.

8. Dichas técnicas comenzaron con la magnetoencefalografía (MEG) y pronto pasaron a la producción de imágenes por resonancia magnética funcional o fMRI. Para un repaso a las técnicas de producción de imágenes cerebrales, véase Eagleman, D. M. y J. Downar, *Brain and Behavior*, Oxford University Press, Nueva York, 2015.

9. El dolor fantasma nos enseña que, aunque el cerebro reescribe sus mapas, los cambios son imperfectos: aunque las neuronas que antes codificaban un brazo ahora codifican la cara, hay otras, río abajo, que

todavía consideran que les está llegando información del brazo. Como resultado de esa confusión río abajo, es habitual que los amputados sientan dolor en su miembro fantasma. Por lo general, los cambios corticales más importantes se traducen en que se experimenta un dolor mayor. Véase Flor *et al.*, «Phantom-limb pain as a perceptual correlate of cortical reorganization following arm amputation», *Nature*, 375 (1995), pp. (6531): 482-84; Karl, A. *et al.*, «Reorganization of motor and somatosensory cortex in upper extremity amputees with phantom limb», *Journal of Neuroscience*, 21 (2001), pp. 3609-18. Posteriormente comprenderemos más cosas acerca de los miembros fantasma, cuando veamos cómo las diferentes áreas cerebrales cambian a velocidades diferentes.

10. Singh, A. K., F. Phillips, L. B. Merabet y P. Sinha, «Why does the cortex reorganize after sensory loss?», *Trends in Cognitive Science*, 22 (2018), pp. (7): 569-582; Ramachandran, V. S. *et al.*, «Perceptual correlates of massive cortical reorganization», *Science*, 258 (1992), pp. 1159-1160; Barinaga, M., «The brain remaps its own contours», *Science*, 258 (1992), pp. 216-18; Borsook, D. *et al.*, «Acute plasticity in the human somatosensory cortex following amputation», *Neuroreport*, 9 (1998), pp. 1013-17.

11. Weiss, T, W. H. R. Miltner, J. Liepert, W. Meissner y E. Taub, «Rapid functional plasticity in the primary somatomotor cortex and perceptual changes after nerve block», *European Journal of Neuroscience*, 20 (2004), pp. 3413-3423.

12. Clark, S. A. *et al.*, «Receptive-Fields in the Body-Surface Map in Adult Cortex Defined by Temporally Correlated Inputs», *Nature*, 332 (1988), pp. 444-445.

13. Esta regla, conocida como «regla de Hebb», se propuso por primera vez en 1949. Hebb, D. O., *The Organization of Behavior*, Wiley & Sons, Nueva York, 1949. A menudo las cosas son un tanto más complejas: si una neurona A se activa justo antes de una neurona B, entonces el vínculo entre ellas se ve reforzado; si A se activa justo después de B, el vínculo se debilita. El fenómeno se conoce como «plasticidad dependiente de la sincronización de los potenciales».

14. También hay tendencias genéticas que provocan que el mapa se forme de una manera determinada. Por ejemplo, la razón por la que la cabeza está en una punta del mapa y los pies en la otra tiene que ver con la manera en que las fibras se adosan desde el cuerpo. Sin embargo, este libro recalca la sorprendente manera en que la experiencia cambia las conexiones.

15. Para ser históricamente exactos: el Territorio de Luisiana primero fue a parar a manos de los españoles. En 1802 España devolvió Luisiana a Francia. Pero Napoleón la vendió a Estados Unidos en 1803, porque en ese momento había abandonado el sueño del Nuevo Mundo.

16. Elbert, T. y B. Rockstroh, «Reorganization of human cerebral cortex: the range of changes following use and injury», *Neuroscientist*, 10 (2004), pp. 129-41; Pascual-Leone *et al.*, «The plastic human brain cortex», *Annual Review of Neuroscience*, 28 (2005), pp. 377-401; D'Angiulli, A. y P. Waraich, «Enhanced tactile encoding and memory recognition in congenital blindness», *International Journal of Rehabilitation Research*, 25 (2002), pp. (2): 143-145; Collignon, O. *et al.*, «Cross-modal plasticity for the spatial processing of sounds in visually deprived subjects», *Experimental Brain Research*, 192 (2006, 2009), pp. (3): 343-58; Bubic, A., E. Striem-Amit y A. Amedi, «Large scale brain plasticity following blindness and the use of sensory substitution devices», en *Multisensory Objetc Perception in the Primate Brain,* M. J. Naumer y J. Kaiser (eds.), Springer, Nueva York, 2010, pp. 351-80.

17. Amedi, A. *et al.*, «Cortical activity during tactile exploration of objects in blind and sighted humans», *Restorative Neurololy and Neuroscience* 28 (2010), pp. (2): 143-56; Sathian, K. y R. Stilla «Cross-modal plasticity of tactile perception in blindness», *Restorative Neurology and Neuroscience*, 28 (2010), pp. (2): 271-81. Obsérvese también que estos cambios se pueden leer de maneras distintas; por ejemplo, en un lector de braille ciego, un pulso de estimulación magnética sobre la corteza occipital provocará una sensación táctil en los dedos (mientras que el pulso no posee ese efecto en sujetos de control con visión). Véase Ptito, M. *et al.*, «TMS of the occipital cortex induces tactile sensations

in the fingers of blind Braille readers», *Experimental Brain Research*, 184 (2008), pp. (2): 193-200.

18. Hamilton, R., J. P. Keenan, M. Catala y A. Pascual-Leone, «Alexia for Braille following bilateral occipital stroke in an early blind woman», *Neuroreport*, 11 (2000), pp. (2): 237-40.

19. Voss, P. *et al.*, «A positron emission tomography study during auditory localization by late-onset blind individuals», *Neuroreport*, 17 (2006), pp. (4): 383-88; Voss, P. *et al.*, «Differential occipital responses in early- and late-blind individuals during a sound-source discrimination task, *Neuroimage*, 40 (2008), pp. (2): 746-58. En un segundo experimento recogido en el mismo ensayo, los participantes tenían que adivinar el emplazamiento de un sonido, y se descubrió lo mismo: la activación de la corteza visual.

20. Renier, L., A. G. De Volder y J. P. Rauschecker, «Cortical plasticity and preserved function in early blindness» *Neuroscience & Biobehavioral Reviews* 41 (2014), pp. 53-63. Raz, N. A. Amedi y E. Zohary, «V1 activation in congenitally blind humans is associated with episodic retrieval», *Cerebral Cortex*, 15 (2005), pp. 1459-1468; Merabet, L. B. y A. Pascual-Leone, «Neural reorganization following sensory loss: the opportunity of change», *Nature Reviews Neuroscience*, 11 (2010), pp. (1): 44-52.

Como nota marginal, apuntemos que la conexión se puede demostrar en la otra dirección: cuando la actividad en el lóbulo occipital de los ciegos se ve temporalmente alterada (por la estimulación de un pulso magnético), su lectura de braille, e incluso su procesamiento verbal, también se ve afectado. Véase Amedi, A. *et al.*, «Transcranial magnetic stimulation of the occipital pole interferes with verbal processing in blind subjects», *Nature Neuroscience* 7 (2004), p. 1266.

21. Esta área se conoce como «área de la forma visual de la palabra». Reich, L. *et al.*, «A ventral visual stream reading center independent of visual experience», *Current Biology*, 21 (2011), pp. 363-368, Striem-Amit, E. *et al.*, «Reading with sounds: sensory substitution selectively activates the visual word form area in the blind» *Neuron*, 76 (2012), pp. 640-652.

22. Esta área se conoce como «temporal medial» o «V5». Ptito, M. *et al.*, «Recruitment of the middle temporal area by tactile motion in congenital blindness», *NeuroReport*, 20 (2009), pp. 543-547; Matteau, I. *et al.*, «Beyond visual, aural and haptic movement perception: hMT+ is activated by electrotactile motion stimulation of the tongue in sighted and in congenitally blind individuals», *Brain Research Bulletin*, 82 (2010), pp. 264-270.

23. Esta área se conoce como «COL» (corteza occipital lateral). Amedi, A. *et al.* (2010).

24. Otra manera de expresarlo sería decir que el cerebro es un operador «metamodal». «Metamodal» significa que las operaciones tienen lugar por encima de los modos (o sentidos) específicos de obtener la información. Véase Pascual-Leone, A. y R. Hamilton, «The metamodal organization of the brain», *Progress in Brain Research*, 134 (2001), pp. 427-445; Reich, L., S. Maidenbaum y A. Amedi, «The brain as a flexible task machine: Implications for visual rehabilitation using noninvasive vs. invasive approaches», *Current Opinion in Neurology*, 25 (2011), pp. 86-95. Véase también Maidenbaum, S. *et al.*, «Sensory Substitution: Closing the gap between basic research and widespread practical visual rehabilitation», *Neuroscience & Biobehavioral Reviews*, 41 (2014), pp. 3-15; Reich, L. *et al.*, «A ventral visual stream reading center independent of visual experience», *Current Biology*, 21 (2011), pp. (5): 363-8; Striem-Amit, E. *et al.*, «The large-scale organization of "visual" streams emerge without visual experience», *Cerebral Cortex*, 22 (2012), pp. (7): 1698-709; Meredith, M. A. *et al.*, «Crossmodal reorganization in the early deaf switches sensory, but not behavioral roles of auditory cortex», *Proceedings of the National Academy of Sciences USA*, 108 (2011), pp. (21): 8856-61; Bola, Ł. *et al.*, «Task-specific reorganization of the auditory cortex in deaf humans», *Proceedings of the National Academy of Sciences USA*, 114 (2017), pp. (4): E600-9. Para una reevaluación, véase Bavelier y Hirshorn (2010), así como Dormal y Collignon (2011).

25. Finney, E. M. *et al.*, «Visual stimuli activate auditory cortex in the deaf», *Nature Neuroscience*, 4 (2001), pp. (12): 1171-1173; Meredith, M. A. *et al.* (2011).

26. Elbert, Rockstroh (2004); Pascual-Leone *et al.* (2005).

27. Véase Hamilton, R. H., A., Pascual-Leone y G. Schlaug, «Absolute pitch in blind musicians», *Neuroreport*, 15 (2004), pp. 803-6; Gougoux, F. *et al.*, «Neuropsychology: Pitch discrimination in the early blind». *Nature* 430 (2004), p. (6997): 309.

28. Voss, P. *et al.* (2008).

29. Ben murió en 2016, a la edad de dieciséis años, cuando regresó el cáncer que le había hecho perder los dos ojos.

30. «The Boy Who Sees Without Eyes», en *Extraordinary People*, Temporada 1, Episodio 43, emitido el 29 de enero de 2007.

31. Teng, S., A. Puri y D. Whitney, «Ultrafine spatial acuity of blind expert human echolocators», *Experimental Brain Research*, 216 (2012), pp. (4): 483-488; Schenkman, B. N. y M. E. Nilsson, «Human echolocation: Blind and sighted persons' ability to detect sounds recorded in the presence of a reflecting object», *Perception*, 39 (2010), p. (4): 483; Arnott, S. R. *et al.*, «Shape-specific activation of occipital cortex in an early blind echolocation expert», *Neuropsychologia*, 51 (2013), pp. (5): 938-949; Thaler, L. *et al.*, «Neural correlates of motion processing through echolocation, source hearing, and vision in blind echolocation experts and sighted echolocation novices», *Journal of Neurophysiology*, 111 (2014), pp. (1): 112-127. Además, en los ecolocalizadores ciegos, escuchar ecos de sonido activa la corteza visual en lugar de la auditiva: Thaler, L. *et al.*, «Neural correlates of natural human echolocation in early and late blind echolocation experts», *PLOS ONE*, 6 (2011), pp. (5): e20162. La ecolocalización se puede mejorar mediante la tecnología: varios proyectos nuevos utilizan un sensor ultrasónico montado sobre unas gafas portátiles que mide la distancia hasta los objetos más cercanos y la reproduce en una señal de audio clara que hace sonar diferentes tonos para representar distancias distintas.

32. Griffin, D. R., «Echolocation by blind men, bats and radar». *Science*, 100 (1944), pp. (2609): 589-590

33. Amedi, A. *et al.*, «Early "visual" cortex activation correlates with superior verbal-memory performance in the blind», *Nature Neuroscience*, 6 (2003), pp. 758-66.

34. En otras palabras, la tarea de discriminar la escala de grises invade una zona de la corteza que generalmente se dedica al gris y al color.

35. Kok, M. A. *et al.*, «Cross-modal reorganization of cortical afferents to dorsal auditory cortex following early-and late-onset deafness», *The Journal of Comparative Neurology*, 522 (2014), pp. (3): 654-75; Finney, E. M. *et al.*, «Visual stimuli activate auditory cortex in the deaf», *Nature Neuroscience*, 4 (2001), 12: 1171.

36. En el caso del autismo, las regiones del cerebro crecen a distintas velocidades, lo que al parecer provoca que establezcan una conectividad anormal entre ellas, con el resultado de que, en el cerebro autista, las conexiones de larga distancia son sutilmente distintas, cosa que conduce a déficits en el lenguaje y el comportamiento social. Redcay, E. y E. Courchesne, «When is the brain enlarged in autism? A meta-analysis of all brain size reports», *Biological Psychiatry*, 58 (2005), pp. 1-9. En otras palabras, un sistema livewired puede desarrollarse a partir de una sola célula, pero la *manera* en que se desarrolla –el ritmo y orden exactos– produce resultados distintos. Deberíamos observar que las teorías sobre el autismo son muy amplias, e incluyen defectos en el sistema neuronal especular, vacunas, infraconectividad, trastorno de coherencia central y muchos más. De manera que la idea de que se trata simplemente de una redistribución de la corteza probablemente solo sea una parte de la historia. Sin embargo, véanse ejemplos como Boddaert, N. *et al.*, «Autism: Functional brain mapping of exceptional calendar capacity», *The British Journal of Psychiatry* (2005); LeBlanc, J. y M. Fagiolini, «Autism: A "Critical Period" Disorder?», *Neural Plasticity* 2011: 921680.

37. Voss, P. *et al.* (2008).

38. Pascual-Leone, A. y R. Hamilton, «The metamodal organization of the brain», en *Vision: From Neurons to Cognition*, Casanova, C. y M. Ptito (eds.), Elsevier Science, Nueva York, 2001, pp. 427-45.

39. Merabet, L. B. *et al.*, «Rapid and reversible recruitment of early visual cortex for touch», *PLOS ONE*, 3 (2008), 8: e3046. Obsérvese también que una versión anterior de estos resultados se publicó en Pascual-Leone, A. y R. Hamilton (2001).

40. Merabet, L. B. *et al.*, «Combined activation and deactivation of visual cortex during tactile sensory processing», *Journal of Neurophysiology*, 97 (2007), pp. 1633-1641.

41. Aunque se pueden dar algunas formas de sueño en la fase no REM (Kleitman, N., *Sleep and Wakefulness*, Chicago University Press, 1963), dichos sueños son bastante diferentes de los más comunes que tienen lugar en la fase REM: generalmente están relacionados con planes o pensamientos elaborados, y carecen de la viveza visual y los componentes alucinatorios y delusorios de los sueños en esta fase. Como nuestra propuesta se basa en la fuerte activación del sistema visual, la fase del sueño REM se ve implicada por encima de la fase no REM.

42. Esta actividad se denomina «ondas PGO» (ondas pontogenículo-occipitales), llamadas así porque se originan en una zona denominada «puente» de Varolio, a continuación se desplazan hacia el núcleo geniculado lateral (de aquí lo de «genículo»), y completan su viaje hacia la corteza occipital (visual). Como nota al margen: hay cierto debate (no demasiado) acerca de si las ondas PGO, el sueño de la fase REM y los sueños son de hecho equivalentes, o si se trata de temas que se pueden separar. Para ofrecer una imagen más completa, quiero mencionar que los niños y los esquizofrénicos con lobotomías prefrontales pueden tener sueño en fase REM y tener muy pocos sueños. Véase Solms, M., «Dreaming and REM sleep are controlled by different brain mechanisms», *Behavioral and Brain Sciences*, 23 (2000), pp. (6): 843-50 (incluyendo la animada discusión de algunos colegas que acompaña el ensayo); véase también Jus *et al.*, «Studies on dream recall in chronic schizophrenic patients after prefrontal lobotomy», *Biological Psychiatry*, 6 (1973), pp. (3): 275-93. Además, no se sabe si la actividad del tallo cerebral es azarosa, si refleja los recuerdos del día o si sirve para practicar programas neuronales; pero la parte importante es que en cuanto las ondas se propagan a las áreas visuales, la actividad se experimenta como visual. Véase Nir, Y. y G. Tononi, «Dreaming and the brain: From phenomenology to neurophysiology», *Trends in Cognitive Sciences*, 14 (2010), pp. (2): 88-100.

43. Eagleman, D. M. y D. A. Vaughn (2019, en evaluación). Como cualquier teoría biológica, esto hay que entenderlo en el contexto de una perspectiva evolutiva. Los programas que construyen estas conexiones están arraigados en la genética, y por tanto no dependen de las experiencias de la vida de un individuo. Como estos circuitos han evolucionado a lo largo de centenares de millones de años, no les afecta nuestra moderna capacidad de desafiar la oscuridad mediante la luz eléctrica.

Nuestra hipótesis deja muchas cuestiones sin resolver: por ejemplo, ¿por qué no soñamos constantemente, en lugar de a rachas? Tampoco reflexiona sobre el misterio de los contenidos del sueño. Para una visión general del tema, véase Flanagan, O., *Dreaming souls: Sleep, dreams, and the evolution of the conscious mind*, Oxford University Press, Nueva York, 2000. Nuestra hipótesis se estudiará con más detenimiento en el futuro examinando los cambios visuales en enfermedades que conducen a la pérdida o deterioro del sueño. Es un campo en el que hay mucho más por descubrir, y nos brinda la oportunidad de comprender los sueños a través de una nueva lente. Además, la fase de sueño REM se puede suprimir mediante inhibidores de la monoamino oxidasa, o por culpa de ciertas lesiones cerebrales, aunque sigue siendo difícil detectar ningún problema (cognitivo o fisiológico) en personas con problemas de sueño en fase REM. (Siegel, J. M., «The REM sleep-memory consolidation hypothesis» *Science*, 294 (2001), pp. 1058-1063). No obstante, nuestra hipótesis predice problemas visuales, y, de hecho, eso es precisamente lo que se ha observado en personas que toman inhibidores de la monoamino oxidasa o antidepresivos tricíclicos. La comunidad médica dice que la visión borrosa es consecuencia de los ojos secos; sugerimos que es posible que no sea esa la raíz correcta del problema.

Otra cuestión técnica interesante: diversas hipótesis del pasado han sugerido que la duración del sueño de fase REM está relacionada con el periodo de vigilia anterior. Pero si ese fuera el caso, sería de esperar que la duración del sueño de fase REM fuera más larga al inicio de la noche, y más corta después. Lo que sucede en realidad es lo contrario. Es interesante observar que la duración de los episodios de sueño REM en los humanos aumenta a lo largo de la noche. El primero de esos periodos de sueño de la noche puede durar tan solo entre cinco y diez minutos, mientras que el último puede prolongarse hasta más de veinticinco minutos. (Véase Siegel, J. M., «Clues to the functions of mammalian sleep», *Nature*, 437 [2005], pp. [7063]: 1264-71). Todo ello resulta coherente con un sistema que tiene que luchar con más ahínco cuanto más largo ha sido el input visual.

Un punto más: en un animal joven, si se reduce la luz que entra en un ojo (pero no en el otro) se puede medir cómo el ojo bueno conquista el territorio del otro. Si entonces se priva al animal del sueño de fase REM durante el periodo crítico de susceptibilidad, el desequilibrio se acelera. En otras palabras, el sueño de fase REM (que beneficia igualmente a ambos canales visuales) contribuye a ralentizar las invasiones: en este caso, la invasión del territorio de un ojo por parte del otro. Sin el sueño de fase REM, la invasión tiene lugar a mayor velocidad.

44. En un ensayo de 1999 titulado *The dreams of blind men and women* (Los sueños de hombres y mujeres ciegos), Craig Hurovitz y sus colegas registraron y analizaron cuidadosamente los detalles de 372 sueños de quince adultos ciegos.

45. Los sueños de las personas que se quedan ciegas *después* de los siete años tienen más contenido visual que en el caso de los que se quedaron ciegos antes: Amadeo, M. y E. Gómez, «Eye movements, attention and dreaming in the congenitally blind», *The Canadian Journal of Psychiatry* (1966), pp. 501-7; Berger, R. J. *et al.*, «Eye-movements and dreams of the blind», *Quarterly Journal of Experimental Psychology*, 14 (1962), pp. (3): 183-6; Kerr, N. H. *et al.*, «The structure of laboratory dream reports in blind and sighted subjects», *The Journal of Nervous and Mental Disease*, 170 (1982), pp. (5): 286-94; Hurovitz, C. *et al.*, «The Dreams of blind Men and Women: A replication and extension of previous findings», *Dreaming*, 9 (1999), pp. 183-93; Kirtley, D. D., *The Psychology of Blindness*, Nelson-Hall, Chicago, 1975. El lóbulo occipital de los que se quedan ciegos más tarde está menos conquistado por los otros sentidos: véase, por ejemplo, Voss *et al.* (2006, 2008).

46. Zepelin, H., J. M. Siegel e I. Tobler, en *Principles and Practice of Sleep Medicine*, vol. 4, Kryger, M. H., T. Roth y W. C. Dement (eds.), Elsevier Saunders, Filadelfia, 2005, pp. 91-100; Jouvet-Mounier, D., L. Astic y D. Lacote, «Ontogenesis of the states of sleep in rat, cat, and guinea pig during the first postnatal month», *Developmental Psychobiology*, 2 (1970), pp. 216-239.
47. Siegel, J. M. (2005).
48. Angerhausen, D. *et al.*, «An Astrobiological Experiment to the Habitability of Tidally Locked M-Dwarf Planets», *Proceedings of the International Astronomical Union*, 8 (2012), pp. (S293), 192-196. Obsérvese que esto se parecería al hecho de que desde la Tierra siempre vemos la misma cara de la Luna. Hay que notar, sin embargo, que el tiempo de rotación de la Luna es exactamente el mismo que el de su periodo orbital, y por eso siempre vemos la misma cara. Pero la Luna también tiene días y noches, porque se encara al Sol de manera distinta. Un planeta en rotación sincrónica con una estrella no tiene días ni noches.

4. *Envolver los inputs*

1. Véanse Chorost, M., *Rebuilt: How Becoming Part Computer made More Human*, Houghton Mifflin, Boston, 2005; Chorost, M., *World Wide Mind: The Coming Integration of Humanity, Machines, and The Internet*, Free Press, Nueva York, 2011. Véase también Chorost, M., «My Bionic Quest for Bolero», *Wired* (2005).
2. Fleming, N., «How one man "saw" his son after 13 years», *The Telegraph* (2007).
3. Ahuja, A. K. *et al.*, «Blind subjects implanted with the Argus II retinal prosthesis are able to improve performance in a spatial-motor task», *British Journal of Ophthalmology*, 95 (2011), pp. (4): 539-43.
4. Mi analogía cojea un poco, porque en el mundo informático los dispositivos de instalación automática son posibles gracias a unas reglas de instalación acordadas: el periférico viene con cierta información

acerca de sí mismo, y se lo dice al ordenador, de manera que el procesador central sabe lo que tiene que hacer. Por el contrario, el cerebro utiliza un protocolo un tanto distinto. Hemos de suponer que los dispositivos periféricos como los ojos no saben nada de sí mismos. Simplemente hacen lo que tienen que hacer. Pero el cerebro posee la capacidad de aprender a extraer información útil acerca de ellos; en otras palabras, cómo utilizarlos.

5. Foto de Sharon Steinmann, AL.com. «Alabama born without a nose, mom says he's perfect», ABC News, www.abcnews.go.com

6. Lourgos, Angie Leventis, «Family of Peoria baby born without eyes prepares for treatment in Chicago», *Chicago Tribune* (2015).

7. Esto se denomina «aplasia del laberinto, microtia y microdoncia». Afecta al desarrollo de las orejas y los dientes. Este síndrome se caracterizó también por un oído externo pequeño y dientes pequeños separados, porque el gen que ha mutado (FGF3) desencadena una cascada de reacciones celulares que conduce a la formación de las estructuras del oído interno, el oído externo y los dientes. Cuando FGF3 sufre una mutación, no envía correctamente la señal de adelante, y el resultado es el síndrome de aplasia del laberinto.

8. Wetzel, Fran, «Woman born without tongue has op so she can speak, eat and breathe more easily», *The Sun*, 18 de enero de 2013.

9. Esto generalmente se conoce como insensibilidad congénita al dolor o analgesia congénita. Véase Eagleman, D. M. y J. Downar, *Brain and Behavior*, Oxford University Press, Nueva York, 2015.

10. Abrams, M. y D. Winters, «Can You See With Your Tongue?», *Discover* (2003).

11. Macpherson, F. (ed.), *Sensory Substitution and Augmentation*, Oxford University Press, 2018; Lenay *et al.*, «Sensory substitution: Limits and perspectives», en *Touching for Knowing: Cognitive Psychology of Haptic Manual Perception*, Hatwell, Y., A Streri y E. Gentaz (eds.), John Benjamins, Filadelfia (2003), pp. 275-93; Poirier, C., A. G. DeVolder y C. Scheiber, «What Neuroimaging tells us about sensory substitution», *Neuroscience & Biobehavioral Reviews*, 31 (2007), pp. 1064-70; ; Bubic, A., E. Striem-Amit y A. Amedi, «Large-scale brain plasticity following

blindness and the use of sensory substitution Devices», en *Multisensory Object Perception in the Primate Brain*, Naume, M. J. y J. Kaiser (eds.), Springer, Nueva York, 2010; Novich, S. D. y D. M. Eagleman, «Using space and time to encode vibrotactile information: toward an estimate of the skin's achievable throughput», *Experimental Brain Research*, 233 (2015), pp. (10): 2777-88; Chebat, D. R. *et al.*, «Sensory substitution and the neural correlates of navigation in blindness», en *Mobility of Visually Impaired People*, Springer, Cham, 2018, pp. 167-200.

12. Bach-y-Rita, P., *Brain Mechanisms in Sensory Substitution*, Academy Press, Nueva York, 1972; Bach-y-Rita, P., «Tactile sensory substitution studies», *Annals of the New York Academy of Sciences journal*, 1013, 2004, pp. 83-91.

13. Hurley, S. y A. Noë, «Neural plasticity and consciousness», *Biology and Philosophy*, 18 (2003), pp. (1): 131-68; Noë, A., *Action in Perception*, MIT Press, Cambridge, 2004.

14. Bach-y-Rita, P. *et al.*, «Seeing with the brain», *International Journal of Human-Computer Interaction*, 15 (2003), pp. (2): 285-95; Nagel, S. K. *et al.*, «Beyond sensory substitution. Learning the sixth sense», *Journal of Neural Engineering*, 2 (2005), pp. (4): R13-26.

15. Starkiewicz, W. y T. Kuliszewski, «The 80-channel elektroftalm», en *Proceedings of the International Congress Technology Blindness*, American Foundation for the Blind, Nueva York, 1963.

16. Esta idea de que la corteza es fundamentalmente la misma en cualquiera de sus partes –aunque modelada por sus inputs– fue explorada por primera vez por el neurofisiólogo Vernon Mountcastle, y posteriormente cobraría un nuevo impulso gracias al científico e inventor Jeff Hawkins. Véase Hawkins, J. y S. Blakeslee, *On Intelligence*, Times Books, Nueva York, 2005.

17. Pascual-Leone, A. y R. Hamilton , «The metamodal organization of the brain», en *Vision: From Neurons to Cognition*, Casanova, C. y M. Ptito (eds.), Elsevier Science, Nueva York, 2001, pp. 427-45.

18. Sur, M., «Cortical development: transplantation and rewiring studies», en *International Encyclopedia of the Social and Behavioral Sciences*, Smelser, N. y P. Baltes (eds.), Elsevier, Nueva York, 2001.

19. Sharma, J., A. Angelucci y M. Sur, «Induction of visual orientation modules in auditory cortex» *Nature*, 404 (2000), pp. 841-47. Las células de la nueva corteza auditiva ahora respondían, por ejemplo, a diferentes orientaciones de líneas.

20. Hemos de hacer aquí una salvedad que desarrollaremos en capítulos posteriores: el cerebro no llega como una hoja totalmente en blanco. Y por ese motivo la corteza auditiva visualmente sensible del hurón resulta un poco más chapucera en su codificación que la corteza visual tradicional. La genética local provoca que ciertas zonas estén un poco más predispuestas a ciertos tipos de input sensorial. Encontramos una continuidad entre los planes de construcción firmes (la genética) y la flexibilidad procedente de la actividad (el livewiring). ¿Por qué? Porque a escalas temporales evolutivas, los inputs estables de algo aprendido en la vida lentamente pasan a quedar genéticamente programados. Nuestra meta, en este caso, es concentrarnos en la tremenda sensibilidad que se observa a lo largo de una vida.

21. Bach-y-Rita, P. *et al.*, «Late human brain plasticity: vestibular substitution with a tongue BrainPort human-machine interface», *Intellectica*, 1 (2005), pp. (40): 115-22; Nau, A. C. *et al.*, «Acquisition of visual perception in blind adults using the BrainPort artificial vision device», *The American Journal of Occupational Therapy*, 69 (2015), pp. (1): 1-8; Stronks, H. C. *et al.*, «Visual task performance in the blind with the BrainPort V100 Vision Aid», *Expert Review of Medical Devices*, 13 (2016), pp. (10): 919-31.

22. Sampaio *et al.*, «Brain plasticity: "Visual" acuity of blind persons via the tongue», *Brain Research*, 908 (2001), pp. (2): 203-7.

23. Levy, B., «The blind climber who "sees" with his tongue», *Discover*, 22 de junio de 2008.

24. Bach-y-Rita, P., C. C. Collins, F. Saunders, B. White y L. Scadden, «Vision substitution by tactile image projection», *Nature*, 221 (1969), pp. 963-964; Bach-y-Rita, P., «Tactile sensory substitution studies», *Annals of the New York Academy of Sciences journal*, 1013 (2004), pp. 83-91.

25. Se trata de un área llamada «MT+». Matteau, I. *et al.*, «Beyond

visual, aural, and haptic movement perception: hMT+ is activated by electrotactile motion stimulation of the tongue in sighted and in congenitally blind individuals», *Brain Research Bulletin*, 82 (2010), pp. (5-6): 264-70. Véanse también Amedi, A. *et al.*, «Cortical activity during tactile exploration of objects in blind and sighted humans», *Restorative Neurology and Neuroscience*, 28 (2010), pp. (2): 143-56; y Merabet *et al.*, «Functional recruitment of visual cortez for sound encoded object identification in the blind», *Neuroreport,* 20 (2009), p. (2): 132. En los ciegos, también se activan muchas otras áreas de la corteza occipital, como esperaríamos de las invasiones del territorio cortical que vimos en el capítulo anterior.

26. Vídeo de WIRED Science: «Mixed Feelings».

27. El Forehead Retina System fue desarrollado por EyePlusPlus, Inc. of Japan y el Tachi Laboratory en la Universidad de Tokio. Utiliza el resaltamiento de los bordes y un filtrado de paso de banda para imitar la retina.

28. Es una buena manera de impedir que se desperdicie la cintura. Lobo, L. *et al.*, «Sensory substitution: Using a vibrotactile device to orient and walk to targets», *Journal of Experimental Psychology: Applied,* 24 (2018), p. (1): 108. Véase también Lobo, L. *et al.*, «Sensory substitution and walking toward targets: an experiment with blind participants» (2017). Su investigación demuestra que las trayectorias para andar de los participantes ciegos no están planeadas de antemano, sino que surgen de manera dinámica a medida que llega nueva información.

29. Véase Kay, L., «Auditory perception of objects by blind persons, using a bioacoustic high resolution air sonar», *The Journal of the Acoustical Society of America*, 107 (2000), pp. (6): 3266-76. Las gafas sónicas aparecieron a mediados de la década de 1970, y han ido mejorando mucho desde entonces (véase el Binaural Sensory Aid de Kay y el posterior sistema KASPA, que representa la textura de la superficie mediante el timbre). La resolución de las técnicas de ultrasonidos no es alta, sobre todo en dirección de arriba abajo, por lo que las gafas sónicas son sobre todo útiles para detectar objetos en una estrecha franja horizontal.

30. Bower, T. G. R., «Perceptual development: Object and space», en *Handbook of Perception, Volume VIII, Perceptual Coding*, Carterette y Friedman (eds.), Academic Press, Nueva York, 1978. Véase también Aitken, S. y T. G. R. Bower, «Intersensory substitution in the blind», *Journal of Experimental Child Psychology*, 33 (1982), pp. 309-23.

31. Como la plasticidad disminuye con la edad, la sustitución sensorial tiene que individualizarse, tanto para la edad que uno tiene en ese momento como para la edad en que se quedó ciego. Bubic, Striem-Amit, Amedi (2010).

32. Meijer, P. B., «An experimental system for auditory image representations», *IEEE Transactions on Biomedical Engineering*, 39 (1992), pp. (2): 112-21.

33. Véanse los detalles técnicos y las demostraciones auditivas del algoritmo vOICe en www.seeingwithsound.com.

34. Arno, P. *et al.*, «Auditory coding of visual patterns for the blind», *Perception*, 28 (1999), pp. (8): 1013-29; Arno, P. *et al.*, «Occipital activation by pattern recognition in the early blind using auditory substitution for vision», *Neuroimage*, 13 (2001), pp. (4): 632-45; Auvray, M., S. Hanneton y J. K. O'Regan, «Learning to perceive with a visuo-auditory substitution system: localisation and object recognition with "The vOICe"», *Perception*, 36 (2007), pp. 416-30; Proulx, M. J. *et al.*, «Seeing "where" through the ears: effects of learning-by-doing and long-term sensory deprivation on localization based on image-to-sound substitution», *PLOS ONE*, 3 (2008), p. (3): e1840.

35. Cronly-Dillon, J., K. Persaud y R. P. Gregory, «The perception of visual images encoded in musical form: a study in crossmodality information transfer», *Proceedings: Biological Sciences* 266 (1999), pp. (1436): 2427-33; Cronly-Dillon, J., K. C. Persaud y R. Blore, «Blind subjects construct conscious mental images of visual scenes encoded in musical form», *Proceedings: Biological Sciences*, 267 (2000), pp. (1458): 2231-38.

36. Cita de Pat Fletcher en un artículo aparecido en ACB Braille Forum (publicación oficial del American Council of the Blind), tal como se cita en Maidenbaum *et al.*, «Sensory substitution: closing the

gap between basic research and widespread practical visual rehabilitation», *Neuroscience & Biobehavioral Reviews*, 41 (2014), pp. 3-15.

37. En concreto, Amedi y otros demostraron la activación en una región cerebral conocida como área táctil-visual lateral-occipital (LOtv por sus siglas en inglés). Parece ser que la región codifica información acerca de la forma, ya sea activada por la vista, el tacto o el aprendizaje de un paisaje sonoro visual-a-auditivo. Amedi, A. *et al.*, «Shape conveyed by visual-to-auditory sensory substitution activates the lateral occipital complex», *Nature Neuroscience* (2007), Véase un resumen de la experiencia de un usuario en Piore, Adam, *The Body Builders: Inside the Science of the Engineered Human*, Ecco, Nueva York, 2017.

38. Collignon, O. *et al.*, «Functional cerebral reorganization for auditory spatial processing and auditory substitution of vision in early blind subjects», *Cerebral Cortex*, 17 (2007), pp. (2): 457-65.

39. Abboud *et al.*, «EyeMusic: Introducing a "visual" colorful experience for the blind using auditory sensory substitution», *Restorative Neurology and Neuroscience*, 32 (2014), pp. (2): 247-57. EyeMusic se basa en una tecnología más antigua llamada SmartSight: Cronly-Dillon *et al.* (1999, 2000).

40. Massiceti, D., S. L. Hicks y J. J. van Rheede, «Stereosonic vision: Exploring visual-to-auditory sensory substitution mappings in an immersive virtual reality navigation paradigm», *PLOS ONE*, 13 (2018) (7); Tapu, R., B. Mocanu y T. Zaharia, «Wearable assistive devices for visually impaired: A state of the art survey», *Pattern Recognition Letters* (2018); Kubanek, M. y J. Bobulski, «Device for acoustic support of orientation in the surroundings for blind people», *Sensors*, 18 (2018) p. (12): 4309. Véase también Hoffmann, R. *et al.*, «Evaluation of an audio-haptic sensory substitution device for enhancing spatial awareness for the visually impaired», *Optometry and Vision Science*, 95 (2018), p. (9): 757.

41. El tracoma, la principal causa de ceguera en el mundo en vías de desarrollo, ha dejado ciegas ya a dos millones de personas. La segunda causa de ceguera, la oncocercosis, es endémica en treinta países africanos. Muchos investigadores están considerando utilizar un software

de sustitución sensorial como puente para que se pueda reaprender a ver en conjunción con otras terapias (por ejemplo, una operación de córnea).

42. Koffler *et al.*, «Genetics of Hearing Loss», *Otolaryngologic Clinics of North America*, 48 (2015), pp. (6): 1041-1061.

43. Novich, S. D. y D. M. Eagleman, «Using space and time to encode vibrotactile information: Toward an estimate of the skin's achievable throughput», *Experimental Brain Research*, 233 (2015), pp. (10): 2777-88; Perrotta, M., T. Asgeirsdottir y D. M. Eagleman, «Deciphering sounds through patterns of vibration on the skin» (2020, en evaluación). Véase también Neosensory.com. ¿Podríamos haber elegido otra cosa aparte de la vibración? Después de todo, la piel contiene distintos tipos de receptores que pueden utilizarse para transmitir información, incluyendo la presión, la temperatura, el picor, el dolor y el estiramiento. Pero decidimos concentrarnos en la vibración porque es más rápida. En segundo lugar, la temperatura tiene una mala localización, y su percepción es lenta. Aunque los receptores del estiramiento podrían poseer prometedoras propiedades espaciales y temporales, no creo que nadie quisiera el consuelo a largo plazo del estiramiento de la piel. Y probablemente no haya gran cosa que decir del dolor.

44. Como nota al margen, piense en el «acento» que tiene una persona sorda cuando habla. ¿Se trata de algún tipo de impedimento del habla? No. Por el contrario, una persona que está totalmente sorda aprende a vocalizar mirando y copiando los movimientos de la boca de las personas que hablan. Aunque imitar los movimientos de los labios es un método razonablemente efectivo, el problema es que el observador sordo no puede ver lo que hace la lengua del hablante. Intente pronunciar una frase normal dejando la lengua inmóvil y relajada en el fondo de la boca. Hablará exactamente igual que un sordo. Una interesante ventaja es que las personas con nuestros dispositivos pueden superar esta limitación de la lengua oculta. Cuando se comparan las palabras de otra persona con la propia vocalización, se percibe la diferencia, con lo que se exploran las posibilidades hasta que las palabras suenan igual.

45. Véanse Alcorn, S., «The Tadoma Method» *Volta Review*, 34 (1932), pp. 195-198; Reed, C. M. *et al.*, «Research on the Tadoma Method of Speech Communication», *The Journal of the Acoustical Society of America*, 77 (1985), pp. 247-257.

46. Debido a las limitaciones informáticas de años anteriores, los primeros intentos de una sustitución de sonido a tacto se basaron en un audio de filtro de paso de banda y en la reproducción de este output en la piel sobre solenoides vibrantes. Los solenoides operaban a una frecuencia fija de menos de la mitad del ancho de banda de algunos de esos canales de paso de banda, lo que conducía a un ruido de solapamiento. Además, las versiones multicanales de estos dispositivos han visto reducidos el número de posibles interfaces de vibración debido al tamaño de la batería y a las limitaciones de capacidad. Ahora la computación es más rápida y barata. Las transformaciones matemáticas deseadas se pueden llevar a cabo en tiempo real, básicamente sin ningún gasto y sin necesidad de los circuitos integrados habituales. Las actuales pilas de iones de litio alimentan más interfaces de liberación que las que podían usarse en anteriores ayudas táctiles. Para anteriores intentos de dispositivos auditivos sonido a tacto, véanse Summers y Gratton (1995); Traunmuller (1980); Weisenberger *et al.* (1991); Reed y Delhorne (2003); Galvin *et al.* (2001). Véase también Cholewiak, R. W. y C. E. Sherrick, «Tracking skill of a deaf person with long-term tactile aid experience: a case study», *Journal of Rehabilitation Research & Development*, 23 (1986), pp. (2): 20-6.

47. Turchetti *et al.*, «Systematic review of the scientific literature on the economic evaluation of cochlear implants in paediatric patients», *Acta Otorhinolaryngol*, 31 (2011), p. (5): 311.

48. Para personas que ya llevan un implante coclear, acompañarlo de un dispositivo vibrotáctil mejora su capacidad de identificar sonidos ambientales –como el ladrido de un perro, un golpe en la puerta, la bocina de un coche– en una media del veinte por ciento (datos de estudios internos de Neosensory).

49. Danilov, Y. P. *et al.*, «Efficacy of electrotactile vestibular substitution in patients with peripheral and central vestibular loss», *Journal of Vestibular Research*, 17 (2007), pp. (2-3): 119-30.

50. Una nota más sobre la sustitución sensorial: cuál es el mejor enfoque para un individuo –un chip retinal o la sustitución sensorial– depende del origen de la ceguera. El chip retinal es ideal para gente con enfermedades de degeneración fotorreceptora (como la retinitis pigmentaria o la degeneración macular relacionadas con la edad), porque esas patologías dejan el sistema visual río abajo intacto y capaz de recibir señales de los electrodos implantados. Hay otras formas de ceguera que no pueden utilizar el chip retinal: si el problema está relacionado con otras partes del ojo (pongamos con un desprendimiento de retina), o es el resultado de un problema posterior en el sistema visual (como podría ser un tumor o daños en el tejido por culpa de un ictus), entonces el chip retinal no sirve de nada. En esos casos, las soluciones adecuadas serían una sustitución sensorial o un complemento directamente aplicado al cerebro, sorteando el lugar dañado. Además, hay que observar que algunos investigadores exploran la combinación de dispositivos de sustitución sensorial con complementos (a la retina o al cerebro): la idea es que la sustitución sensorial ayuda a la corteza visual a interpretar la información que llega a través de una prótesis. En otras palabras, sirve de guía para decodificar la información.

51. Para una descripción de primera mano de la experiencia, se puede ver la Charla TED de Neil Harbisson. Entre las renovaciones recientes se incluye la ampliación del eyeborg para decodificar la saturación mediante el volumen. El dispositivo eyeborg se ha trasladado a un chip que, en teoría, se podría implantar. Para ver recientes avances de otros grupos, véase por ejemplo el Colorophone: Osinski, D. y D. R. Hjelme, «A sensory substitution device inspired by the human visual system», *11th International Conference on Human System Interaction*, de 2018, (his) (pp. 186-192). IEEE.

52. A partir del éxito del eyeborg y otros proyectos, Harbisson y su socio han creado la Fundación Cyborg, una organización sin ánimo de lucro dedicada a conectar tecnologías al cuerpo humano.

53. En concreto, les insertaron un fotopigmentohumano. Jacobs, G. H., G. A. Williams, H. Cahill y J. Nathans, «Emergence of novel

335

color vision in mice engineered to express a human cone photopigment», *Science*, 315 (2007), pp. (5819): 1723-5.

54. Mancuso, K. *et al.*, «Gene therapy for red-green colour blindness in adult primates», *Nature*, 461 (2009), pp. 784-88. El equipo de investigación inyectó un virus que contenía el gen opsina que hay detrás de la retina para detectar el rojo. Después de veinte semanas de práctica, los monos fueron capaces de utilizar la visión del color para discriminar colores anteriormente indistinguibles. El mono llamado Dalton recibió su nombre por John Dalton, un químico inglés que en 1794 fue la primera persona en describir su propia ceguera al color.

55. Jameson, K. A., «Tetrachromatic color vision», en *The Oxford Companion to Consciousness*, Wilken, P., T. Bayne y A. Cleeremans (eds.), Oxford University Press, 2009.

56. Implante multifocal Crystalens (Bausch + Lomb). Cornell, P. J., «Blue-Violet Subjective Color Changes After Crystalens Implantation», *Cataract and Refractive Surgery Today* (2011). Para más información acerca de lo que se siente al experimentar esa pequeña ampliación hacia el espectro de los rayos UVA, véase esta entrada del blog de Alek Komarnitsky, http://www.komar.org/faq/colorado-cataract-surgery-crystalens/ultra-violet-color-glow. Por cierto, obsérvese que casi todas las «luces negras» comeciales de hecho van más allá del espectro violeta. De manera que, a no ser que le implanten una lente artificial, es probable que detecte una luz purpúrea.

57. Ardouin, J. *et al.*, «FlyVIZ: A novel display device to provide humans with 360º vision by coupling catadioptric camera with HMD», en *Proceedings of the 18th ACM Symposium on Virtual Reality Software and Technology*, 2012, pp. 41-44; Guillermo, A. B. *et al.*, «Enjoy 360º vision with the FlyVIZ», en *ACM SIGGRAPH 2016 Emerging Technologies*, ACM, Nueva York, 2016, p. 6.

58. Wolbring, G., «Hearing beyond the normal enabled by Therapeutic Devices: The role of the recipient and the hearing profession», *Neuroethics*, 6 (2013), p. 607.

59. Eagleman, D. M., «Can we create new senses for humans?» charla TED. Véase también Hawkins y Blakeslee (2004).

60. Huffman, entrevista personal. Larratt entrevista de Dvorsky, G., «What does the future have in store for radical body modification?» *io9* (2012). Obsérvese que Larratt tuvo que eliminar los imanes porque el revestimiento se desprendía.

61. Nordmann, G. C., T. Hochstoeger y D. A. Keays, «Magnetoreception. A sense without a receptor,» *PLOS Biology*, 15 (2017), p. (10): e2003234.

62. Kaspar, K. *et al.*, «The experience of new sensorimotor contingencies by sensory augmentation», *Consciousness and Cognition*, 28 (2014), pp. 47-63; Kärcher, S. M., «Sensory augmentation for the blind», *Frontiers in Human Neuroscience*, 6 (2012), p. 37.

63. Nagel, S. K. *et al.*, «Beyond sensory substitution. Learning the sixth sense», *Journal of Neural Engineering*, 2 (2005), p. (4): R13.

64. *Ibid.*

65. Véase *Ibid.* Fijémonos, además, en la interesante relación que guarda todo esto con los ciegos que conocimos antes, que son más capaces de utilizar sus dispositivos para la localización que la gente con vista, que tienen las mismas oportunidades, pero en su caso la señal es diminuta y vive debajo de la superficie de la conciencia. Cuando uno comienza a necesitarla, sin embargo, se puede entrenar una señal débil y utilizarla.

Obsérvese, además, que no hay que llevar el cinturón durante mucho tiempo. A finales de 2018, los científicos desarrollaron una fina piel electrónica –básicamente una pequeña pegatina en la mano– que indica el norte. Cañón Bermúdez, G. S. *et al.*, «Electronic-skin compasses for geomagnetic field-driven artificial magnetoreception and interactive electronics», *Nature Electronics*, 1 (2018), pp. 589-95.

66. Norimoto, H. e Y. Ikegaya, «Visual cortical prosthesis with a geomagnetic compass restores spatial navigation in blind rats», *Current Biology*, 25 (2015), pp. (8): 1091-95.

67. Era peligroso volar sin un horizonte visible, un problema que solo se solucionó con la invención del horizonte artificial, formado por un giroscopio de rotación horizontal. En uno de los bombarderos de la Segunda Guerra Mundial, el asiento del copiloto no estaba ni-

velado con precisión, lo que podía provocar que se desviaran de su rumbo. Había programas de entrenamiento para contrarrestar el «efecto suelo».

68. Por cierto, Descartes llegó a la conclusión de que nunca podría saber si todo eso era una ilusión o no. Pero para contrarrestar esa conclusión, dio uno de los pasos más importantes de la filosofía: comprendió que hay *alguien* formulando esa pregunta, de manera que incluso si ese alguien está siendo manipulado por un demonio maléfico, ese alguien sigue existiendo. *Cogito ergo sum*: pienso, luego existo. Es posible que usted nunca sea capaz de saber si es víctima de un demonio o no es más que un cerebro en un tarro, pero al menos hay una parte de *usted* que existe para irritarse por ello. Para el argumento del cerebro en un tarro, véase Putnam, H., *Reason, Truth and History*, Cambridge University Press, Nueva York, 1981. (Hay traducción española.: *Razón, verdad e historia*, trad. de José Miguel Esteban, Tecnos, Madrid, 2023.)

69. Neely, R. M. *et al.*, «Recent advances in neural dust: towards a neural interface platform», *Current Opinion in Neurobiology*, 50 (2018), pp. 64-71.

70. Estas cuestiones no deberían de confundirse con la sinestesia, en la que la estimulación de un sentido puede provocar una sensación en otro, como cuando un sonido provoca la experiencia del color. En la sinestesia, se es perfectamente consciente del estímulo original, pero también hay una sensación interna de otra cosa. Pero en el texto principal de este libro estoy preguntando qué ocurre cuando se confunde un sentido con otro. Para más información sobre la sinestesia, véase Cytowic, R. E. y D. M. Eagleman, *Wednesday is Indigo Blue: Discovering the Brain of Synesthesia*, MIT Press, Cambridge, 2009.

71. Eagleman, D. M., «We will leverage technology to create new senses», *Wired* (2018).

72. O'Regan, J. K. y A. Noë, «A sensorimotor account of vision and visual consciousness», *Behavioral and Brain Sciences*, 24 (2001), pp. (5): 939-73. ¿Recuerda los experimentos con los ciegos de Bach-y-Rita en el sillón de dentista? Las grandes mejoras ocurrieron cuando los

participantes fueron capaces de establecer la contingencia entre sus acciones y la retroalimentación resultante: cuando movían la cámara a su alrededor, el mundo cambiaba de manera impredecible. Los sentidos, ya sean biológicos o creados por el hombre, ofrecen una manera activa de explorar el entorno, haciendo coincidir cada acción concreta con un cambio específico en el input. Bach-y-Rita, 1972, 2004; Hurley y Noë, 2003; Noë, 2004.

73. Nagel *et al.* (2005).

## 5. Cómo conseguir un cuerpo mejor

1. Fuhr, P. *et al.*, «Physiological analysis of motor reorganization following lower limb amputation», *Electroencephalography and Clinical Neurophysiology*, 85 (1992), pp. (1): 53-60; Pascual-Leone, A. *et al.*, «Reorganization of human cortical motor output maps following traumatic forearm amputation», *Neuroreport*, 7 (1996), pp. 2068-70; Hallett, M., «Plasticity in the Human Motor System», *Neuroscientis*, 5 (1999), pp. 324-32; Karl, A. *et al.*, «Reorganization of motor and somatosensory cortex in upper extremity amputees with phantom limb pain», *Journal of Neuroscience*, 21 (2001), pp. 3609-18.

2. Vargas, C. D. *et al.*, «Re-emergence of hand-muscle representations in human motor cortex after hand allograft», *Proceedings of the National Academy of Sciences USA*, 106 (2009), pp. (17): 7197-202.

3. Los genes homeobox controlan el desarrollo de estructuras corporales más grandes. Como ejemplo, uno de los primeros descubrimientos de genes homeobox tenía que ver con una mutación de la mosca de la fruta en la que se podía hacer brotar un par de patas donde supuestamente tenían que estar las antenas, y una mutación inversa que colocaba las antenas donde deberían estar las patas. Ello ocurre porque algunos genes actúan como un interruptor que acciona una cascada de otros genes, y por eso en muchas mutaciones encontramos la sorprendente aparición o desaparición de toda una «parte» del cuerpo: por ejemplo, por qué algunos niños nacen con cola. Mukhopadhyay,

B. *et al.*, «Spectrum of human tails: A report of six cases», *Journal of Indian Association of Pediatric Surgeons*, 17 (2012), pp. (1): 23-25.

4. Sommerville, Q., «Three-armed boy "recovering well"», *BBC News*, 6 de julio de 2006.

5. Bongard, J., V. Zykov y H. Lipson, «Resilient machines through continuous selfmodeling», *Science*, 314 (2006), pp. 1118-1121. Pfeifer R, M. Lungarella y F. Iida, «Self-organization, embodiment, and biologically inspired robotics», *Science*, 318 (2007), pp. (5853): 1088-93.

6. Como nota al margen, un robot que posea un modelo de sí mismo abre la puerta a que construya otros robots iguales a él, basados en la prueba y el error al medir la distancia entre sí mismo y lo que está construyendo.

7. Nicolelis, M., *Beyond Boundaries: The New Neuroscience of Connecting Brains with Machines, and How It Will Change Our Lives.* St. Martin's Griffin, Nueva York, 2011. (Hay traducción española: *Más allá de nuestros límites. Los avances en la conexión de cerebros y máquinas*, trad. de Ferran Meler, RBA, Barcelona, 2012.)

8. Kennedy, P. R. y R. A. Bakay, «Restoration of neural output from a paralyzed patient by a direct brain connection», *Neuroreport*, 9 (1998), pp. 1707-1711.

9. Hochberg, L. R. *et al.*, «Neuronal ensemble control of prosthetic devices by a human with tetraplegia», *Nature*, 442 (2006), pp. 164-171.

10. La degeneración espinocerebelar de Jan es un raro trastorno que destruye la comunicación entre el cerebro y los músculos. Para la parte científica, véase Collinger, J. L. *et al.*, «Highperformance neuroprosthetic control by an individual with tetraplegia», *The Lancet*, 381 (2013), pp. (9866): 557-64. Para un resumen del caso de Jan, véanse Eagleman, D. M., *The Brain*, Canongate Books, Edimburgo, 2016 (traducción española: *El cerebro*, trad. de Damià Alou, Anagrama, Barcelona, 2017) y Khatchadourian, R., «Degrees of Freedom», *The New Yorker* (2018).

11. Upton, S., «What Is It Like to Control a Robotic Arm with a Brain Implant?», *Scientific American* (2014).

12. En las técnicas de más éxito hay que implantar electrodos directamente en la corteza durante la neurocirugía, aunque también se están desarrollando técnicas menos invasivas (por ejemplo, utilizar electrodos en el exterior de la cabeza).

13. Dentro de cada hemisferio se implantará en cinco áreas: los aspectos dorsal y ventral de las cortezas promotoras, la corteza motora primaria, la corteza somatosensorial primaria y la corteza parietal posterior. Para actualizaciones, véase www.WalkAgainProject.org.

14. Bouton, C. E. *et al.*, «Restoring cortical control of functional movement in a human with quadriplegia», *Nature*, 53 (2016), p. (7602): 247. El participante tenía una lesión en la médula espinal cervical. Los investigadores utilizaron algoritmos de aprendizaje automático para descubrir cómo interpretar mejor la tormenta de actividad neuronal, y luego enviaron señales resumen a un sofisticado sistema de estimulación eléctrica del músculo.

15. Iriki, A., M. Tanaka e Y. Iwamura, «Attention-induced neuronal activity in the monkey somatosensory cortex revealed by pupillometrics», *Neuroscience Research*, 25 (1996), pp. (2): 173-81; Maravita, A. y A. Iriki, «Tools for the body (schema)», *Trends in Cognitive Sciences*, 8 (2004), pp. 79-86.

16. Velliste, M. *et al.*, «Cortical control of a prosthetic arm for self-feeding», *Nature*, 453 (2008), pp. 1098-101. Como nota al margen, me gustaría observar que a menudo pensamos en los brazos robóticos como si estuvieran hechos de metal. Pero pronto no lo estarán. Los «robots blandos» se construyen con gomas extensibles y plásticos flexibles. Los investigadores actuales utilizan materiales como la tela para construir dedos artificiales, tentáculos del pulpo, gusanos, etc. La forma cambia ajustando la presión de aire o utilizando señales eléctricas o químicas.

17. Fitzsimmons, N. *et al.*, «Extracting kinematic parameters for monkey bipedal walking from cortical neuronal ensemble activity», *Frontiers in Integrative Neuroscience*, 3 (2009), p. 3; Nicolelis, M., «Limbs that move by thought control», *New Scientist*, 210 (2011), pp. (2813): 26-7. Véase también la charla TEDMED de Nicolelis: «A monkey that controls a robot with its thoughts. No, really».

18. Véase el libro de Nicolelis, *Más allá de los límites*.

19. Al menos, la Madre Naturaleza nunca solucionó el problema *directamente*. Podemos argumentar que solucionó el problema del Bluetooth haciendo evolucionar a los humanos desde el caldo primigenio para que lo hicieran por ella.

20. Tener la sensación de que una parte del cuerpo es ajena o extraña suele clasificarse como asomatognosia, mientras que negar que una extremidad es propia se considera un subtrastorno conocido como somatoparafrenia. Véase Feinberg, T. *et al.*, «The neuroanatomy of asomatognosia and somatoparaphrenia», *Journal of Neurology, Neurosurgery and Psychiatry*, 81 (2010), pp. 276-281. Véase también Dieguez, S. y J. M. Annoni, «Asomatognosia», en *The Behavioral and Cognitive Neurology of Stroke*, Goderfroy, O. y J. Bogousslavsky (eds.), Cambridge University Press, 2013, p. 170. Véanse también Feinberg, T. E. (2001). *Altered Egos: How the Brain Creates the Self*, Oxford University Press, Nueva York, 2001, y Arzy, S. *et al.*, «Neural mechanisms of embodiment: Asomatognosia due to premotor cortex damage», *Archives of Neurology* 63 (2006), pp. 1022-1025. Obsérvese que el jurado todavía no ha dictaminado si todas las formas de asomatognosia son diferentes sabores del mismo trastorno o trastornos básicamente distintos agrupados bajo una etiqueta.

21. Este último trastorno, muy raro, se conoce como misoplejía; véase Pearce, J., «Misoplegia», *European Neurology*, 57 (2007), pp. 62-64.

22. Sacks, O., *A Leg to Stand On,* Harper & Row, Nueva York, 1984. (Hay traducción española: *Con una sola pierna*, trad. de José Manuel Álvarez, Anagrama, Barcelona,1984.) Sacks, O., «The Leg», *London Review of Books*, 17 de junio de 1982. Véase también Stone, J., J. Perthen y A. J. Carson, «"A Leg to Stand On" by Oliver Sacks: A unique autobiographical account of functional paralysis», *Journal of Neurology, Neurosurgery and Psychiatry*, 83 (2012), pp. (9): 864-7.

23. Simon, M., «How I became a robot in London, from 5,000 miles away», *Wired* (2019).

24. Herrera, F. *et al.*, «Building long-term empathy: A large-scale

comparison of traditional and virtual reality perspective-taking», *PLOS ONE*, 13 (2018), p. (10): e0204494. Véase también Bailenson, J., *Experience on Demand*, W. W. Norton, Nueva York, 2018.

25. Won, A. S. *et al.*, «Homuncular flexibility: The human ability to inhabit nonhuman avatars», en *Emerging Trends in the Social and Behavioral Sciences*, Scott, R. y M. Buchmann (eds.), John Wiley & Sons (2015), pp. 1-6.

26. Won, A. S. *et al.* (2015). Véase también Laha, B. *et al.*, «Evaluating control schemes for the third arm of an avatar», *Presence: Teleoperators and Virtual Environments*, 25 (2016), pp. (2): 129-47.

27. Steptoe. W., A. Steed y M. Slater, «Human Tails: Ownership and Control of Extended Humanoid Avatars», *IEEE Transactions on Visualization and Computer Graphics*, 19 (2013), pp. 583-590.

28. Hershfeld, H. E. *et al.*, «Increasing saving behavior through age-progressed renderings of the future self», *JMR* 48, 2011, pp. (SPL): S23-37; Yee, A. *et al.*, «The expression of personality in virtual worlds», *Social Psychological and Personality Science*, 2 (2011), pp. (1): 5-12; Fox, J. *et al.*, «Virtual experiences, physical behaviors: The effect of presence on imitation of an eating avatar», *Presence*, 18 (2009), pp. (4): 294-303.

29. DeCandido, K., «Arms and the man», en *Untold Tales of Spider-Man,* Lee, S. y K. Busiek (eds.), Boulevard Books, Nueva York, 1997.

30. Wetzel, F., «Dad who lost arm gets new lease of life with most hi-tech bionic hand ever», *Sun*, 2012.

31. Eagleman, D. M., «20 predictions for the next 25 years», *Observer*, 2 de enero de 2011.

6. *La importancia de lo importante*

1. También podría haber ventajas genéticas: es muy difícil saberlo. Pero no existen genes que codifiquen el ajedrez directamente, de manera que los años de entrenamiento sin duda fueron necesarios.

2. Schweighofer, N. y M. A. Arbib, «A model of cerebellar meta-plasticity», *Learn Memory*, 4 (1998), pp. (5): 421-8.

3. Como extraña nota al margen, oí por primera vez esta historia referida a Perlman, pero desde entonces la he visto atribuida online a Perlman, Fritz Kreisler, Isaac Stern y otros músicos. Fuera cual fuera su autor, todo el mundo quiere atribuirse una buena frase.

4. Elbert, T. *et al.*, «Increased finger representation of the fingers of the left hand in string players», *Science*, 270 (1995), pp. 305-306; Bangert, M. y G. Schlaug, «Specialization of the specialized in features of external human brain morphology», *European Journal of Neuroscience*, 24 (2006), pp. 1832-4. Si observa las circunvoluciones (las elevaciones tortuosas del paisaje cerebral) en los no músicos, verá que generalmente son rectas; en los músicos, los mismos giros forman un extraño desvío arrugado. Obsérvese que mientras que la mano izquierda de un violinista lleva a cabo todo el trabajo de detalle, es el hemisferio derecho el que muestra el signo omega, y eso se debe a que la mano izquierda está representada en el lado derecho del cerebro.

5. Esto se demostró por primera vez en monos adiestrados en dos tareas diferentes: recuperar un pequeño objeto de un pozo y girar una gran llave. La primera tarea requería habilidad, un uso fino de los dedos, mientras que la segunda se basaba en el uso de la muñeca y el antebrazo. Después de entrenarse en la primera tarea, la representación cortical de los dedos fue usurpando cada vez más territorio, mientras que la representación de la muñeca y el antebrazo se encogió. Por el contrario, si los monos se entrenaban en la tarea de hacer girar la llave, la cantidad de territorio neuronal dedicado a la muñeca y el antebrazo se expandía. Nudo, R. J. *et al.*, «Use-dependent alterations of movement representations in primary motor cortex of adult squirrel monkeys», *Journal of Neuroscience*, 16 (1996), pp. (2): 785-807.

6. Karni, A. *et al.*, «Functional MRI evidence for adult motor cortex plasticity during motor skill learning», *Nature*, 377 (1995), pp. 155-158.

7. Draganski, B. *et al.*, «Neuroplasticity: changes in grey matter induced by training», *Nature*, 427 (2004), pp. (6972): 311-2; Drieme-

yer, J. *et al.*, «Changes in gray matter induced by learning, revisited», *PLOS ONE*, 3 (2008), p. (7): e2669; Boyke, J. *et al.*, «Training-induced brain structure changes in the elderly», *Journal of Neuroscience*, 28 (2008), pp. (28): 7031-5; Scholz, J. *et al.*, «Training induces changes in white-matter architecture», *Nature Neuroscience*, 12 (2009), pp. (11): 1370-1. La hipótesis de que la densidad aumenta al cabo de una semana de entrenamiento probablemente se debe al aumento del tamaño de las sinapsis o los cuerpos celulares, mientras que el mayor volumen a largo plazo (meses) podría reflejar el nacimiento de nuevas neuronas, sobre todo en el hipocampo.

8. Eagleman, D. M., *Incógnito: The Secret Lives of the Brain*, Pantheon, Nueva York, 2011. (Hay traducción española: *Incógnito: Las vidas secretas el cerebro*, trad. de Damià Alou, Anagrama, Barcelona, 2011.)

9. Iriki, A., M. Tanaka e Y. Iwamura (1996), «Attention-induced neuronal activity in the monkey somatosensory cortex revealed by pupillometrics», *Neuroscience Research*, 25 (2): 173-81; Maravita, A. y A. Iriki (2004), «Tools for the body (schema)», *Trends in Cognitive Sciences*, 8: 79-86.

10. Draganski, B. *et al.* (2006), «Temporal and spatial dynamics of brain structure changes during extensive learning», *Journal of Neuroscience*, 26 (23): 6314-7.

11. Ilg R. *et al.* (2008), «Gray matter increase induced by practice correlates with task-specific activation: a combined functional and morphometric magnetic resonance imaging study», *Journal of Neuroscience*, 28 (16): 4210-5.

12. Maguire *et al.* (2000), «Navigation-related structural change in the hippocampi of taxi drivers», *Proceedings of the National Academy of Sciences*, 97 (8): 4398-403. Véase también Frackowiak, R. S. y C. D. Frith (1997), «Recalling routes around London: Activation of the right hippocampus in taxi drivers», *Journal of Neuroscience*, 17 (18): 7103-10.

13. Kuhl, P. K. (2004), «Early language acquisition: cracking the speech code», *Nature Reviews Neuroscience*, 5: 831-843.

14. Estos estudios se vieron originariamente en monos. En uno de

ellos, un mono se exponía a la estimulación auditiva y táctil simultáneamente. Si las exigencias de la tarea requerían que atendiera al tacto, su corteza somatosensorial mostraba cambios plásticos que no se veían en su corteza auditiva. Si, por el contrario, tenía que atender estímulos auditivos, ocurría lo contrario. Véanse Recanzone G. H. *et al.* (1993), «Plasticity in the frequency representation of primary auditory cortex following discrimination training in adult owl monkeys», *Journal of Neuroscience*, 13 (1): 87-103; Jenkins *et al.* (1990), «Functional reorganization of primary somatosensory cortex in adult owl monkeys after behaviorally controlled tactile stimulation», *Journal of Neurophysiology*, 63 (1): 82-104; Bavelier D. y H. J. Neville (2002), «Crossmodal plasticity: where and how?», *Nature Reviews Neuroscience*, 3 (6): 443.

15. Taub, E., G. Uswatte y R. Pidikiti (1999), «Constraint-induced movement therapy: A new family of techniques with broad application to physical rehabilitation», *Journal of Rehabilitation Research & Development*, 36 (3): 1-21; Page S. J., S. Boe y P. Levine (2013) «What are the "ingredients" of modified constraint induced therapy? An evidence-based review, recipe, and recommendations», *Restorative Neurology and Neuroscience*, 31: 299-309.

16. Teng, S. y D. Whitney (2011), «The acuity of echolocation: Spatial resolution in the sighted compared to expert performance», *J Vis Impair Blind* 105 (1): 20.

17. Además, las naciones poseen un plano corporal extraordinariamente flexible. A medida que adquieren nuevos territorios, se convierten en parte de las extremidades y conciencia de la nación. Se nombran diplomáticos y se construyen bases militares. La localización se convierte en una telextremidad de la nación, y, al igual que ocurre con cualquier extremidad que el cuerpo pueda controlar, las avanzadillas forman parte del yo del país. Obsérvese también con qué rapidez los gobiernos asimilan los nuevos inputs: a medida que la tecnología cambia, las agencias y la legislación se adaptan para amoldarse a su forma.

18. Los neurocientíficos utilizan el término *neurotransmisor* para referirse a un mensajero químico liberado por una neurona en una intersección especializada, donde llega a otra neurona (o a otro tipo de

célula) de gran especificidad. Un neuromodulador, por el contrario, es simplemente un mensajero químico que afecta a una población mayor de neuronas (u otro tipo de células); los neuromoduladores suelen tener efectos más amplios. Observemos que la acetilcolina actúa como transmisor en la periferia (cuando se comunica con las células musculares), pero como modulador en el sistema nervioso central.

19. Bakin, J. S. y N. M. Weinberger (1996), «Induction of a physiological memory in the cerebral cortex by stimulation of the nucleus basalis», *Proceedings of the National Academy of Sciences*, 93: 11219-11224.

20. Las neuronas que liberan la acetilcolina se denominan colinérgicas, y existen casi exclusivamente en el prosencéfalo basal, un grupo de estructuras subcorticales que se proyectan a la corteza. La acetilcolina tiene muchos efectos en el sistema nervioso central, entre ellos alterar la excitabilidad de las neuronas, modular la liberación presináptica de los neurotransmisores y coordinar la activación de pequeñas poblaciones de neuronas. Véase Picciotto, M. R., M. J. Higley e Y. S. Mineur (2012), «Acetylcholine as a neuromodulator: cholinergic signaling shapes nervous system function and behavior», *Neuron*, 76 (1): 116-29; Gu Q. (2003), «Contribution of acetylcholine to visual cortex plasticity», *Neurobiology Learning & Memory*, 80: 291-301; Richardson, R. T. y M. R. DeLong (1991), «Electrophysiological studies of the functions of the nucleus basalis in primates», *Adv Exp Med Biol*, 295: 233-252; Orsetti, M., F. Casamenti y G. Pepeu (1996), «Enhanced acetylcholine release in the hippocampus and cortex during acquisition of an operant behavior», *Brain Research*, 724: 89-96. Obsérvese que muchos neuromoduladores cambian de manera transitoria el equilibrio de excitación e inhibición, lo que ha llevado a la hipótesis de que la desinhibición es un mecanismo mediante el cual la neuromodulación posibilita modificaciones sinápticas a largo plazo.

21. Hasselmo, M. E., «Neuromodulation and cortical function: Modeling the physiological basis of behavior», *Behavioural Brain Research*, 67 (1995), pp. 1-27.

22. Esto se demostró por primera vez en ratas adultas hace unas décadas. Si las ratas se exponen a tonos auditivos concretos, los tonos

no provocan cambios significativos en la representación cortical. Pero si un tono específico se emparejaba con la estimulación del núcleo basal colinérgico, la representación cortical de ese tono se expandía. Kilgard, M. P. y M. M. Merzenich, «Cortical map reorganization enabled by nucleus basalis activity», *Science*, 279 (1998), pp. 1714-1718. Para un repaso de la ciencia en ratas y personas, véase Weinberger, N. M. «New perspectives on the auditory cortex: learning and memory», en *Handb Clin Neurol*, 129: 117-147.

23. Bear, M. F. y W. Singer, «Modulation of visual cortical plasticity by acetylcholine and noradrenaline», *Nature*, 320 (1986), pp. 172-176; Sachdev, R. N. S. *et al.* (1998), «Role of the basal forebrain cholinergic projection in somatosensory cortical plasticity», *Journal of Neurophysiology*, 79: 3216-3228.

24. Conner, J. M. *et al.* (2003), «Lesions of the basal forebrain cholinergic system impair task acquisition and abolish cortical plasticity associated with motor skill learning», *Neuron*, 38: 819-829.

25. Para ver la entrevista completa, en la que, por cierto, Asimov preveía la aparición de Internet años antes de su florecimiento, se puede buscar el vídeo en YouTube.

26. Brandt, A. y D. M. Eagleman (2020), *La especie desbocada*, trad. de Damià Alou, Anagrama, Barcelona.


7. *Por qué el amor no sabe lo profundo que es hasta la hora de la separación*

1. Eagleman, D. M. (2001), «Visual Illusions and Neurobiology», *Nature Reviews Neuroscience*, 2 (21): 920-26.

2. Pelah, A. y H. B. Barlow (1996), «Visual illusion from running», *Nature*, 381 (6580): 283; Zadra, J. R. y D. R. Proffitt (2016), «Optic flow is calibrated to walking effort», *Psychon Bull Rev*, 23 (5): 1491-6.

3. Esta ilusión se conoce como el efecto McCollough, bautizada así por Celeste McCollough, que la descubrió en 1965. McCollough, C. (1965), «Color adaptation of edge-detectors in the human visual

348

system», *Science*, 149, 1115-1116. Obsérvese que esta ilusión no la podrán ver las personas ciegas al color. Este efecto secundario contingente no solo funciona con líneas orientadas y color, sino también entre el movimiento y el color, la frecuencia espacial del color y más.

4. Jones, P. D. y D. H. Holding (1975), «Extremely long-term persistence of the McCollough effect», *J Exp Psychol Hum Percept Perform* 1 (4): 323-327.

5. Los grandes movimientos de los ojos se denominan sacádicos, y los temblores más pequeños intermedios se denominan movimientos microsacádicos.

6. A esto se le denomina visión entóptica, y se refiere a los efectos procedentes del propio ojo (*entópticos*), en oposición a las ilusiones visuales, que surgen de la interpretación del cerebro. Para los antecedentes de las ilusiones que surgen del interior del ojo, véase Tyler C. W., «Some new entoptic phenomena», *Vision Research* (1978), Jan 1; 18 (12): 1633-9.

7. Esto lo observó por primera vez Jann Purkinje en 1823, de ahí que se conozca como el Árbol de Purkinje. Véase Purkyně, Jan E. (1823), *Beiträge zur Kenntniss des Sehens* en *Subjectiver Hinsicht in Beobachtungen und Versuche zur Physiologie der Sinne* (Praga: In Commission der J. G. Calve'schen Buchhandlung).

8. Stetson, C. *et al.* (2006), «Motor-sensory recalibration leads to an illusory reversal of action and sensation», *Neuron*, 51 (5): 651-9.

9. Creo que es interesante mantener esta idea en el bolsillo trasero de la ciencia: ¿hay cosas que dan la impresión de aparecer, y que en realidad representan algo que desaparece?

10. Kamin, L. J. (1969), «Predictability, surprise, attention and conditioning», en *Punishment and aversive behavior*, Campbell, B. A. y R. M. Church (eds.), Appleton-Century-Crofts, Nueva York, 279-96; Bouton, M. E. (2007), *Learning and Behavior: A Contemporary Synthesis*, Sinauer, Sunderland, Massachusetts.

11. Este método de aumento de gradiente se conoce como clinocinesis.

12. Los bastones y conos solo cubren cuatro ordenes de magnitud

de iluminancia en la oscuridad, pero con una luz ambiental continua pueden cubrir mucho más. Debido a una compleja variedad de mecanismos, los fotorreceptores evitan la saturación y responden a un incremento en el flujo de fotones ajustando los factores de amplificación (y velocidades de recuperación) de sus cascadas moleculares. Algunos ejemplos: cambiando la vida útil de las moléculas en su estado activo bioquímico, cambiando la disponibilidad de proteínas fijadoras cercanas, utilizando otras moléculas para aumentar la vida útil de los complejos activados y cambiando la afinidad de los canales para los ligandos que se unen a ellas. A una escala mayor, los fotorreceptores pueden unir fuerzas entre ellos gracias a las células horizontales, que modulan las conexiones (denominadas uniones comunicantes) para cambiar la manera en que actúan los fotorreceptores. Véanse Arshavsky, V. Y. y M. E. Burns (2012), «Photoreceptor signaling: Supporting vision across a wide range of light intensities», *J Biol Chem*, 287 (3): 1620-1626; Chen, J. *et al.* (2010) «Channel modulation and the mechanism of light adaptation in mouse rods», *Journal of Neuroscience*, 30 (48): 16232-16240; Diamond, J. S. (2017), «Inhibitory interneurons in the retina: types, circuitry, and function», *Ann Rev Vis Sci*, 3: 1-24; O'Brien, J. y S. A. Bloomfield (2018), «Plasticity of retinal gap junctions: roles in synaptic physiology and disease», *Annual Review of Vision Science*, 4: 79-100; Demb J. B. y J. H. Singer (2015), «Functional circuitry of the retina», *Annual Review of Vision Science*, 1: 263-89.


8. *En equilibrio en el filo del cambio*

1. Muckli L., M. J. Naumer y W. Singer (2009), «Bilateral visual field maps in a patient with only one hemisphere», *Proceedings of the National Academy of Sciences*, 106 (31): 13034-13039. Véase también el material suplementario de este artículo para más antecedentes de la niña.

2. Udin, H. (1977), «Rearrangements of the retinotectal projection in *Rana pipiens* after unilateral caudal half-tectum ablation», *The Journal of Comparative Neurology*, 173: 561-82.

3. Constantine-Paton, M. y M. I. Law (1978), «Eye-specific termination bands in tecta of three-eyed frogs», *Science*, 202: 639-641; Law, M. I. y M. Constantine-Paton (1981), «Anatomy and physiology of experimentally produced striped tecta», *Journal of Neuroscience*, 1: 741-759.

4. ¿Por qué los territorios se alternan en franjas en lugar de mezclarse? Los modelos por ordenador nos muestran que esto no casa con la competencia hebbiana entre los axones que llegan de los dos ojos. En la década de 1980 se propuso un modelo central para la formación de las franjas observadas en las columnas de dominancia ocular. (Miller, Keller, Stryker [1989], «Ocular dominance column development: Analysis and simulation», *Science*, 245 [4918]: 605-15). Desde entonces este modelo se ha construido sobre la adición de muchos otros rasgos fisiológicamente realistas.

5. Attardi, D. G. y W. Sperry (1963), «Preferential selection of central pathways by regenerating optic fibers», *Exp Neurol*, 7 (1): 46-64.

6. Basso, A., M. Gardelli, M. P. Grassi y M. Mariotti (1989), «The role of the right hemisphere in recovery from aphasia. Two case studies», *Cortex*, 25: 555-566. En décadas recientes, los investigadores han sido capaces de presenciar la transferencia en acción gracias a la producción de imágenes cerebrales. Véanse Heiss, W. D. y A. Thiel (2006), «A proposed regional hierarchy in recovery of post-stroke aphasia», *Brain Lang*, 98: 118-123; Pani, E. *et al.* (2016), «Right hemisphere structures predict poststroke speech fluency», *Neurology*, 86: 1574-1581; Xing, S. *et al.* (2016), «Right hemisphere grey matter structure and language outcome in chronic left-hemisphere stroke», *Brain*, 139: 227-241. La cantidad de «desplazamiento a la derecha» que se observa clínicamente difiere de un paciente a otro por razones que todavía se están investigando.

7. Wiesel, T. N. y D. H. Hubel (1963), «Single-Cell Responses in Striate Cortex of Kittens Deprived of Vision in One Eye», *Journal of Neurophysiology*, 26: 1003-1017; Gu, Q. (2003), «Contribution of acetylcholine to visual cortex plasticity», *Neurobiology Learning & Memory*, 80: 291-301; Hubel, D. H. y T. N. Wiesel (1965), «Binocular

interaction in striate cortex of kittens reared with artificial squint»,
*Journal of Neurophysiology*, 28: 1041-1059. Dichos experimentos se
llevaron a cabo originariamente con gatitos y monos; tecnologías posteriores confirman (cosa que no ha de sorprendernos) que se aplican
exactamente las mismas lecciones para comprender la corteza visual
humana.

8. Obsérvese que esto es un tanto análogo a la estrategia de la
terapia de constricción en los pacientes con ictus, en los que el brazo
bueno se pone en cabestrillo.

9. A esto se le llama mapa relacional: la mano estará representada
cerca del codo, que estará representado cerca del hombro, sin tener en
cuenta la cantidad de territorio disponible.

10. En los años transcurridos desde el hallazgo inicial de Levi-Montalcini, se ha descubierto una familia entera de otros factores neurotróficos; todos tienen en común la propiedad de estimular la supervivencia
y desarrollo de las neuronas. De manera más general, las neurotrofinas
pertenecen a una clase de proteínas secretadas conocidas como factores
de crecimiento. Véase Spedding, M. y P. Gressens (2008), «Neurotrophins
and cytokines in neuronal plasticity», *Novartis Foundation Symposia*,
289: 222-233.

11. Zoubine, M. N. *et al.* (1996), «A molecular mechanism for
synapse elimination: novel inhibition of locally generated thrombin
delays synapse loss in neonatal mouse muscle», *Dev Bio*, 179: 447-457.

12. Sanes, J. R. y J. W. Lichtman (1999), «Development of the
vertebrate neuromuscular junction», *Annual Review of Neuroscience*, 22:
389-442.

13. Consideremos lo que ocurrió en Alemania en 1933, cuando
casi la totalidad de los representantes electos al Reichstag eran o bien
de partidos de extrema izquierda (comunistas) o de partidos de extrema
derecha (como los nazis). Aunque el equilibrio lo representaban los
extremos, seguía habiendo un equilibrio. Pero en agosto de 1934, después de la muerte del presidente Paul von Hindenburg, Adolf Hitler se
declaró *Führer und Reichskanzler* y comenzó a aprobar leyes por decre-
to. No debe sorprendernos que las primeras leyes dictaran el interna-

miento de sus adversarios comunistas en campos de concentración, con lo que el tremendo desequilibrio provocó un desastre para millones de personas.

14. Yamahachi, H. *et al.* (2009), «Rapid axonal sprouting and pruning accompany functional reorganization in primary visual cortex», *Neuron*, 64 (5): 719-29; Buonomano, D. V. y M. M. Merzenich (1998), «Cortical plasticity: from synapses to maps», *Annual Review of Neuroscience*, 21: 149-186; Pascual-Leone, A. y R. Hamilton (2001), «The metamodal organization of the brain», en *Vision: From Neurons to Cognition*, Casanova, C. y M. Ptito (eds.), Elsevier science, Nueva York, 427-445; Pascual-Leone, A., A. Amedi, F. Fregni y L. Merabet (2005), «The plastic human brain cortex», *Annual Review of Neuroscience*, 28: 377-401; Merzenich, M. M. *et al.* (1984), «Somatosensory cortical map changes following digit amputation in adult monkeys», *The Journal of Comparative Neurology*, 224: 591-605; Pons, T. P. *et al.* (1991), «Massive cortical reorganization after sensory deafferentation in adult macaques», *Science*, 252: 1857-1860; Sanes, J. N. y J. P. Donoghue (2000), «Plasticity and primary motor cortex», *Annual Review of Neuroscience*, 23 (1): 393-415.

15. Jacobs, K. M. y J. P. Donoghue (1991), «Reshaping the cortical motor map by unmasking latent intracortical connections», *Science*, 251 (4996): 944-7; Tremere, L. *et al.* (2001), «Expansion of receptive fields in raccoon somatosensory cortex in vivo by GABA-A receptor antagonism: Implications for cortical reorganization», *Exp Brain Res*, 136 (4): 447-55.

16. Este mecanismo estrecha los límites entre las regiones. Por ejemplo, véase Tremere *et al.* (2001).

17. Weiss, T. *et al.* (2004), «Rapid functional plasticity in the primary somatomotor cortex and perceptual changes after nerve block», *European Journal of Neuroscience* 20: 3413-3423.

18. Bavelier, D. y H. J. Neville (2002), «Cross-modal plasticity: where and how?», *Nature Reviews Neuroscience*, 3: 443-452.

19. Eckert, M. A. *et al.* (2008), «A cross-modal system linking primary auditory and visual cortices: Evidence from intrinsic fMRI

connectivity analysis», *Hum Brain Mapp*, 29 (7): 848-57; Petro, L. S., A. T. Paton y L. Muckli (2017), «Contextual modulation of primary visual cortex by auditory signals», *Philoso Trans R Soc B Biol Sci*, 372 (1714): 20160104.

20. Pascual-Leone *et al.* (2005).

21. Darian-Smith, C. y C. D. Gilbert (1994), «Axonal sprouting accompanies functional reorganization in adult cat striate cortex», *Nature*, 368: 737-740; Florence, S. L., H. B. Taub y J. H. Kaas (1998), «Large-scale sprouting of cortical connections after peripheral injury in adult macaque monkeys», *Science*, 282: 1117-1121. Se ha prestado mucha atención a los cambios dentro de la corteza, aunque, de nuevo, los cambios a largo plazo del tálamo también podrían contribuir a cambios más lentos y más amplios en la estructura cortical. Véanse Jones, E. G. (2000), «Cortical and Subcortical Contributions to Activity-Dependent Plasticity in Primate Somatosensory Cortex», *Annual Review of Neuroscience,* 23: 1-37; Buonomano, D. V. y M. M. Merzenich (1998), «Cortical plasticity: from synapses to maps», *Annual Review of Neuroscience,* 21: 149-186. Para los estudiantes de la próxima generación: sigue abierta la cuestión biológica de *cómo* enlazar los cambios rápidos (revelación) con los cambios a más largo plazo (aparición de nuevos axones).

22. Merlo, L. M. *et al.* (2006), «Cancer as an evolutionary and ecological process», *Nat Rev Cancer*, 6 (12): 924-35; Sprouffske, K. *et al.* (2012), «Cancer in light of experimental evolution», *Current Biology*, 22 (17): R762-71; Aktipis, C. A. *et al.* (2015), «Cancer across the tree of life: cooperation and cheating in multicellularity», *Philos Transa R Soc B Biol Sci*, 370 (1673): 20140219.


## 9. *¿Por qué es más difícil enseñar nuevos trucos a un perro viejo?*

1. Teuber, H. L. «Recovery of function after brain injury in man», en *Outcome of severe damage to the central nervous system*, Porter, R. y D. W. Fitzsimmons (eds.), Elsevier, Ámsterdam, 1975, pp. 159-90.

2. Los cerebros jóvenes poseen altos niveles de transmisores coli-

nérgicos, pero no de los otros, los transmisores inhibidores, que aparecen solo posteriormente; esto les otorga una plasticidad generalizada. Los cerebros adultos, por el contrario, inhiben activamente el cambio allí donde ocurre. Es decir, los efectos colinérgicos en un cerebro adulto están modificados por los transmisores inhibidores, con lo que muchas zonas son menos plásticas o no lo son en absoluto, de manera que el cerebro solo cambia allí donde es necesario. Véanse Gopnik, A. y L. Schulz (2004), «Mechanisms of theory formation in young children», *Trends in Cognitive Sciences*, 8: 371-377; Schulz, L. E. y A. Gopnik (2004), «Causal learning across domains», *Developmental Psychology*, 40: 162-176. Como los cerebros jóvenes permiten el cambio global, la científica Alison Gopnik denomina a los bebés el departamento de «investigación y desarrollo» de la especie humana.

3. Gopnik, A. (2009), *The Philosophical Baby: What Children's Minds Tell Us About Truth, Love, and the Meaning of Life*, Farrar, Straus and Giroux, Nueva York.

4. Esta descripción está adaptada de Coch, D., K. W. Fischer y G. Dawson (2007), «Dynamic Development of the Hemispheric Biases in Three Cases: Cognitive/Hemispheric Cycles, Music, and Hemispherectomy», *Human Behavior, Learning, and the Developing Brain*, Guilford, Nueva York, 94-97. Es de destacar que esta operación ha sido llevada a cabo con éxito en adultos, pero es poco habitual y los resultados suelen ser peores. Véase Schramm, J. *et al.* (2012), «Seizure outcome, functional outcome, and quality of life after hemispherectomy in adults», *Acta neurochirur*, 154 (9): 1603-12.

5. Este periodo sensible se llama a veces periodo crítico.

6. Petitto, L. A. y P. F. Marentette (1991), «Babbling in the manual mode: evidence for the ontogeny of language», *Science*, 251: 1493-1496.

7. Lenneberg, E. (1967), *Biological foundations of language*, Wiley, Nueva York, Johnson, J. S. y E. L. Newport (1989), «Critical period effects in second language learning: the influence of maturational state on the acquisition of English as a second language», *Cognitive Psychology*, 21: 60-99. Obsérvese que cierta polémica rodea la cuestión de si la plasticidad lo explica todo en la adquisición de una segunda lengua;

después de todo, los adultos a veces pueden aprender una segunda lengua más deprisa que los niños debido a su mayor madurez cognitiva, experiencias en el aprendizaje y otros factores psicológicos y sociales (véanse Newport [1990] y Snow, Hoefnagel-Hoehle [1978]). No obstante, sea cual sea la habilidad para aprender una segunda lengua, pronunciar una lengua extranjera como un nativo (es decir, el acento) es más difícil de conseguir para los que lo aprenden de mayores. Asher, J. y R. Garcia (1969), «The optimal age to learn a foreign language», *Mod Lang J* 53 (5): 334-341.

8. Véase Berman, N. y E. H. Murphy (1981), «The critical period for alteration in cortical binocularity resulting from divergent and convergent strabismus», *Dev Brain Res*, 2 (2): 181-202. Tener los ojos mal alineados se conoce coloquialmente como ser «bizco» o «bisojo», y técnicamente como estrabismo.

9. Amedi, A., N. Raz, P. Pianka, R. Malach y E. Zohary (2003), «Early "visual" cortex activation correlates with superior verbal-memory performance in the blind», *Nature Neuroscience*, 6: 758-66.

10. Voss, P. *et al.* (2006), «A positron emission tomography study during auditory localization by late-onset blind individuals», *Neuroreport*, 17 (4): 383-88; Voss, P. *et al.* (2008), «Differential occipital responses in early- and late-blind individuals during a sound-source discrimination task», *Neuroimage* 40 (2): 746-58.

11. Merabet, L. B. *et al.* (2005), «What blindness can tell us about seeing again: merging neuroplasticity and neuroprostheses», *Nature Reviews Neuroscience*, 6 (1): 71.

12. En otras palabras, los estudios descubrieron que mientras que la corteza auditiva acababa semejando una corteza visual, las nuevas conexiones conservaban algunos rasgos típicos de la corteza auditiva. Por ejemplo, los nuevos campos visuales mostraban mayor precisión a lo largo del eje izquierda-derecha que en el eje arriba-abajo, y se cree que es debido a que la corteza auditiva normalmente mapea frecuencias en orden siguiendo el eje izquierda-derecha.

13. Persico, N., A. Postlewaite y D. Silverman (2004), «The effect of adolescent experience on labor market outcomes: the case of height»,

356

*J Polit Econ*, 112 (5): 1019-1053. Véase también Judge, T. A. y D. M. Cable (2004), «The effect of physical height on workplace success and income: preliminary test of a theoretical model», *J Appl Psychol*, 89 (3): 428-41.

14. Smirnakis *et al.* (2005), «Lack of long-term cortical reorganization after macaque retinal lesions», *Nature*, 435 (7040): 300. Este estudio se hizo originariamente con macacos, pero es de suponer que las mismas lecciones se pueden aplicar a los humanos.

15. Como un ejemplo entre centenares, recuerde que si usted empieza a utilizar un rastrillo para llevarse la comida a la boca, sus corteza sensorial y motora rápidamente se reajustarán para incorporar el rastrillo a su plano corporal, aun cuando sea usted un adulto. Véase Iriki, A., M. Tanaka e Y. Iwamura (1996), «Attention-induced neuronal activity in the monkey somatosensory cortex revealed by pupillometrics», *Neuroscience Research*, 25 (2): 173-81; Maravita, A. y A. Iriki (2004), «Tools for the body (schema)», *Trends in cognitive sciences*, 8: 79-86.

16. Chalupa, L. M. y B. Dreher (1991), «High precision systems require high precision "blueprints": A new view regarding the formation of connections in the mammalian visual system», *J Cogni Neurosci*, 3 (3): 209-19; Neville, H. y D. Bavelier (2002), «Human brain plasticity: evidence from sensory deprivation and altered language experience», *Prog Brain Re*, 138: 177-88.

17. Haldane, J. B. S. (1932), *The Causes of Evolution*, Longmans Green, Nueva York; Via, S. y R. Lande (1985), «Genotype-environment interaction and the evolution of phenotypic plasticity», *Evolution*, 39: 505-522; Via, S. y R. Lande (1987), «Evolution of genetic variability in a spatially heterogeneous environment: effects of genotype-environment interaction», *Gene. Res*, 49: 147-156.

18. Snowdon, D. A. (2003), «Healthy aging and dementia: Findings from the Nun Study», *Ann Intern Med*, 139 (5, pt. 2): 453-54.

19. Lo más importante, a medida que uno envejece, es evitar quedarse estancado. Como analogía, lo peor que le puede ocurrir a un científico es ver siempre un problema o disciplina desde la misma perspectiva. Esto explica la sorprendente ventaja de la gente polifacéti-

ca: gente como Benjamin Franklin, que sobresalía en muchos campos diferentes. Como constantemente se sitúan en un nuevo territorio, consiguen evitar estancarse en una única manera de pensar.

## 10. ¿Recuerda cuándo...?

1. Ribot, Theodule (1882), *Diseases of the Memory: An Essay in the Positive Psycholog*, D. Appleton and Company, Nueva York.

2. Hawkins, R. D., G. A., Clark y E. R. Kandel (2006), «Operant Conditioning of Gill Withdrawal in Aplysia», *Journal of Neuroscience*, 26: 2443-2448.

3. Hebb, D. O. (1949), *The Organization of Behavior: A Neuropsychological Theory*, Wiley, Nueva York. Tal como lo expresó Hebb: «Cuando el axón de la célula A está lo bastante cerca como para excitar a la célula B, y de manera repetida o persistente participa en su activación, algún proceso de crecimiento o cambio metabólico tiene lugar en una o ambas células, de manera que aumenta la eficiencia de A, en cuanto que una de las células que activan a B». Aunque los neurocientíficos a menudo se refieren a una sinapsis entre A y B, hay que tener en cuenta que A también conecta con C a través de Z, y con unas 10.000 neuronas más. La clave es que cada una de estas sinapsis puede cambiar su fuerza de manera individual, reforzando algunas conversaciones y debilitando otras.

4. Bliss, T. V. y T. Lømo (1973), «Long-lasting potentiation of synaptic transmission in the dentate area of the anaesthetized rabbit following stimulation of the perforant path», *The Journal of Physiology*, 2 (2): 331-56. A nivel submicroscópico, los diminutos canales de la membrana sensibles a una señal química concreta (conocidos como receptores NMDA) actúan como *detectores de coincidencia*, respondiendo cuando dos neuronas conectadas se activan dentro de una pequeña ventana temporal. Muchas membranas postsinápticas contienen receptores de glutamato NMDA, así como receptores de glutamato no NMDA. Durante la estimulación normal, solo los canales no NMDA están abiertos, porque los iones de

magnesio que surgen de manera natural bloquean los canales NMDA. Pero el input presináptico de alta frecuencia que resulta en la despolarización de la membrana postsináptica desplaza los iones de magnesio, con lo que el receptor NMDA se vuelve sensible a la subsiguiente liberación de glutamato. De este modo, el NMDA-R es capaz de actuar como un detector de coincidencia, percibiendo la coincidencia de la actividad pre y postsináptica. Así, las sinapsis NMDA parecen ser la quintaesencia de las sinapsis hebbianas, y se han considerado la clave para el almacenamiento de asociaciones. Además, el hecho de que los NMDA-R posean una permeabilidad especialmente alta para el calcio les permite inducir un sistema de segundos mensajeros que con el tiempo consiguen hablar con el genoma y provocan cambios estructurales a largo plazo en la célula postsináptica. En casi todos los tipos de neuronas, el NMDA-R resulta fundamental para la *inducción* de una potenciación a largo plazo (LTP). A un animal se le puede enseñar una teoría de comportamiento, pero si se le introducen productos químicos que actúan como NMDA, la capacidad de recordar las instrucciones de la tarea parece desaparecer. Sin embargo, obsérvese que el NMDA-R es solo necesario para la *inducción*, mientras que otros mecanismos son la base del *mantenimiento* de los cambios: de manera más general, la síntesis de nuevas proteínas es necesaria en el núcleo de la célula. A un animal se le puede entrenar para que asocie dos estímulos (es decir, que empareje una descarga y una luz), pero si la síntesis de la proteína queda bloqueada, el animal puede formar un recuerdo a corto plazo, pero no a largo plazo. En casi todos los casos, la LTP se induce solo cuando la actividad de la célula postsináptica (despolarización) se asocia con la actividad de la célula presináptica. Además, la LTP es específica a la sinapsis concreta que se estimula, lo que significa que cada sinapsis individual de una célula podría, en principio, reforzarse o debilitarse según su propia historia personal.

5. En relación con el papel de la sinapsis en la memoria, véanse Nabavi, S. *et al.* (2014), «Engineering a memory with LTD and LTP», *Nature*, 511: 348-52; Bailey, C. H. y R. R. Kandel (1993), «Structural changes accompanying memory storage», *Annu Rev Physiol*, 55: 397-426.

6. Hopfield, J. (1982), «Neural networks and physical systems with emergent collective computational abilities», *Proceedings of the National Academy of Sciences*, 9: 2554. Como cada unidad cuenta con muchas conexiones (sinapsis) con las vecinas, una unidad puede participar en muchas asociaciones diferentes en momentos diferentes.

7. Mientras que la regla de Hebb es útil para formar asociaciones, una de sus carencias teóricas es que es indiferente al *orden* de los sucesos. Hace mucho tiempo que los experimentos han demostrado que los animales son enormemente sensibles al orden de los inputs sensoriales: por ejemplo, el perro de Pavlov no aprende una asociación si la carne se le presenta antes del timbre. Del mismo modo, los animales desarrollan una fuerte aversión a la comida apetitosa si después de probarla sufren una sola experiencia de náusea, pero revertir el orden (náusea y después la comida) no produce ninguna aversión. Podríamos encontrar cierto paralelismo a nivel biofísico: los cambios en la fuerza sináptica dependen del orden de la actividad pre y postsináptica. Si un input de A precede a la activación de la neurona B, entonces la sinapsis se refuerza. Si un input de A llega después de que la célula B se haya activado, la sinapsis se debilita. Esta regla de aprendizaje se denomina habitualmente plasticidad dependiente de la sincronización de los potenciales, o regla hebbiana temporalmente asimétrica, y sugiere que el tiempo de los potenciales tiene importancia. Concretamente, la regla temporalmente asimétrica refuerza las conexiones que son predictivas: si A se activa sistemáticamente antes de B, se puede considerar como una predicción acertada, y se verá reforzada. Véase Rao, R. P. y T. J. Sejnowski (2003), «Self-organizing neural systems based on predictive learning», *Philosophical transactions. Series A, Mathematical, physical, and engineering sciences*, 361 (1807): 1149-75.

8. Los conceptos básicos subyacentes al aprendizaje profundo tienen ya más de 30 años de antigüedad. Véase Rumelhart, D. E., G. E. Hinton y R. J. Williams (1988), «Learning representations by back-propagating errors», *Cognitive Modeling*, 5 (3): 1. Véase también el trabajo de Yann, Lecun, Yoshua Bengio y Jürgen Schmidhuber para los acontecimientos clave de más o menos la misma época.

9. Carpenter, G. A. y S. Grossberg (1987), «Discovering order in chaos: stable self-organization of neural recognition codes», *Ann N Y Acad Sci.*, 504: 33-51.

10. Bakin, J. S. y N. M. Weinberger (1996), «Induction of a physiological memory in the cerebral cortex by stimulation of the nucleus basalis», *Proceedings of the National Academy of Sciences*, 93: 11219-11224; Kilgard, M.P. y M. M. Merzenich (1998), «Cortical map reorganization enabled by nucleus basalis activity», *Science*, 279: 1714-1718.

11. Obsérvese que los déficits de Moliason fueron totalmente inesperados, pues se sabía desde hacía tiempo que la extirpación del lóbulo temporal medial (el hipocampo y las regiones colindantes) de *un* lado era una intervención segura. Para un resumen de subida y del caso clínico, véase Corkin, S. (2013), *Permanent present tense: The unforgettable life of the amnesic patient, HM*, Basic Books, Nueva York.

12. Zola-Morgan, S. M. y L. R. Squire (1990), «The primate hippocampal formation: evidence for a time-limited role in memory storage», *Science* 250, (4978): 288-90.

13. Eichenbaum, H. (2004), «Hippocampus: cognitive processes and neural representations that underlie declarative memory», *Neuron*, 44 (1): 109-20. Véase también Frankland, P. W. *et al.* (2004), «The involvement of the anterior cingulate cortex in remote contextual fear memory», *Science*, 304 (5672): 881-3.

14. Pasupathy, A. y E. K. Miller (2005), «Different time courses of learning-related activity in the prefrontal cortex and striatum», *Nature*, 433 (7028): 873-6. Véase también Ravel, S. y B. J. Richmond (2005), «Where did the time go?», *Nature Neuroscience*, 8 (6): 705-7.

15. Lisman, J., K. Cooper, M. Sehgal y A. J. Silva (2018), «Memory formation depends on both synapse-specific modifications of synaptic strength and cell-specific increases in excitability», *Nature Neuroscience*, 12: 1; Martin, S. J., P. D. Grimwood y R. G. Morris (2000), «Synaptic plasticity and memory: An evaluation of the hypothesis», *Annual Review of Neuroscience*, 23: 649-711; Shors, T. J. y L. D. Matzel (1997), «Long-term potentiation: What's learning got to do with it?», *Behavioral and Brain Sciences*, 20 (4): 597-655. Por lo que se refiere a la LTP y la LTD

todavía se sabe muy poco acerca de cómo el contexto intracelular de las neuronas determina el cambio de las sinapsis: no todas las sinapsis se comportan igual. Al principio se creía que los detalles de los protocolos de estimulación determinarían el resultado: una alta tasa de activación reforzaría una sinapsis, y una tasa baja la debilitaría. Pero a medida que los estudios experimentales iban aumentando, algunos investigadores que descubrieron que una célula no se deprimía cuando se daba el estímulo «correcto» tendían a descartar esos datos con la suposición de que la célula estaba «enferma». Una observación más imparcial de los datos revela que la regla sináptica para el cambio gira sobre otros factores que hay dentro de la célula, la mayoría de los cuales todavía no se han identificado. Véase Perrett, S. P. *et al.* (2001), «LTD induction in adult visual cortex: role of stimulus timing and inhibition», *Journal of Neuroscience*, 21 (7): 2308-19.

16. Draganski, B. *et al.* (2004), «Neuroplasticity: changes in grey matter induced by trainin», *Nature*, 427 (6972): 311-2.

17. Por ejemplo, axones o dendritas recién ramificados, o el nacimiento de una nueva glía de células o neuronas.

18. Boldrini, M. *et al.* (2018), «Human hippocampal neurogenesis persists throughout aging», *Cell Stem Cell*, 22 (4): 589-99; Gould *et al.* (1999), «Neurogenesis in the neocortex of adult primates», *Science*, 286 (5439): 548-52; Eriksson *et al.* (1998), «Neurogenesis in the adult human hippocampus», *Nature Medicine* 4 (11): 1313.

Desde la década de 1960, el dogma aconsejaba que los mamíferos nacían con un número fijo de neuronas: el número disminuía con la edad, pero no podía aumentar nunca. Pero con la mejora de la resolución en las técnicas, ahora sabemos que el hipocampo produce miles de neuronas nuevas cada día, en animales que van desde los ratones a los humanos. Es solo por culpa de este error histórico que el descubrimiento de la neurogénesis resulta una sorpresa; después de todo, la formación de nuevas células es característica de todas las demás partes del cuerpo, y desde hace tiempo sabemos que es algo que se da en el cerebro de los pájaros: de hecho, cada vez que tienen que aprender una nueva canción: Nottebohm, F. (2002), «Neuronal replacement in adult brain», *Brain Research Bulletin*, 57 (6): 737-49. Como detalle de interés histórico, apuntemos que la neurogénesis del cerebro en los mamíferos era algo que se sospechaba hacía tiempo, pero se pasaba por alto. Véase Altman, J. (1962), «Are new neurons formed in the brains of adult mammals?», *Science*, 135 (3509): 1127-28.

19. Gould, E. *et al.* (1999), «Learning enhances adult neurogenesis in the adult hippocampal formation», *Nature Neuroscience*, 2: 260-265. Así pues, ¿por qué estos intrusos iban a perturbar los recuerdos existentes? Si las nuevas células se cuelan en el tejido de la corteza sin corromper los viejos recuerdos almacenados, hay algo en el paradigma del conectoma que tenemos que renovar. Dicen algunos que las sinapsis, quizá en virtud de la composición de sus moléculas constituyentes, no son un repositorio fiable para la información aprendida a largo plazo. (Nottebohm, F. [2002]; Bailey, Kandel [1993].) Por el contrario, el cambio biofísico final requiere una neurona completamente nueva. En este marco especulativo, el almacenamiento de un recuerdo implica la activación de una serie de genes que conduce a la diferenciación celular. La irreversibilidad de la división celular es justo lo que uno desearía para un almacenamiento de la memoria a largo plazo en una escala temporal más larga. Quiero dejar claro que se trata de una pura especulación, sobre todo porque nos queda mucho por comprender de la neurogénesis. ¿Qué neuronas quedan eliminadas (las aleatorias o las informativamente inadaptadas)? ¿Dónde están exactamente en los circuitos y cuál es su función? De manera más general, harán falta experimentos para poner a prueba si el aprendizaje convierte ciertas neuronas en repositorios para los recuerdos a largo plazo, y si, al hacerlo, inhibe de manera irreversible su capacidad para adquirir nueva información. Y es importante llevar a cabo todos estos experimentos con animales de un estilo de vida más o menos natural: se ha especulado que la razón por la que la neurogénesis no aparecía en los primeros estudios con primates (Rakic, [1985], «Limits of neurogenesis in primates», *Science*, 227 [4690]) es porque los monos de laboratorio llevaban una vida enjaulada y pobre en estímulos. Ahora sabemos que los entornos estimulantes y el ejercicio son fundamentales para la neuro-

génesis, que es exactamente lo que sería de esperar en la teoría de más recuerdos adentrándose en el sistema, y, por tanto, se necesitará más almacenamiento a muy largo plazo.

20. Levenson, J. M. y J. D. Sweatt (2005), «Epigenetic mechanisms in memory formation», *Nature Reviews Neuroscience*, 6 (2): 108-18. En otro ejemplo, el etiquetado epigenético del genoma ocurre durante la consolidación de los recuerdos a largo plazo del condicionamiento del miedo contextual. En el condicionamiento del miedo contextual, se emparejan un estímulo nocivo y un espacio novedoso. Este emparejamiento conduce a una alteración de las proteínas alrededor de las cuales se enrosca y desenrosca el ADN. La expresión genética alterada podría conseguir esencialmente cualquier cosa, incluyendo una mejoría de la función sináptica, la excitabilidad de la neurona, patrones de expresión del receptor, etc. Cuando se compara con el condicionamiento del miedo contextual, otra forma de memoria a largo plazo llamada inhibición latente conduce a alteraciones de una histona *distinta*, lo que sugiere la posibilidad de un código histónico por descubrir, en el que los tipos específicos de memoria están asociados con patrones específicos de modificación de la histona.

21. Weaver *et al.* (2004), «Epigenetic programming by maternal behavior», *Nature Neuroscience*, 7 (8):847. El campo de la epigenética examina los cambios en el ADN y las proteínas que lo rodean que producen cambios que duran toda la vida en los patrones de la expresión de los genes. Los cambios proceden de una interacción entre el genoma y el entorno. Estos cambios heredables de la expresión de los genes no están codificados en la propia secuencia del ADN, lo cual puede permitir que células genotípicamente idénticas estén fenotípicamente individualizadas.

22. Brand, S. (1999), *The clock of the long now: Time and responsibility*, Basic Books, Nueva York. La idea del ritmo de las capas tiene su propia historia. Brand primero creó el diagrama de la civilización saludable con Brian Eno en el estudio de este en Londres en 1996. Anteriormente, en la década de 1970, el arquitecto Frank Duffy señaló cuatro capas en los edificios comerciales: el decorado (por ejemplo, los

muebles, que se mueven a menudo), la escenografía (es decir, las paredes interiores, que se mueven cada cinco o siete años), los servicios (es decir, los negocios que alquilan locales, que se modifican a una escala de 15 años) y el envoltorio (o sea, el propio edificio, que dura muchas décadas).

23. El contraargumento sería que todos estos otros parámetros podrían existir tan solo como una manera de mantener la homeostasis para un cambio importante (pongamos las fuerzas sinápticas). Para ser claro, quiero decir que esto me parece improbable. Sería como señalar una etapa de la sociedad (pongamos el comercio) y defender que todos los demás cambios de la civilización no son más que una manera de mantenerlo todo seguro para que siempre podamos tener nuevos lugares donde comprar.

24. No es habitual que los neurocientíficos lo estudien en un fenómeno tan excitante como el enamoramiento. Por el contrario, utilizan animales de laboratorio, como ratas. Enseñan a la rata a llevar a cabo una tarea a cambio de una recompensa, y observan la velocidad a la que el animal se acerca a una ejecución perfecta. Entonces eliminan el comportamiento quitándole la retroalimentación, y observan cuánto tarda el comportamiento en desaparecer. Si vuelven a entrenar al animal con retroalimentación, incluso mucho tiempo después, encuentran un sorprendente ahorro de tiempo: el animal aprende mucho más deprisa la segunda vez. Véanse Della-Maggiore, V. y A. R. McIntosh (2005), «Time course of changes in brain activity and functional connectivity associated with long-term adaptation to a rotational transformation», *Journal of Neurophysiology*, 93: 2254-2262; Shadmehr, R. y T. Brashers-Krug (1997), «Functional stages in the formation of human long-term motor memory», *Journal of Neuroscience*, 17: 409-419; Landi, S. M., F. Baguear y V. Della-Maggiore (2011), «One week of motor adaptation induces structural changes in primary motor cortex that predict long-term memory one year later», *Journal of Neuroscience*, 31: 11808-11813; Yamamoto, K., D. S. Hoffman y P. L. Strick (2006), «Rapid and long-lasting plasticity of input-output mapping», *Journal of Neurophysiology*, 96: 2797-801.

25. Mulavara, A. P. *et al.* (2010), «Locomotor function after long-duration space flight: effects and motor learning during recovery», *Exp Brain Res*, 202: 649-659.

26. Eagleman, D. M., *Incognito: The Secret Lives of the Brain*, Pantheon, Nueva York, 2011. (Hay traducción española: *Incógnito: Las vidas secretas el cerebro*, trad. de Damià Alou, Anagrama, Barcelona, 2011.) Véase también Barkow, J., L. Cosmides y J. Tooby, *The Adapted Mind: Evolutionary psychology and the generation of culture*, Oxford University Press, Nueva York, 1992.

27. Sugiero que la construcción de lo nuevo sobre lo viejo constituye la base de la falibilidad del testimonio ocular. Todos los testigos de un delito exponen sus propias experiencias y su manera de entender el mundo. Sus filtros y perjuicios son el paisaje sedimentario sobre el que se deposita la nueva experiencia. No es ninguna sorpresa que el nuevo input descienda por diferentes laderas en el interior de cabezas distintas. De manera más general, la dependencia del presente sobre el pasado es la base de muchas de nuestras divergencias, ya sean culturales o individuales.

28. Cytowic, R. E. y D. M. Eagleman, *Wednesday is Indigo Blue: Discovering the Brain of Synesthesia*, MIT Press, Cambridge, 2009.

29. Eagleman, D. M. *et al.*, «A standardized test battery for the study of synesthesia», *Journal of Neuroscience Methods*, 159 (2007), pp. (1): 139-45. La Batería de Sinestesia se puede encontrar en www.synesthete.org.

30. Witthoft, N., J. Winawer, J. y D. M. Eagleman, «Prevalence of learned grapheme-color pairings in a large online sample of synesthetes», *PLOS ONE*, 10 (2015), p. (3): e0118996.

31. Hemos propuesto que la sinestesia grafemas-color es imaginería mental condicionada por la experiencia, es decir, dirigida por la memoria. Obsérvese que esto no contradice el descubrimiento de que el desarrollo de la respuesta sinestésica depende de la predisposición genética. En cuanto al origen de los colores para el resto de los sinestetas, recordemos que los imanes no eran la única influencia externa; había otras que iban desde los alfabetos de colores de los libros hasta los alfabetos en murales, pasando por los pósteres en el aula.

32. Plummer, W., «Total Erasure», *People* (1997).

33. Sherry, D. F. y D. L. Schacter, «The evolution of multiple memory systems», *Psychological Review*, 94 (1987), p. (4): 439; McClelland, J. L. *et al.*, «Why there are complementary learning systems in the hippocampus and neocortex: Insights from the successes and failures of connectionist models of learning and memory», *Psychological Review*, 102 (1995), p. (3): 419.

34. Un ritmo de aprendizaje veloz es necesario para el aprendizaje rápido; por otro lado, intentar acumular recuerdos múltiples conduce a más interferencias y a un fracaso catastrófico. El lado bueno es que si se cambia la fuerza de la conectividad a un ritmo lento, entonces las conexiones se distribuyen proporcionalmente a lo largo de muchas experiencias, con lo que simplemente se replica la estadística subyacente del entorno. Antes se creía que el hipocampo «pasa» los recuerdos a través del propio hipocampo y hacia el sustrato de la corteza, pero algunos datos más recientes sugieren que el proceso ocurre en paralelo: ambos aprenden al mismo tiempo, en paralelo. Desde que se propuso este modelo de sistemas de aprendizaje complementarios (McCloskey y Cohen [1989]; McClelland *et al.* [1995]; White [1989]), ha sufrido diversas adaptaciones, todas ellas con la intención de identificar dónde se localizan los sistemas complementarios en el cerebro. El modelo original sugería que en el hipocampo y en la corteza (McClelland *et al.*, «Why there are complementary learning systems in the hippocampus and neocórtex», *Psychological Review*, 102, [1995], pp. 419-457; O'Reilly *et al.*, «Complementary learning systems», *Cognitive Science,* 38, [2014], pp. 1229-1248). Modelos más recientes han sugerido que las diferentes velocidades de aprendizaje podrían ocurrir totalmente en el hipocampo: el camino trisináptico en CA3 funciona bien a la hora de aprender episodios claramente demarcados (tiene una rápida velocidad de aprendizaje), mientras que el camino monosináptico en CA1 funciona bien para el aprendizaje estadístico por su velocidad de aprendizaje más lenta. Véase Schapiro *et al.*, «Complementary learning systems within the hippocampus: a neural network modeling approach to reconciling

episodic memory with statistical learning», *Philosophical Transactions of the Royal Society B*, 372 (2017).

## 11. *El lobo y el Rover de Marte*

1. Coren, M. J., «A blind fish inspires new eyes and ears for subs», *FastCoExist* (2013).

2. Véase, por ejemplo, Leverington, M. y K. N. Shemdin, *Principles of Timing in FPGAs* (2017).

3. Eagleman, D. M., «Human time perception and its illusions», *Current Opinion in Neurobiology*, 18 (2008), pp. (2): 131-6; Stetson, C. *et al.*, «Motor-sensory recalibration leads to an illusory reversal of action and sensation», *Neuron*, 51 (2006), pp. (5): 651-9; Parsons, B., S. D. Novich y D. M. Eagleman, «Motor-sensory recalibration modulates perceived simultaneity of cross-modal events», *Frontiers in Psychology*, 4 (2013), p. 46; Cai, M., C. Stetson C. y D. M. Eagleman, «A neural model for temporal order judgments and their active recalibration: a common mechanism for space and time», *Frontiers in Psychology*, 470 (2012).

Obsérvese que actúa un principio similar cuando la gente se saca las lentes de contacto por la noche y se pone unas gafas. Durante los primeros momentos pierde el sentido del equilibrio. ¿Por qué? Porque las gafas deforman la escena un poco, de manera que un movimiento de los ojos se traduce en un cambio más importante en el campo visual: el output se traduce en un input ligeramente inesperado. ¿Cómo se puede solucionar rápidamente? Haciendo girar la cabeza un momento después de ponerse las gafas. Ello permite que sus redes neuronales recalibren rápidamente el output motor con respecto al input sensorial.

4. Los ejemplos de las redes inteligentes y las redes eléctricas se abordan con más profundidad en Eagleman, D. M., *Why the Net Matters: Six Easy Ways to Avert the Collapse of Civilization*, Canongate Books, Edimburgo, 2010.

## 12. *En busca del amor perdido de Ötzi*

1. Fowler, B., *Iceman: Uncovering the Life and Times of a Prehistoric Man Found in an Alpine Glacier*, Chicago University Press, 2000. Para una descripción de la radiología que se ha llevado a cabo, véase, Gostner, P. *et al.*, «New radiological insights into the life and death of the Tyrolean Iceman», *Journal of Archaeological Science*, 38 (2011), pp. (12): 3425-31. Véanse también Wierer, U. *et al.*, «The Iceman's lithic toolkit: Raw material, technology, typology, and use», *PLOS ONE* (2018); Maxiner, F. *et al.*, «The 5.300-year-old Helicobacter pylori genome of the Iceman», *Science*, 351 (2016), pp. (6269): 162-65.

2. Stretesky, P. B. y M. J. Lynch, «The relationship between lead and crime», *Journal of Health and Social Behavior*, 45 (2004), pp. (2): 214-29; Nevin, A., «Understanding international crime trends: the legacy of preschool lead exposure», *Environmental Research*, 104 (2007), pp. (3): 315-36; Reyes, J. W., «Environmental policy as social policy? The impact of childhood lead exposure on crime», *Contributions to Economic Analysis and Policy*, 7 (2007).

# LECTURAS ADICIONALES

Ahuja, A. K. *et al.*, «Blind subjects implanted with the Argus II retinal prosthesis are able to improve performance in a spatial-motor task», *British Journal of Ophthalmology,* 95 (2011), pp. (4): 539-543.

Amedi, A., J. Camprodon, L. Merabet, P. Meijer y A. Pascual-Leone, «Towards closing the gap between visual neuroprostheses and sighted restoration: Insights from studying vision, cross-modal plasticity and sensory substitution», *Journal Vision,* 6 (2006), p. (13): 12.

Amedi, A., A. Floel, S. Knecht, E. Zohary y L. G. Cohen, «Transcranial magnetic stimulation of the occipital pole interferes with verbal processing in blind subjects», *Nature Neuroscience,* 7 (2004), pp. 1266-1270.

Amedi, A., N. Raz, H. Azulay, R. Malach y E. Zohary, «Cortical activity during tactile exploration of objects in blind and sighted humans», *Restorative Neurology and Neuroscience,* 28 (2010), pp. (2): 143-156.

Amedi, A., N. Raz, P. Pianka, R. Malach y E. Zohary, «Early "visual" cortex activation correlates with superior verbal-memory performance in the blind», *Nature Neuroscience,* 6 (2003), pp. 758-766.

Amedi, A. *et al.*, «Shape conveyed by visual-to-auditory sensory substitution activates the lateral occipital complex», *Nature Neuroscience,* 10 (2007), pp. 687-689.

371

Ardouin, J. *et al.*, «FlyVIZ: a novel display device to provide humans with 360° vision by coupling çatadioptric camera with hmd», en *Proceedings of the 18th ACM symposium on Virtual reality software and technology* (2012).

Arno, P., C. Capelle, M. C. Wanet-Defalque, M. Catalán-Ahumada y C. Veraart, «Auditory coding of visual patterns for the blind», *Perception*, 28 (1999), pp. (8): 1013-1029.

Arno, P. *et al.*, «Occipital activation by pattern recognition in the early blind using auditory substitution for vision», *Neuroimage*, 13 (2001), pp. (4): 632-645.

Auvray, M., S. Hanneton y J. K. O'Regan, «Learning to perceive with a visuo-auditory substitution system: localisation and object recognition with "The vOICe"», *Perception*, 36 (2007), pp. 416-430.

Auvray, M. y E. Myin, «Perception with compensatory devices: From sensory substitution to sensorimotor extension», *Cognitive Science,* 33 (2009), pp. (6): 1036-1058.

Bach-y-Rita, P., «Tactile sensory substitution studies», *Annals of the New York Academy of Sciences journal* (2004) pp. 1013: 83-91.

Bach-y-Rita, P., C. C. Collins, F. Saunders, B. White y L. Scadden, «Vision substitution by tactile image projection», *Nature*, 221 (1969), pp. 963-964.

Bach-y-Rita, P., Y. Danilov, M. E. Tyler y R. J. Grimm, «Late human brain plasticity: vestibular substitution with a tongue BrainPort human-machine interface», *Intellectica*, 1 (2005), pp. (40): 115-122.

Bailey, C. H. y R. R. Kandel, «Structural changes accompanying memory storage», *Annual Review of Physiology,* 55 (1993), pp. 397-426.

Bakin, J. S. y N. M. Weinberger, «Induction of a physiological memory in the cerebral cortex by stimulation of the nucleus basalis», *Proceedings of the National Academy of Sciences*, 93 (1996), pp. 11219-24.

Bangert, M. y G. Schlaug, «Specialization of the specialized in features of external human brain morphology», *European Journal of Neuroscience*, 24 (2006), pp. 1832-1834.

Barinaga, M. «The brain remaps its own contours», *Science*, 258 (1992), pp. 216-218.

Bear, M. F. y W. Singer, «Modulation of visual cortical plasticity by acetylcholine and noradrenaline», *Nature*, 320 (1986), pp. 172-176.

Bennett, E. L., M. C. Diamond, D. Krech y M. R. Rosenzweig, «Chemical and anatomical plasticity of brain», *Science*, 164 (1964), pp. 610-619.

Bliss, T. V. y T. Lømo, «Long-lasting potentiation of synaptic transmission in the dentate area of the anesthetized rabbit following stimulation of the perforant path», *The Journal of Physiology (London)*, 232 (1973), pp. 331-356.

Boldrini, M. *et al.*, «Human hippocampal neurogenesis persists throughout aging», *Cell Stem Cell*, 22 (2018), pp. (4): 589-599.

Borgstein, J. y C. Grootendorst, «Half a brain», *The Lancet*, 359 (2002), p. (9305): 473.

Borsook, D. *et al.*, «Acute plasticity in the human somatosensory cortex following amputation», *Neuroreport* (1998), pp. 1013-1017.

Bouton, C. E. *et al.*, «Restoring cortical control of functional movement in a human with quadriplegia», *Nature*, 533 (2016), p. (7602): 247.

Bower, T. G. R. «Perceptual Development: Object and Space», en *Handbook of Perception, Volume VIII, Perceptual Coding*, Carterette, E. C. y M. P. Friedman (eds.), Academic Press, 1978.

Brandt, A. K. y D. M. Eagleman, *The Runaway Species*, Catapult Press, Nueva York, 2017. (Hay traducción española: *La especie desbocada*, trad. de Damià Alou, Anagrama, Barcelona, 2022.)

Bubic, A., Striem-Amit, E., Amedi, A., «Large-scale brain plasticity following blindness and the use of sensory substitution devices», en *Multisensory Object Perception in the Primate Brain*, Naumer, M. J. y J. Kaiser (eds.), Springer, 2010, pp. 351-380.

Buonomano, D. V. y M. M. Merzenich, «Cortical plasticity: from synapses to maps» *Annual Review of Neuroscience*, 21 (1998), pp. 149-186.

Burrone, J., M. O'Byrne y V. N. Murthy, «Multiple forms of synaptic plasticity triggered by selective suppression of activity in individual neurons», *Nature*, 420 (2002), pp. (6914): 414-418

Burton, H., «Visual cortex activity in early and late blind people», *Journal of Neuroscience*, 23 (2003) pp. (10): 4005-4011.

Burton, H., A. Z. Snyder, T. E. Conturo, E. Akbudak, J. M. Ollinger y M. E. Raichle, «Adaptive changes in early and late blind: a fMRI study of Braille reading», *Journal of Neurophysiology*, 87 (2002), pp. 589-607.

Cai, M., C. Stetson y D. M. Eagleman, «A neural model for temporal order judgments and their active recalibration: a common mechanism for space and time?», *Frontiers in Psychology*, 3 (2012), p. 470.

Cañón Bermúdez, G. S., H. Fuchs, L. Bischoff, J. Fassbender y D. Makarov, «Electronic-skin compasses for geomagnetic field-driven artificial magnetoreception and interactive electronics», *Nature Electronics*, 1 (2018), pp. (11): 589-595.

Carpenter, G. A. y S. Grossberg, «Discovering order in chaos: stable self-organization of neural recognition codes», *Annals of the New York Academy of Sciences journal*, 504 (1987), pp. 33-51.

Chebat, D. R., V. Harrar, R. Kupers, S. Maidenbaum, A. Amedi y M. Ptito, «Sensory substitution and the neural correlates of navigation in blindness», en *Mobility of Visually Impaired People*, Springer, 2018, pp. 167-200.

Chorost, M., *World Wide Mind: The Coming Integration of Humanity, Machines, and the Internet*, Free Press, 2011.

Clark, S. A., T. Allard, W. M. Jenkins y M. M. Merzenich, «Receptive-fields in the body-surface map in adult cortex defined by temporally correlated inputs» *Nature*, 332 (1988), pp. 444-445.

Cline, H., «Sperry and Hebb: oil and vinegar?», *Trends in Neurosciences*, 26 (2003), pp. (12): 655-661.

Cohen, L. G. *et al.*, «Functional relevance of cross-modal plasticity in blind humans», *Nature*, 389 (1997), pp. 180-183.

Collignon, O., M. Lassonde, F. Lepore, D. Bastien y C. Veraart, «Functional cerebral reorganization for auditory spatial processing and auditory substitution of vision in early blind subjects», *Cerebral Cortex*, 17 (2007), pp. (2): 457-465.

Collignon, O., L. Renier, R. Bruyer, D. Tranduy y C. Veraart, «Improved selective and divided spatial attention in early blind subjects», *Brain Research*, 1075 (2006), pp. (1): 175-182.

Collignon, O., P. Voss, M. Lassonde y F. Lepore, «Cross-modal plasticity for the spatial processing of sounds in visually deprived subjects» *Experimental Brain Research*, 192 (2009), pp. (3): 343-358.

Conner, J. M., A. Culberson, C. Packowski, A. A. Chiba y M. H. Tuszynski, «Lesions of the basal forebrain cholinergic system impair task acquisition and abolish cortical plasticity associated with motor skill learning», *Neuron*, 38 (2003), pp. 819-829.

Constantine-Paton, M. y M. I. Law, «Eye-specific termination bands in tecta of three-eyed frogs», *Science*, 202 (1978), pp. 639-641.

Cronholm, B., «Phantom limbs in amputees. A study of changes in the integration of centripetal impulses with special reference to referred sensations», *Acta psychiatrica et neurologica Scandinavica, Supplementum*, 72 (1951), pp. 1-310.

Cronly-Dillon, J., K. C. Persaud y R. Blore, «Blind subjects construct conscious mental images of visual scenes encoded in musical form», *Proceedings: Biological Sciences*, 267 (2000) (1458): 2231-2238.

Cronly-Dillon, J., K. C. Persaud y R. P. Gregory, «The perception of visual images encoded in musical form: a study in cross-modality information transfer», *Proceedings: Biological Sciences*, 266 (1999), pp. (1436): 2427-2433.

Crowley, J. C. y L. C. Katz, «Development of ocular dominance columns in the absence of retinal input», *Nature Neuroscience*, 2 (1999), pp. 1125-1130.

Cytowic, R. E. y D. M. Eagleman, *Wednesday is Indigo Blue: Discovering the Brain of Synesthesia*, MIT Press, Cambridge, 2009.

D'Angiulli, A y P. Waraich, «Enhanced tactile encoding and memory recognition in congenital blindness», *International Journal of Rehabilitation Research*, 25 (2002), pp. (2): 143-145.

Damasio, A. R. y D. Tranel, «Nouns and verbs are retrieved with differently distributed neural systems», *Proceedings of the National Academy of Sciences*, 90 (1993), pp. (11): 4957-4960.

Darian-Smith, C. y C. D. Gilbert, «Axonal sprouting accompanies functional reorganization in adult cat striate cortex», *Nature*, 368 (1994), pp. 737-740.

Day, J. J. y J. D. Sweatt, «DNA methylation and memory formation», *Nature Neuroscience*, 13 (2010), p. (11): 1319.

Diamond, M., «Response of the brain to enrichment», *Anais da Academia Brasileira de Ciências*, 73 (2001), pp. 211-220.

Donati, A. R. *et al.*, «Long-term training with a brain-machine interface-based gait protocol induces partial neurological recovery in paraplegic patients», *Scientific Reports*, 6 (2016), 30383.

Dowling, J., «Current and future prospects for optoelectronic retinal prostheses», *Nature-Eye*, 23 (2008), pp. 1999-2005.

Draganski, B., C. Gaser, V. Busch, G. Schuierer, U. Bogdahn y A. May, «Neuroplasticity: changes in grey matter induced by training», *Nature* 427 (2004), pp. (6972): 311-312.

Driemeyer, J., J. Boyke, C. Gaser, C. Büchel y A. May, «Changes in Gray Matter Induced by Learning, Revisited», *PLOS ONE, 3* (2008), p. (7): e2669.

Dudai, Y., «The neurobiology of consolidations, or, how stable is the engram?», *Annual Review of Psychology*, 55 (2004), pp. 51-86.

Eagleman, D. M., «Visual illusions and neurobiology», *Nature Reviews Neuroscience*, 2 (2001), pp. (12): 920-926.

Eagleman, D. M., «Distortions of time during rapid eye movements», *Nature Neuroscience*, 8 (2005), pp. (7): 850-851.

Eagleman, D. M., «Human time perception and its illusions», *Current Opinion in Neurobiology*, 18 (2008), pp. (2): 131-133.

Eagleman, D. M., «Silicon immortality: downloading consciousness into computers», en *This Will Change Everything: Ideas That Will Shape the Future*, Brockman, J. (ed.), Harper Perennial, Nueva York, 2009.

Eagleman, D. M., «The strange mapping between the timing of neural signals and perception», en *Issues of Space and Time in Perception* and Action, Nijhawan, R. (ed.), Cambridge University Press, Cambridge, 2010.

Eagleman, D. M., *Incognito: The Secret Lives of the Brain*, Pantheon, Nueva York, 2011. (Hay traducción española: *Incógnito. Las vidas secretas del cerebro*, trad. de Damià Alou, Anagrama, Barcelona, 2013.)

Eagleman, D. M., «The Brain on Trial», *Atlantic Monthly*, julio/agosto de 2011.

Eagleman, D. M., «Synesthesia in its protean guises», *British Journal of Psychology*, 103 (2012), pp. (1): 16-19.

Eagleman, D. M., «Can we create new senses for humans?», charlas TED (2015).

Eagleman, D. M., *The Brain: The Story of You*, Pantheon, 2015. (Hay traducción española: *El cerebro. Nuestra historia*, Anagrama, Barcelona, 2017.)

Eagleman, D. M., «We will leverage technology to create new senses», *Wired* (2018).

Eagleman, D. M. y J. Downar, *Brain and Behavior: A Cognitive Neuroscience Perspective*, Oxford University Press, 2015.

Eagleman, D. M. y M. A. Goodale, «Why color synesthesia involves more than color», *Trends in Cognitive Sciences*, 13 (2009), pp. (7): 288-292.

Eagleman, D. M., J. E. Jacobson y T. J. Sejnowski, «Perceived luminance depends on temporal context», *Nature*, 428 (2004), p. (6985): 854.

Eagleman, D. M., A. D. Kagan, S. S. Nelson, D. Sagaram y A. K. Sarma, «A standardized test battery for the study of synesthesia», *Journal of Neuroscience Methods*, 159 (2007), pp. (1): 139-154.

Eagleman, D. M. y P. R. Montague, «Models of learning and memory», en *Encyclopedia of Cognitive Science*, MacMillan, 2002.

Eagleman, D. M. y V. Pariyadath, «Is subjective duration a signature of coding efficiency?», *Philosophical Transactions of the Royal Society*, 364 (2009), pp. (1525): 1841-1851.

Eagleman, D. M. y T. J. Sejnowski, «Motion integration and postdiction in visual awareness» *Science*, 287 (2000), pp. (5460): 2036-2038.

377

Eagleman, D. M. y D. A. Vaughn, «A new theory of dream sleep», (2020, en evaluación).

Edelman, G. M., *Neural Darwinism: The theory of neuronal group selection*, Basic Books, 1987.

Elbert, T., C. Pentev, C. Wienbruch, B. Rockstroh y E. Taub, «Increased finger representation of the fingers of the left hand in string players», *Science*, 270 (1995), pp. 305-306.

Elbert, T. y B. Rockstroh, «Reorganization of human cerebral cortex: the range of changes following use and injury», *Neuroscientist*, 10 (2004), pp. 129-41.

Eriksson, P. S., E. Perfilieva, T. Bjork-Eriksson, A. M. Alborn, C. Nordborg, D. A. Peterson *et al.*, «Neurogenesis in the adult human hippocampus», *Nat Med*, 4 (1998), pp. (11): 1313-1317.

Feuillet, L., H. Dufour y J. Pelletier, «Brain of a white-collar worker», *The Lancet*, 370 (2007), p. 262.

Finney, E. M., I. Fine y K. R. Dobkins, «Visual stimuli activate auditory cortex in the deaf», *Nature Neuroscience*, 4 (2001), pp. (12): 1171-1173.

Flor H., T. Elbert, S. Knecht, C. Wienbruch, C. Pantev, N. Birbaumer, W. Larbig y E. Taub, «Phantom-limb pain as a perceptual correlate of cortical reorganization following arm amputation», *Nature*, 375 (1995), pp. (6531): 482-484.

Florence, S. L., H. B. Taub y J. H. Kaas, «Large-scale sprouting of cortical connections after peripheral injury in adult macaque monkeys», *Science*, 282 (1998), pp. 1117-1121.

Fuhr, P., L. G. Cohen, N. Dang, T. W. Findley, S. Haghighi, J. Oro y M. Hallett, «Physiological analysis of motor reorganization following lower limb amputation», *Electroencephalography and Clinical Neurophysiology*, 85 (1992), pp. (1): 53-60.

Fusi, S., P. J. Drew y L. F. Abbott, «Cascade models of synaptically stored memories», *Neuron*, 45 (2005), pp. (4): 599-611.

Gougoux, F., F. Lepore, M. Lassonde, P. Voss, R. J. Zatorre y P. Belin, «Neuropsychology: pitch discrimination in the early blind», *Nature*, 430 (2004), p. (6997): 309.

378

Gougoux, F., R. J. Zatorre, M. Lassonde, P. Voss y F. Lepore, «A functional neuroimaging study of sound localization: visual cortex activity predicts performance in early-blind individuals», *PLOS Biology*, 3 (2005), p. (2): e27.

Gould, E., A. V. Beylin, P. Tanapat, A. Reeves y T. J. Shors, «Learning enhances adult neurogenesis in the adult hippocampal formation», *Nature Neuroscience*, 2 (1999), pp. 260-265.

Gould, E., A. Reeves, M. S. A. Graziano y C. Gross, «Neurogenesis in the neocortex of adult primates», *Science*, 286 (1999), pp. 548-552.

Gu, Q., «Contribution of acetylcholine to visual cortex plasticity», *Neurobiology of Learning and Memory*, 80 (2003), pp. 291-301.

Hallett, M., «Plasticity in the human motor system», *Neuroscientist*, 5 (1999), pp. 324-332.

Halligan, P. W., J. C. Marshall y D. T. Wade, «Sensory disorganization and perceptual plasticity after limb amputation: a follow-up study», *Neuroreport* 5 (1994), pp. 1341-1345.

Hamilton, R. H., J. P. Keenan, M. D. Catala y A. Pascual-Leone, «Alexia for Braille following bilateral occipital stroke in an early blind woman», *Neuroreport*, 11 (2000), pp. 237-240.

Hamilton, R. H., A. Pascual-Leone y G. Schlaug, «Absolute pitch in blind musicians», *Neuroreport*, 15 (2004), pp. 803-806.

Hasselmo, M. E., «Neuromodulation and cortical function: modeling the physiological basis of behavior», *Behavioural Brain Research*, 67 (1995), pp. 1-27.

Hawkins, J. y S. Blakeslee, *On Intelligence*, Times Books, 2004.

Hochberg, L. R., M. D. Serruya, G. M. Friehs, J. A. Mukand, M. Saleh, A. H. Caplan, A. Branner, D. Chen, R. D. Penn y J. P. Donoghue, «Neuronal ensemble control of prosthetic devices by a human with tetraplegia», *Nature*, 442 (2006), pp. 164-171.

Hoffman, K. L. y B. L. McNaughton, «Coordinated reactivation of distributed memory traces in primate neocortex», *Science*, 297 (2002), p. 2070.

Hoffmann, R. *et al.*, «Evaluation of an audio-haptic sensory substitution device for enhancing spatial awareness for the visually impaired», *Optometry and Vision Science*, 95 (2018), p. (9): 757.

Hubel, D. H. y T. N. Wiesel, «Binocular interaction in striate cortex of kittens reared with artificial squint», *Journal of Neurophysiology*, 28 (1965), pp. 1041-1059.

Hurovitz, C., S. Dunn, G. W. Domhoff y H. Fiss, «The dreams of blind men and women: a replication and extension of previous findings», *Dreaming*, 9 (1999), pp. 183-193.

Jacobs, G. H., G. A. Williams, H. Cahill y J. Nathans, «Emergence of novel color vision in mice engineered to express a human cone photopigment», *Science*, 315 (2007), pp. (5819): 1723-175.

Jameson, K. A., «Tetrachromatic color vision», en *The Oxford Companion to Consciousness*, Wilken, P., T. Bayne y A. Cleeremans (eds.), Oxford University Press, 2009.

Johnson, J. S. y E. L. Newport, «Critical period effects in second language learning: the influence of maturational state on the acquisition of English as a second language», *Cognitive Psychology*, 21 (1989), pp. 60-99.

Jones, E. G., «Cortical and subcortical contributions to activity-dependent plasticity in primate somatosensory cortex», *Annual Review of Neuroscience*, 23 (2000), pp. 1-37.

Jones, E. G. y T. P. Pons, «Thalamic and brainstem contributions to large-scale plasticity of primate somatosensory cortex», *Science*, 282 (1998), pp. (5391): 1121-1125.

Karl, A., N. Birbaumer, W. Lutzenberger, L. G. Cohen y H. Flor, «Reorganization of motor and somatosensory cortex in upper extremity amputees with phantom limb pain», *Journal of Neuroscience*, 21 (2001), pp. 3609-3618.

Karni, A., G. Meyer, P. Jezzard, M. Adams, R. Turner y L. Ungerleider, «Functional MRI evidence for adult motor cortex plasticity during motor skill learning», *Nature*, 377 (1995), pp. 155-158.

Kay, L., «Auditory perception of objects by blind persons, using a bioacoustic high resolution air sonar», *The Journal of the Acoustical Society of America*, 107 (2000), p. (6): 3266-3276.

Kennedy, P. R., R. A. Bakay, «Restoration of neural output from a paralyzed patient by a direct brain connection», *Neuroreport*, 9 (1998), pp. 1707-1711.

Kilgard, M. P. y M. M. Merzenich, «Cortical map reorganization enabled by nucleus basalis activity», *Science*, 279 (1998), pp. 1714-1718.

Knudsen, E. I., «Instructed learning in the auditory localization pathway of the barn owl», *Nature*, 417 (2002), pp. 322-328.

Kubanek, M. y J. Bobulski, «Device for acoustic support of orientation in the surroundings for blind people», *Sensors*, 18 (2018), p. (12): 4309.

Kuhl, P. K., «Early language acquisition: cracking the speech code», *Nature Reviews Neuroscience*, 5 (2004), pp. 831-843.

Kupers, R. y M. Ptito, «Compensatory plasticity and cross-modal reorganization following early visual deprivation», *Neuroscience & Biobehavioral Reviews*, 41 (2014), pp. 36-52.

Law, M. I. y M. Constantine-Paton, «Anatomy and physiology of experimentally produced striped tecta», *Journal of Neuroscience*, 1 (1981), pp. 741-759.

Lenay, C., O. Gapenne, S. Hanneton, C. Marque y C. Genouëlle, «Sensory substitution: limits and perspectives», en *Touching for Knowing, Cognitive Psychology of Haptic Manual Perception*, Hatwell, Y., A. Streri y E. Gentaz (eds.), John Benjamins, 2003, pp. 275-292.

Levy, B., «The blind climber who "sees" with his tongue», *Discover*, 22 de junio, 2008.

Lisman, J., K. Cooper, M. Sehgal y A. J. Silva, «Memory formation depends on both synapse-specific modifications of synaptic strength, and cell-specific increases in excitability», *Nature Neuroscience*, 12 (2018), p.1.

Lobo *et al.*, «Sensory substitution: Using a vibrotactile device to orient and walk to targets», *Journal of Experimental Psychology: Applied*, 24 (2018), p. (1): 108.

Macpherson, F. (ed.), *Sensory Substitution and Augmentation*, Oxford University Press, 2018.

Mancuso, K., W. W. Hauswirth, Q. Li, T. B. Connor, J. A. Kuchenbecker, M. C. Mauck, J. Neitz y M. Neitz, «Gene therapy for red-green colour blindness in adult primates», *Nature*, 461 (2009), pp. 784-788.

Maravita, A. y A. Iriki, «Tools for the body (schema)», *Trends in Cognitive Sciences*, 8 (2004), pp. 79-86.

Martin, S. J., P. D. Grimwood y R. G. Morris, «Synaptic plasticity and memory: an evaluation of the hypothesis», *Annual Review of Neuroscience*, 23 (2000), pp. 649-711.

Massiceti, D., S. L. Hicks y J. J. van Rheede, «Stereosonic vision: Exploring visual-to-auditory sensory substitution mappings in an immersive virtual reality navigation paradigm», *PLOS ONE*, 13 (2018) (7).

Matteau, I., R. Kupers, E. Ricciardi, P. Pietrini y M. Ptito, «Beyond visual, aural and haptic movement perception: hMT+ is activated by electrotactile motion stimulation of the tongue in sighted and in congenitally blind individuals», *Brain Research Bulletin*, 82 (2010), pp. (5-6): 264-270.

Meijer, P. B., «An experimental system for auditory image representations», *IEEE Transactions on Biomedical Engineering*, 39 (1992), pp. (2): 112-121.

Merabet, L. B. y A. Pascual-Leone, «Neural reorganization following sensory loss: the opportunity of change», *Nature Reviews Neuroscience*, 11 (2010), pp. (1): 44-52.

Merabet, L. B., J. Rizzo, A. Amedi, D. Somers y A. Pascual-Leone, «What blindness can tell us about seeing again: merging neuroplasticity and neuroprostheses», *Nature Reviews Neuroscience*, 6 (2005), pp. 71-77.

Merabet, L. B. *et al.*, «Combined activation and deactivation of visual cortex during tactile sensory processing», *Journal of Neurophysiology*, 97 (2007), pp. 1633-1641.

Merabet, L. B. *et al.*, «Rapid and reversible recruitment of early visual cortex for touch», *PLOS ONE*, 3 (2008), p. (8): e3046.

Merzenich, M. M., «Long-term change of mind», *Science*, 282 (1998), pp. (5391): 1062-1063.

Merzenich, M. M. *et al.*, «Somatosensory cortical map changes following digit amputation in adult monkeys», *The Journal of Comparative Neurology*, 224 (1984), pp. 591-605.

Miller, T. C. y T. W. Crosby, «Musical hallucinations in a deaf elderly patient», *Annals of Neurology*, 5 (1979), pp. 301-302.

Mitchell, S. W., *Injuries of Nerves and Their Consequences*, Lippincott, 1872.

Montague, P. R., D. M. Eagleman, S. M. McClure y G. S. Berns, «Reinforcement learning», en *Encyclopedia of Cognitive Science*, MacMillan, 2002.

Moosa, A. N. *et al.*, «Long-term functional outcomes and their predictors after hemispherectomy in 115 children», *Epilepsia*, 54 (2013), pp. (10): 1771-179.

Muckli, L., M. J. Naumer y W. Singer, «Bilateral visual field maps in a patient with only one hemisphere», *Proceedings of the National Academy of Sciences*, 106 (2009), pp. (31): 13034-39.

Muhlau, M. *et al.*, «Structural brain changes in tinnitus», *Cerebral Cortex*, 16 (2006), pp. 1283-1288.

Nagel, S. K., C. Carl, T. Kringe, R. Märtin y P. König, «Beyond sensory substitution—learning the sixth sense», *Journal of Neural Engineering*, 2 (2005), pp. (4): R13-26.

Nau, A. C., C. Pintar, A. Arnoldussen y C. Fisher, «Acquisition of visual perception in blind adults using the BrainPort artificial vision device», *The American Journal of Occupational Therapy*, 69 (2015), pp. (1): 1-8.

Neely, R. M., D. K. Piech, S. R. Santacruz, M. M. Maharbiz y J. M. Carmena, «Recent advances in neural dust: towards a neural interface platform», *Current Opinion in Neurobiology*, 50 (2018), pp. 64-71.

Neville, H. y D. Bavelier, «Human brain plasticity: evidence from sensory deprivation and altered language experience», *Progress in Brain Research*, 138 (2002), pp. 177-188.

Noë, A., *Out of our Heads*, Hill and Wang, 2009.

Norimoto, H. e Y. Ikegaya, «Visual cortical prosthesis with a geomag-

383

netic compass restores spatial navigation in blind rats», *Current Biology* 25 (2015), pp. (8): 1091-5.

Nottebohm, F., «Neuronal replacement in adult brain», *Brain Research Bulletin*, 57 (2002), pp. (6): 737-49.

Novich, S. D. y D. M. Eagleman, «Using space and time to encode vibrotactile information: toward an estimate of the skin's achievable throughput», *Experimental Brain Research*, 233 (2015), pp. (10): 2777-2788.

Nudo, R. J., G. W. Milliken, W. M. Jenkins y M. M. Merzenich, «Use-dependent alterations of movement representations in primary motor cortex of adult squirrel monkeys», *Journal of Neuroscience*, 16 (1996), pp. (2): 785-807.

O'Brien, J. y S. A. Bloomfield, «Plasticity of retinal gap junctions: roles in synaptic physiology and disease», *Annual Review of Vision Science*, 4 (2018), pp. 79-100.

O'Regan, J. K. y A. Noë, «A sensorimotor account of vision and visual consciousness», *Behavioral and Brain Sciences*, 24 (2001), pp. (5): 939-973; discusión 973-1031.

Orsetti, M., F. Casamenti y G. Pepeu, «Enhanced acetylcholine release in the hippocampus and cortex during acquisition of an operant behavior», *Brain Research*, 724 (1996), pp. 89-96.

Ortiz-Terán, L. *et al.*, «Brain plasticity in blind subjects centralizes beyond the modal cortices», *Frontiers in Systems Neuroscience*, 10 (2016), p. 61.

Ortiz-Terán, L. *et al.*, «Brain circuit-gene expression relationships and neuroplasticity of multisensory cortices in blind children», *Proceedings of the National Academy of Sciences*, 114 (2017), pp. (26): 6830-6835.

Osinski, D. y D. R. Hjelme, «A sensory substitution device inspired by the human visual system», *11th International Conference on Human System Interaction* (2018).

Parsons, B., S. D. Novich y D. M. Eagleman, «Motor-sensory recalibration modulates perceived simultaneity of crossmodal events», *Frontiers in Psychology*, 4 (2013), p. 46.

Pascual-Leone, A., A. Amedi, F. Fregni y L. Merabet, «The plastic human brain cortex», *Annual Review of Neuroscience*, 28 (2005), pp. 377-401.

Pascual-Leone, A. y R. Hamilton, «The metamodal organization of the brain», en *Vision: From Neurons to Cognition*, Casanova, C. y M. Ptito (eds.), Elsevier Science, 2001, pp. 427-445.

Pascual-Leone, A., M. Peris, J. M. Tormos, A. P. Pascual y M. D. Catala, «Reorganization of human cortical motor output maps following traumatic forearm amputation», *Neuroreport*, 7 (1996), pp. 2068-2070.

Pasupathy, A y E. K. Miller, «Different time courses of learning-related activity in the prefrontal cortex and striatum», *Nature*, 433 (2005), pp. (7028): 873-876.

Penfield, W., «Activation of the record of human experience», *The Annals of The Royal College of Surgeons of England*, 29 (1961), pp. (2): 77-84.

Perrett, S. P., S. M. Dudek, D. M. Eagleman, P. R. Montague y M. J. Friedlander, «LTD induction in adult visual cortex: role of stimulus timing and inhibition», *Journal of Neuroscience*, 21 (2001), pp. (7): 2308-2319.

Petitto, L. A. y P. F. Marentette, «Babbling in the manual mode: evidence for the ontogeny of language», *Science*, 251 (1991), pp. 1493-1496.

Poirier, C., A. G. De Volder y C. Scheiber, «What neuroimaging tells us about sensory substitution», *Neuroscience & Biobehavioral Reviews*, 31 (2007), pp. 1064-1070.

Pons, T. P., P. E. Garraghty, A. K. Ommaya, J. H. Kaas, E. Taub y M. Mishkin, «Massive cortical reorganization after sensory deafferentation in adult macaques», *Science*, 252 (1991), pp. 1857-1860.

Proulx, M. J., P. Stoerig, E. Ludowig e I. Knoll, «Seeing "where" through the ears: effects of learning-by-doing and long-term sensory deprivation on localization based on image-to-sound substitution», *PLOS ONE*, 3 (2008), p. (3): e1840.

Ptito, M., A. Fumal, A. M. De Noordhout, J. Schoenen, A. Gjedde y

R. Kupers, «TMS of the occipital cortex induces tactile sensations in the fingers of blind Braille readers», *Experimental Brain Research*, 184 (2008), pp. (2): 193-200.

Rajangam, S., P. H. Tseng, A. Yin, G. Lehew, D. Schwarz, M. A. Lebedev y M. A. Nicolelis, «Wireless cortical brain-machine interface for whole-body navigation in primates», *Scientific Reports*, 6 (2016), p. 22170.

Ramachandran, V. S. «Behavioral and MEG correlates of neural plasticity in the adult human brain», *Proceedings of the National Academy of Sciences*, 90 (1993), pp. 10413-10420.

Ramachandran, V. S., D. Rogers-Ramachandran y M. Stewart, «Perceptual correlates of massive cortical reorganization», *Science*, 258 (1992), pp. 1159-1160.

Rao, R. P. y T. J. Sejnowski, «Self-organizing neural systems based on predictive learning», *Philosophical transactions. Series A, Mathematical, physical, and engineering sciences*, 361 (2003), pp. (1807): 1149-1175.

Raz, N., A. Amedi y E. Zohary, «V1 activation in congenitally blind humans is associated with episodic retrieval», *Cerebral Cortex*, 15 (2005), pp. 1459-1468.

Renier, L. A., I. Anurova, A. G. De Volder, S. Carlson, J. VanMeter y J. P. Rauschecker, «Preserved functional specialization for spatial processing in the middle occipital gyrus of the early blind», *Neuron*, 68 (2010), pp. (1): 138-148.

Renier, L., A. G. De Volder y J. P Rauschecker, «Cortical plasticity and preserved function in early blindness», *Neuroscience & Biobehavioral Reviews*, 41 (2014), pp. 53-63.

Ribot, T., *Diseases of the Memory: An Essay in the Positive Psychology*, D. Appleton, 1882.

Roberson, E. D. y J. D. Sweatt, «A biochemical blueprint for long-term memory», *Learning & Memory*, 6 (1999), pp. (4): 381-388.

Rosenzweig, M. R. y E. L. Bennett, «Psychobiology of plasticity: effects of training and experience on brain and behavior», *Behavioural Brain Research*, 78 (1996), pp. 57-65.

Royer, S., D. Pare, «Conservation of total synaptic weight through balanced synaptic depression and potentiation», *Nature*, 422 (2003), pp. (6931): 518-522.

Sachdev, R. N. S., S. M. Lu, R. G. Wiley y F. F. Ebner, «Role of the basal forebrain cholinergic projection in somatosensory cortical plasticity», *Journal of Neurophysiology*, 79 (1998), pp. 3216-3228.

Sadato, N., A. Pascual-Leone, J. Grafman, M. P. Deiber, V. Ibáñez y M. Hallett, «Neural networks for Braille reading by the blind», *Brain*, 121 (1998), pp. 1213-1229.

Sampaio, E., S. Maris y P. Bach-y-Rita, «Brain plasticity: "visual" acuity of blind persons via the tongue», *Brain Research*, 908 (2001), pp. (2): 204-207.

Sathian, K. y R. Stilla, «Cross-modal plasticity of tactile perception in blindness», *Restorative Neurology and Neuroscience*, 28 (2010), pp. (2): 271-281.

Schulz, L. E. y A. Gopnik, «Causal learning across domains», *Developmental Psychology*, 40 (2004), 162-176.

Schweighofer, N., M. A. Arbib, «A model of cerebellar metaplasticity», *Learning & Memory*, 4 (1998), pp. (5): 421-428.

Sharma, J., A. Angelucci y M. Sur, «Induction of visual orientation modules in auditory cortex», *Nature*, 404 (2000), pp. 841-847.

Simon, M., «How I became a robot in London, from 5,000 miles away», *Wired* (2019).

Singh, A. K., F. Phillips, L. B. Merabet y P. Sinha, «Why does the cortex reorganize after sensory loss?», *Trends in Cognitive Sciences*, 22 (2018), pp. (7): 569-582.

Smirnakis, S. M., A. A. Brewer, M. C. Schmid, A. S. Tolias, A. Schüz, M. Augath, W. Inhoffen, B. A. Wandell y N. K. Logothetis, «Lack of long-term cortical reorganization after macaque retinal lesions», *Nature*, 435 (2005), pp. (7040): 300-307.

Southwell, D. G., R. C. Froemke, A. Álvarez-Buylla, M. P. Stryker, S. P. Gandhi, «Cortical plasticity induced by inhibitory neuron transplantation», *Science*, 327 (2010), pp. (5969): 1145-1148.

Spedding, M. y P. Gressens, «Neurotrophins and cytokines in neuronal plasticity», *Novartis Foundation Symposia,* 289 (2008), pp. 222-233; discusión 233-240.

Steele, C. J., R. J. Zatorre, «Practice makes plasticity», *Nature Neuroscience,* 21 (2018), p. (12): 1645.

Stetson, C., X. Cui, P. R. Montague y D. M. Eagleman, «Motor-sensory recalibration leads to an illusory reversal of action and sensation», *Neuron,* 51 (2006), pp. (5): 651-659.

Tapu, R., B. Mocanu y T. Zaharia, «Wearable assistive devices for visually impaired: A state of the art survey», *Pattern Recognition Letters* (2018).

Thaler, L. y M. A. Goodale, «Echolocation in humans: An overview», *Wiley Interdisciplinary Reviews Cognitive Science,* 7 (2016), pp. (6): 382-393.

Thiel, C. M., K. J. Friston y R. J. Dolan, «Cholinergic modulation of experience-dependent plasticity in human auditory cortex», *Neuron,* 35 (2002), pp. 567-574.

Tulving, E., C. A. G. Hayman y C. A. Macdonald, «Long-lasting perceptual priming and semantic learning in amnesia: a case experiment», *Journal of Experimental Psychology: Learning, Memory, and Cognition,* 17 (1991), pp. 595-617.

Udin, S. H., «Rearrangements of the retinotectal projection in *Rana pipiens* after unilateral caudal half-tectum ablation», *The Journal of Comparative Neurology,* 173 (1977), pp. 561-582.

Velliste, M., S. Perel, M. C. Spalding, A . S. Whitford y A. B. Schwartz, «Cortical control of a prosthetic arm for selffeeding», *Nature,* 453 (2008), pp. 1098-1101.

von Melchner, L., S. L. Pallas y M. Sur, «Visual behaviour mediated by retinal projections directed to the auditory pathway», *Nature,* 404 (2000), pp. 871-876.

Voss, P., E. Gougoux, M. Lassonde, R. J. Zatorre y F. Lepore, «A positron emission tomography study during auditory localization by late-onset blind individuals», *Neuroreport,* 17 (2006), pp. (4): 383-388.

Voss, P., F. Gougoux, R. J. Zatorre, M. Lassonde y F. Lepore, «Differential occipital responses in early- and late-blind individuals during a sound-source discrimination task», *Neuroimage*, 40 (2008), pp. (2): 746-758.

Weaver, I. C. *et al.*, «Epigenetic programming by maternal behavior», *Nature Neuroscience*, 7 (2004), pp. (8): 847-854.

Weiss, T., W. H. Miltner, J. Liepert, W. Meissner y E. Taub, «Rapid functional plasticity in the primary somatomotor cortex and perceptual changes after nerve block», *European Journal of Neuroscience*, 20 (2004), pp. 3413-3423.

Whitlock, J. R., A. J. Heynen, M. G. Shuler y M. F. Bear, «Learning induces long-term potentiation in the hippocampus», *Science*, 313 (2006), pp. (5790): 1093-1097.

Wiesel, T. N. y D. H. Hubel, «Single-cell responses in striate cortex of kittens deprived of vision in one eye», *Journal of Neurophysiology*, 26 (1963), pp. 1003-1017.

Witthoft, N., J. Winawer y D. M. Eagleman, «Prevalence of learned grapheme-color pairings in a large online sample of synesthetes», *PLOS ONE*, 10 (2015), p. 3.

Won, A. S., J. N. Bailenson y J. Lanier, «Homuncular flexibility: the human ability to inhabit nonhuman avatars», en *Emerging Trends in the Social and Behavioral Sciences*, Scott, R. y M. Buchmann (eds.), John Wiley & Sons, 2015.

Yamahachi, H., S. A. Marik, J. N. McManus, W. Denk y C. D. Gilbert, «Rapid axonal sprouting and pruning accompany functional reorganization in primary visual cortex», *Neuron*, 64 (2009), pp. (5): 719-729.

Yang, T. T., C. C. Gallen, V. S. Ramachandran, S. Cobb, B. J. Schwartz y F. E. Bloom, «Noninvasive detection of cerebral plasticity in adult human somatosensory cortex», *Neuroreport*, 5 (1994), pp. 701-704.

Zola-Morgan, S. M. y L. R. Squire, «The primate hippocampal formation: evidence for a time-limited role in memory storage», *Science*, 250 (1990), pp. (4978): 288-290.

# ÍNDICE DE NOMBRES

La «n» hace referencia al número de la nota en esa página.

acetilcolina, 188-189, 241, 347n20
Ackland, Nigel, 171
adición sensorial, 115-138
  aviación, 117-119, 337n67
  biohackers, 115
  estimulación cortical directa, 124
  estrés, 135
  flujos de datos de Internet, 122-124
  nuevas sensaciones subjetivas (*qualia*), 128-132, 338nn70 y 72
  percepción compartida, 120
  respuestas emocionales, 133-135
  señales electromagnéticas, 115-117, 337nn60 y 65
ADN, 16-18

ajuste a partir de la relevancia, *véase* relevancia
algoritmos de inteligencia artificial, 190
amnesia, 258-259, 266-257, 281-283, 361n11
  anterógrada, 258
anafia, 79
analgesia, 78, 327n9
  congénita, 78, 327n9
anoftalmía, 77
anotia, 78
apoptosis, 234
aprendizaje
  adaptativo, 191-196
  asociativo, 263, 267-268, 360n7
  de una segunda lengua, 243-244, 355n7
  de una sola prueba, 198

gamificado (adaptativo), 192-196

medioambiental, 283-284

nativos digitales, 194-195

predicción, 209

rápido, 283-284, 367n34

relevancia, 191-197

sistemas de aprendizaje complementarios, 283-284, 367n34

*véase también* memoria

área de la forma visual de la palabra, 51, 319n21

área táctil-visual occipital lateral (Lotv), 332n37

área temporal medial (TM), 320n22

Aristóteles, 198, 247, 259

arrinia, 76

mejora sensorial, 113-114

Ashkenazy, Vladímir, 176, 183

Asimov, Isaac, 192

asomatognosia, 166-168, 342nn 20-21

atención, 209

autismo, 56, 322n36

aviación

adición sensorial, 118-120, 337n67

diseño de aviones, 155

babosa de mar, 259

Bach-y-Rita, Paul, 80-86, 89, 95, 338n72

balbuceo, 147

social, 152

Balzac, Honoré de, 278

Bauby, Jean-Dominique, 155-156

Behm, Roger, 91

biodiversidad, 153

biomímica, 292-295

sensorial, 291-294

bio-nanorrobótica, 127

biónica, *véase* robótica

bloqueo, 210

Bocelli, Andrea, 53

Booth, Wayne, 315n12

Bower, T. G. R., 94

braille, 50-51, 58, 196, 318n17, 319n20

área de la forma visual de la palabra, 51, 319n21

reorganización de la corteza motora, 178

BrainPort, 90-91

Brand, Stewart, 272

Buzz, pulsera, 102

mejora sensorial, 111, 114

percepción compartida, 120

sustitución sensorial, 102, 108

Byland, Terry, 69-70, 136

campos

electromagnéticos, 115-117, 337nn60 y 65

magnéticos, 115-117, 132, 337nn60 y 65

Carson, Ben, 309n2
ceguera al color, 55, 322n34
    efecto McCollough, 348n3
    mejora sensorial, 108-110,
        335-336nn51-54
ceguera y problemas visuales, 50-
    59, 332n41
    campos electromagnéticos,
        337n65
    habilidades acústicas, 52-55,
        57-58, 321n31
    habilidades musicales, 52-53
    mejora sensorial, 113
    relevancia, 196
    reorganización cortical, 50-51,
        243-246, 318n17, 319-
        320nn20-24, 356n12
    sustitución sensorial, 70-71,
        83, 89-98, 184, 329n25,
        330nn27-29, 332nn37 y
        39, 334n48, 335n50
    sueños, 62-62, 325nn44-45
    véase también ceguera al color;
        visión/corteza visual
células
    cancerosas, 235-236
    gliales, 309n3
chaleco, véase Neosensory Vest
Charles, Ray, 53
chimpancés, 143
chips retinales, 335n50
    biónicos, 69-71, 135-136
Chorost, Michael, 68, 105, 136
ciclo sueño-vigilia, 29

clinocinesis, 349n11
colas, 66
competencia hebbiana, 264, 351n4
Corrigan, Douglas, 118
corteza, 316n2
    preprogramación genética, 87,
        245, 328n16
    pluripotencia, 86-92, 328n16,
        329n20
    véase también desarrollo ce-
        rebral; reorganización
        cortical; corteza motora;
        corteza somatosensorial
corteza auditiva, 51
    implantes cocleares, 69,
        71, 96, 105, 130, 136,
        334n48
    mejora sensorial, 114
    plasticidad, 249
    recalibración activa, 209
    reorganización cortical, 55-56,
        66, 321n31
    sustitución sensorial, 68, 71,
        98-108, 334n48
    véase también sordera y pro-
        blemas del oído
corteza motora, 37
    adaptabilidad a las variaciones
        físicas, 140-147
    asomatognosia, 166-168,
        342nn20-21
    balbuceo motor, 147-155,
        340n6
    entrenamiento/práctica in-

393

tensiva, 175-178, 240, 344nn4-5-7
flexibilidad homuncular, 170-173
homúnculo, 37-41, 227-228, 352n9
lesión en la médula espinal, 156
miembros ausentes, 139-140
plasticidad, 248, 253, 303, 357n15
reorganización, 175-178,239-240, 344nn4-5-7
robótica (interfaces cerebro-ordenador), 156-165, 341nn12-13
síndrome de enclaustramiento, 156
telextremidades, 165-168
terapia de constricción, 173
corteza occipital, *véase* visión/corteza visual
lateral (COL), 320n23
corteza prefrontal, 64
corteza somatosensorial, 316n2
adiciones sensoriales, 115-138, 338n70
dispositivos robóticos, 160-161, 168
entrenamiento, 178-179
extracción de patrones e interpretación, 71-80
homúnculo, 38, 226, 318n14, 352n9

órganos sensoriales periféricos, 72-80, 326n4
plasticidad, 249-252, 303, 357n15
reorganización, 40-67
sustituciones sensoriales, 69-108
*véase también* reorganización cortical
Crick, Francis, 16
Crockett, Danielle, 33-34, 242-243, 315n11

Darwin, Charles, 27, 229
*De memoria et reminiscentia* (Aristóteles), 259
degeneración espinocerebelosa, 157, 340n10
depresión, 35
deriva continental, 24
desarrollo del cerebro, 130-131
balbuceo motor, 147-155, 340n6
conexiones redundantes, 232
experiencia, 26-36, 226-228, 312n7, 313n9, 352nn 8-9
factores genéticos, 26-31, 87-88, 245, 328n16
fase del sueño, 64-65
flexibilidad, 30
formación de redes neuronales, 47, 102, 241
hemisferios ausentes, 217-222

nativos digitales, 194-195
plasticidad, 22-25, 238-256,
   303, 354n2
privación social, 31-35,
   315nn11-12
sustitución sensorial, 94
Descartes, René, 124, 338n68
desengaño amoroso, 211
deseo, 182-197
dispositivos neuroprotésicos, *véase*
   prótesis
doctrina de la neurona, 261-262
dopamina, 190
Duffy, Frank, 364n22

ecolocalización, 54, 92-95, 185,
   321n31, 330n29
educación, *véase* aprendizaje y
   educación
gamificada, 191-195
efecto secundario de movimiento,
   198-202
Einstein, Albert, 28, 258
Elektroftalm, 84
enanismo psicosocial, 315n11
Eno, Brian, 364n22
entrenamiento, 174-179, 343n1
   reorganización de la corteza
      motora, 175-178, 240,
      344nn4-5-7
   reorganización de la corteza
      somatosensorial, 178-179
   sustitución sensorial, 96
   *véase también* relevancia

epigenética, 270, 364nn20-21
epilepsia, 11
equilibrio, 107
esquema, 149-154
Estación Espacial Internacional
   (EEI), 292-293
estatura, 246
estimulación magnética transcraneal, 139-140
Estudio de las Monjas, 254
experiencia, 17-21, 310n4
   desarrollo del cerebro, 26-36,
      130, 312n7, 313n9
   provación social, 31-35,
      315nn11-12
experimentos con animales
   los monos de Silver Spring,
      39-40, 184, 316n5
   privación social, 35-36,
      315n12
exposición al plomo, 303
eyeborgs, 108, 335nn51-52
EyeMusic, 97, 332n39

factor de crecimiento nervioso, 229
factores de crecimiento, 352n10
Faith, el perro, 144-145, 182-184,
   197
feelSpace, cinturones, 116-117,
   132, 337n65
Feliciano, José, 53
flexibilidad homuncular, 170-173
flujo de datos de Twitter, 122-123
FlyVIZ, cascos, 112

Forehead Retina System, 92, 330n27
fotorreceptores, 69
fototropismo, 212
Franklin, Benjamin, 357-358n19

gafas sónicas, 92-94, 330n29
gasolina sin plomo, 303
Gates, Bill y Melinda, 193
Gates, James, 253
Gault, Robert, 103-104
gemelos parásitos, 142
genes homeobox, 339n3
genética
    desarrollo cerebral, 26-31
    expresión ordenada de los genes, 76
    homúnculo, 318n14
    número de genes, 29, 313n8
    patrón de expresión de los genes, 270, 364nn20-21
    preprogramación cortical, 87, 245, 328n16
    Proyecto del Genoma Humano, 29, 313n8
    sordera, 78
    variabilidad física, 140-147, 251, 339n3
Gibran, Khalil, 211
gusto, 90

habilidades comunicativas, *véase* habla y habilidades del lenguaje

habilidades del lenguaje, *véase* habla y habilidades del lenguaje
habilidades espaciales, 116, 131, 178
habilidades musicales
    ceguera, 53
    reorganización de la corteza motora, 175-178, 239-240, 344nn4-5
habla y habilidades del lenguaje
    aprendizaje de una segunda lengua, 243, 355n7
    balbuceo, 147
    ictus y lenguaje, 223
    plasticidad, 240, 242-243, 248, 355n7
    reorganización cortical, 180-182
    sordera y problemas del oído, 333n44
Harbisson, Neil, 108-109
hardware, 287-289
Harlow, Harry, 34, 315n12
Hauser, Kaspar, 31-32, 315n11
Healey, Jeff, 53
Hebb, Donald, 261-263, 358n3
Hebb, regla de, 261-263, 317n13, 358n3, 360n7
Heidegger, Martin, 240
hemisferectomía, 12-14, 219-221, 242-243, 355n4
hipertimesia, 278, 280
hipocampo

almacenamiento de la memoria, 267, 362n18
fase del sueño, 63-64
formación de la memoria, 261-264, 266-267, 361n11
neurogénesis, 270, 362n18, 363n19
sistemas de aprendizaje complementarios, 284, 367 n34
hipótesis de la fatiga, 199
homúnculo, 37-41, 226, 318n14, 352n9
Hopfield, John, 263
Hopfield, redes de, 263, 360nn6-7
Hubel, David, 225, 313n9
Huffman, Todd, 115

IBM, logo, 200-202
ilusiones visuales, *véase* recalibración activa
imágenes espejo, 165-166
implantes
    cocleares, 68, 105, 130, 136, 334n48
    de electrodos, 124-127, 341n 12
    retinales, 69-71, 136
indicador de giro y deslizamiento (aviación), 118
índice de criminalidad, 303
información
    en el momento adecuado, 193
    por si acaso, 193
infotropismo, 212-214, 349n11
inteligencia artificial
    livewiring, 291-298
    matriz de puertas lógicas programable en campo (microchip), 293-294
    redes neuronales, 264, 283-286
interfaces cerebro-ordenador, *véase* prótesis

Jackson, Brania, 77
James, William, 22

Kanevski, Dimitri, 105
Kay, Leslie, 92-93
Keller, Helen, 103
Komarnitsky, Alex, 110
Kunis, Mila, 243

*La escafandra y la mariposa* (Bauby), 156
Lanier, Jaron, 170
Larratt, Shannon, 115, 337n60
Lashley, Karl, 260-261
Lasko, Ann, 170
Leonhart, Karl, 32
Levi-Montalcini, Rita, 229
Ley del Aire Limpio, 303
Ley de Bienestar Animal de 1958, 40
lídar, 113
Lightman, Alan, 252

livewiring, 14-25, 287-305
  aplicaciones tecnológicas,
    291-298
  especialización, velocidad y
    eficiencia, 20-21, 57-60
  impacto de la experiencia, 16-
    21, 23-24, 289, 310n4
  naturaleza dinámica, 14-15,
    18-19, 22-24, 287-289
  siete principios del, 302-303
Lorenz, Konrad, 247-248
luz
  infrarroja, 109-111
  ultravioleta, 109, 110, 336n56

mamíferos inmaduros, 64-65
mapas relacionales, 352n9
materia gris, 316n2
*Matrix*, 276
matriz de puertas lógicas programable en campo (microchip),
  293-294
Matthew, S., 10-14, 23, 242-243
  desarrollo de la reconexión,
    24, 313n8
  hemisferectomía, 12-14, 220,
    309n2
McCollough, efecto, 348n3
Meijer, Peter, 95
mejora sensorial, 108-114
  360 grados de visión (visión
    de mosca), 112
  ceguera al color, 108, 335-
    336nn51-54

lídar, 113
luz infrarroja y ultravioleta,
  110-111, 337n65
*Memento*, 258
memoria, 257-312
  a corto plazo, 258-259, 282
  a largo plazo, 258-259, 282
  almacenamiento, 261, 267-
    271, 284-285, 362n18,
    363-364nn19-21
  amnesia, 258-259, 266-267,
    280-282, 361n11
  declarativa, 282
  episódica, 283-284
  escalas temporales de opera-
    ción (ritmo de las capas),
    271-280, 283-286
  formas artificiales, 264, 276,
    283-286, 360n8
  hipertimesia, 278, 280
  hipocampo, 262-263, 267,
    284, 361n11
  Ley de Ribot (persistencia de
    recuerdos antiguos), 257
  mecanismos de formación,
    259-264, 267, 284-285,
    358nn3-4, 360nn6-7
  modelo de volumen constante,
    285-286
  no declarativa, 282
  plasticidad, 255, 264-280,
    303, 361n15
  sueños, 63, 325n45
  tareas de memorización, 55

velocidad de aprendizaje, 283-284, 367n34
microcascadas, 349n5
Middendorf, Alexander von, 116
miembros
amputados, 42-46, 56, 277
extra, 141-142
fantasma, 42-46, 56, 140, 316n9
paralizados, 184
Milner, Brenda, 266-267
Milsap, Ronnie, 52-53
misoplejía, 342n21
Mitchell, Silas Weir, 43
modelo del cerebro del Señor Patata, 72, 113
Molaison, Henry, 266, 282, 361n11
monos de Silver Spring, 39-40, 184, 316n5
Mountcastle, Vernon, 328n16
movimientos sacádicos, 349n5
Moyers, Bill, 192
MT+, 329-330n25

Nagle, Matt, 157
nanorrobótica, 127
nativos digitales, 194-195
necrosis, 234
Nelson, Horatio, 42-45, 65, 140, 277
Neosensory, chalecos, 99-103, 106, 119-124, 333nn43-44
aplicaciones en la aviación, 119, 337n67

flujos de datos de Internet y Twitter, 122-123
neurogénesis, 270, 362n18, 363n19
neuromoduladores, 187-190
formación de la memoria, 265-266
plasticidad, 187-189, 241, 346n18, 347nn20 y 22
neuronas
colinérgicas, 187-189, 347nn 20 y 22, 354n2
excitadoras, 230
inhibidoras, 230
neuroplasticidad, véase plasticidad
neurotransmisores, 225, 241, 346 n18
neurotrofinas, 229, 352n10
Nicolelis, Miguel, 111, 164
niños salvajes, 31-35, 315n11
Noiszewski, Kazimierz, 84
Novich, Scott, 99-101, 122
núcleo geniculado lateral, 63, 323n42
nutrición, 27

oído, véase corteza auditiva; sordera y problemas de oído
ojos
compuestos, 112
fotorreceptores, 214, 349-350n12
movimiento continuo, 204, 349n5

red vascular retinal, 204-205, 207, 349n7
  *véase también* ceguera y problemas visuales; visión/corteza visual
olfato, 74-75
Olsen, Tillie, 257
oncocercosis, 332n41
ondas PGO (ponto-genículo-occipitales), 323n42
operador metamodal, 320n24
órganos sensoriales, 72-80, 326 n4
  mutaciones, 76-78
  variación evolutiva, 79
Ortelius, Abraham, 24
Ötzi, el Hombre de Similaun, 299-301

Pacheco, Alex, 39
Paillard, Jacques, 311n7
Pascual-Leone, Álvaro, 57-58
patrones climáticos, 121
Peinfeld, Wilder, 37-38, 41
percepción compartida, 120
Perlam, Itzhak, 175-176, 183, 240, 245, 344n3
perro de Pavlov, 360n7
perros bípedos, 144
Perrota, Mike, 111
Personas por el Trato Ético de los Animales (PETA), 40
piel
  receptores del dolor, 78, 327n9
receptores del tacto, 75, 79, 83-86, 99-100, 333n 43
plasticidad, 22-25, 238-256, 303
  cerebros de niños pequeños, 65-66
  cerebros más viejos, 241, 252-256, 354n2, 357n19
  del desarrollo, 311n7
  dependiente de la sincronización de los potenciales, 360n7
  fenotípica, 311n7
  lesiones en la cabeza, 238-239
  memoria, 256, 264-280, 303, 361n15
  neuromoduladores, 187-190, 241, 347nn20 y 22
  pegajosa, 278-280
  periodo sensible, 242-252, 354n2, 356n12
  plasticidad darwiniana, 275
  relevancia, 186-191, 239-240
  ritmo de solidificación (hipótesis de que la variedad-refleja-la- variación), 248-252
  sustitución sensorial, 95, 245, 331n31, 356n12
  tomar por el padre, 248
  uso del término, 22, 311n7
  velocidad, 57-60, 187
  *véase también* reorganización cortical

Polgár, hermanas, 174-175, 183, 343n1
polifacéticos, 357n19
potenciación a largo plazo, 261-264, 358n4, 361n15
práctica, *véase* entrenamiento
predicción, 207-211
privación social, 31-36, 315nn11-12
experimentos con animales, 35-36, 315n12
niños salvajes, 31-35, 315n11
profesionalismo, 21
*Profeta, El* (Gibran), 211
propiocepción, 105-106
prótesis
dispositivos neuroprotésicos, 155-165, 341nn12 y 14
feedback sensorial, 160-161
flexibilidad homuncular, 170-173
materiales flexibles, 341n16
propiocepción, 105-106
telextremidades, 165
Proyecto del Genoma Humano, 29, 313n8
Proyecto Walk Again, 159, 341nn 12 y 14
puente de Varolio, 61, 323n42
Purkinje, Jan, 349n7
Putnam, Hilary, 124

*qualia*, 129-132, 338nn70 y 72

Ramón y Cajal, Santiago, 261

Rasmussen, encefalitis de, 12
Ray, Johnny, 157
reacciones emocionales, 133-135
realidad virtual (RV), 121
crear empatía, 169
robótica avatar, 168-172
recalibración activa, 198-215, 368n3
atención, 209
efecto secundario de movimiento, 198-202, 348n3
efecto Troxler, 203-206, 349n9
entrenamiento, 174-179, 343n1, 344nn4-5 y 7
flexibilidad neuronal, 59
habla y desarrollo del lenguaje, 180-182, 239-240, 242-243
homúnculo, 37-38, 41
neuromoduladores, 187-191, 265-266, 346n18, 347 n22
miembros fantasma, 42-46, 56, 140, 316n9
monos de Silver Spring, 39-40, 316n5
plasticidad, 186-191, 252-256, 303
predicción, 207-211
receptores del dolor, 78, 327n9
reconocimiento de patrones, 123
redes neuronales, 14-15, 27-31, 216-236, 309n3

cerebros en desarrollo, 46-47, 102, 130, 240-241, 318n14

coactivación, 46-47, 65-66, 228, 317n13, 352n9

competición, 60-67, 216, 223-231, 235-236, 243-244, 356n12

entornos enriquecidos, 27-28, 312n7

expansión, 231-233, 353n15, 354n21

formación de la memoria, 259-264, 361n15

muerte de las neuronas, 234, 240-241

neurogénesis, 270, 362n18, 363n19

neuronas excitadoras e inhibidoras, 229

potenciales de acción, 46-47

reconectadas, 216-237

reconexión dinámica, 216-223

redes neuronales biológicas y artificiales, 124, 264, 283-286, 360n8

redundancia, 232

«Réflexions sur l'usage du concept de plasticité en neurobiologie» (Paillard), 311n7

refuerzo sináptico, 261-264, 268, 284-286, 358nn3-4, 360nn6-7

soñar, 61-67, 323-325nn41-45

*véase también* desarrollo del cerebro

relevancia, 174-197

deseo y motivación, 182-186

entrenamiento, 174-179, 343 n1

exposición al lenguaje, 180-182

implicaciones educativas, 191-197

neuromoduladores, 186-191, 265-266, 346n18, 347nn20 y 22

reorganización de la corteza motora, 175-177, 239-240, 344nn4-5 y 7

reorganización de la corteza somatosensorial, 178-179

REM (movimientos oculares rápidos), fase del sueño, 61-65, 323n41, 324n43

reorganización, *véase* reorganización cortical

reorganización cerebral, *véase* reorganización cortical

reorganización cortical, 52-56, 66-67

ajuste a partir de la relevancia, 174-197, 345n14

atención, 209

ceguera, 50-59, 244-245, 318n17, 319-320nn20-24, 356n12

coactivación de neuronas, 46-52, 65-66, 317n13
recalibración activa, 199-236, 368n3
retinitis pigmentaria, 69-70
sensibilización a las drogas, 210-211
soñar, 60-67, 323-325nn41-45
terapia de constricción, 184-185
velocidad y flexibilidad, 57-65, 187, 230-233
*véase también* mejora sensorial; sustitución sensorial
Ribot, Théodule-Armand, 257
ritmo circadiano, 29, 30
ritmo de las capas (del cerebro), 272-280, 364n22, 365nn23-24
Roberts, Jody, 281
robótica
avatar, 168-172
feedback sensorial, 160-161, 168-169
flexibilidad homuncular, 170-173
interfaces cerebro-ordenador, 156-165, 341nn12-13
nanorrobótica, 127
robot Starfish, 151, 340n6
robots blandos, 341n16
telextremidades, 165-166

Sacks, Oliver, 167-168
Sandin, Destin, 148-149, 178
Scheuermann, Jan, 157-158, 340n10
Schiltz, Cheryl, 106-107
Schurr, Diane, 53
Schwartz, Andrew, 157
Schwarzenegger, Arnold, 243
selección natural, 275
sensibilización a las drogas, 210
Shadow Hand, 168
Shinkansen (tren bala del Japón), 20
siete principios del livewiring, 302-303
sinaptotoxinas, 229
síndrome de enclaustramiento, 156
síndrome de LAMM (aplasia del laberinto, microtia, microdoncia), 327n7
sinestesia, 278-280, 338n70, 366n31
Sir Blake, el perro en monopatín, 145-146, 153
sistemas de aprendizaje complementarios, 283-284, 367n34
somatoparafrenia, 342n20
sonido ultrasónico, 114
soñar, 60-67, 323-325nn41-45
sordera y problemas de oído
causas genéticas, 99
implanes cocleares, 69, 96, 105, 130, 136, 334n48

mejora sensorial, 114
mutaciones genéticas, 78, 327n7
producción del habla, 333n44
reorganización cortical, 55-56, 66
sustitución sensorial, 68-71, 97, 98-108, 333nn43-44, 334n46
*véase también* corteza auditiva
*Spirit*, Rover de Marte, 287-289
Spurzheim, Johann, 27
Starfish, robot, 150-151, 340n6
Stutzman, Matt, 143-144
sueño no-REM, 323n41
Sugar, perro surfista, 145-146, 153
sustitución de la lente, 111
«Sustitución de la vista mediante la proyección de imágenes táctiles» (Bach-y-Rita), 83
sustitución sensorial, 68-108, 135-137
    ceguera y problemas de vista, 69-71, 82-86, 89-98, 244-245, 329n25
    entrenamiento, 96
    factores de edad, 94-95, 331n31
    pluripotencialidad cortical, 86-92, 328n16, 329n20
    propiocepción, 105-106
    sordera y problemas de oído, 68, 97, 98-108, 333nn43-44, 334n46

tecnología del smartphone, 97-98

Tadoma, método, 104
tacto, 74
    adición sensorial, 117-124
    anafia, 79
    prótesis robóticas, 160-161
    receptores de la lengua, 89-90, 329n25
    receptores de la piel, 74, 79, 84-86, 99-100, 333n43, 334n46
    reorganización cortical, 50-51, 66-67, 320nn22-23
    *véase también* corteza somatosensorial
tallo cerebral, 61
Taub, Edward, 40, 185
técnicas de producción de imágenes cerebrales, 44-45, 316n8
tecnología del smartphone, 97-98
telextremidades, 165
terapia de constricción, 184, 352n8
tetra mexicano (pez), 291
Teuber, Hans-Lukas, 238, 252
Thomson, Eric, 111
tomar por el padre, 248
tracoma, 332n41
trasmisores pectorales, 101-102
Troxler, efecto, 203-205, 349n9

Underwood, Ben, 54, 3321n29

Vaughn, Don, 60, 92

velocidad, 20-21, 57-60, 187, 230-233

visión entóptica, 349nn6-7

vista/corteza visual

anoftalmía, 77

área de la forma visual de la palabra, 51, 319n21

área temporal media (MT), 320n22

ceguera al color, 55, 108, 322 n34, 335-336nn51-54

corteza occipital lateral (COL), 320n23

desarrollo dependiente de la actividad, 226-228, 313n9

hemisferio ausente, 217-223, 351n4

implantes retinales, 69-71, 135-136

mejora sensorial, 108-114

núcleo geniculado lateral, 63, 323n42

nuevas sensaciones subjetivas (*qualia*), 128-133, 338nn70 y 72

plasticidad, 248-250, 357n15

recalibración activa, 198-223, 352nn8-9, 368n3

reorganización cortical, 50-58, 66, 318n17, 319-320nn20-24

soñar, 60-67, 323-325nn41-45

sustitución sensorial, 69-71, 83-86, 89-98, 245

visión entóptica, 349nn6-7

*véase también* ceguera y problemas visuales

vOICe, 95-97, 332n37

Wagner, Alfred, 24

Watson, James, 16

*Westworld*, 113

Wiesel, Torsten, 225, 313n9

Williams, Serena y Venus, 177, 183

Winfrey, Oprah, 247

Wonder, Stevie, 53

# CRÉDITOS DE LAS ILUSTRACIONES

*Página*

13    Reproducida por cortesía de Kliemann, D. *et al.*, «Intrinsic functional connectivity of the brain in adults with a single cerebral hemisphere», *Cell Reports*, noviembre de 2019; 29 (8): 2398-407. Copyright © 2019, con permiso de Elsevier.

33    Melissa Lyttle/ *Tampa Bay Times*

38    Cortesía del autor

44    Cortesía del autor

48    Cortesía del autor

50    Cortesía del autor

62    Cortesía del autor

71    Javier Fadul, Kara Gray y Culture Pilot

73    Cortesía del autor

75    Javier Fadul, Kara Gray y Culture Pilot

76    Sharon Steinmann/AL.com/ *The Birmingham News*

77    Anthony Souffle/ *Chicago Tribune*/Getty Images

78    Cortesía de KTTC News

81    Javier Fadul, Kara Gray y Culture Pilot

82    Javier Fadul, Kara Gray y Culture Pilot

88    Cortesía del autor

89    Javier Fadul, Kara Gray y Culture Pilot

91    Javier Fadul, Kara Gray y Culture Pilot
93    Ted West/Hulton Archive/Getty Images
100   Syed Rahman
102   Syed Rahman y Emily Stevens
106   Cortesía del autor
109   Lars Norgaard
112   Jerôme Ardouin
125   Cortesía del autor
138   Javier Fadul, Kara Gray y Culture Pilot
142   Wellcome Library, Londres: http://wellcomeimages.org.
      *A child with a tail: side and posterior view. Reproduction of a
      photograph* (1912), Copyrighted work available under Creative Commons Attribution only licence CC BY 4.0
143   Associated Press
144   USA Archery
145   Atort Photography
146   Fabian Lewkowicz (*imagen superior*); Lionel Hahn/Sipa USA
      (*imagen inferior*)
148   Destin Sandlin
151   Viktor Zykov/Creative Machines Lab, Columbia University
158   Andres B. Schwartz
159   Gregoire Cirade/Science Photo Library
161   Cortesía del autor
162   Andrew B. Schwartz
176   Cortesía del autor
188   D. M. Eagleman y J. Downar, *Brain and Behavior*, Oxford
      University Press
201   Cortesía del autor
202   IBM
204   Paul Parker/Science Photo Library
217   Cortesía del autor
218   Cortesía del autor
219   Cortesía del autor
220-222 Cortesía del autor

227    D. M. Eagleman y J. Downar, *Brain and Behavior*, Oxford University Press

228    Wikipedia, Creative Commons Attribution-Share Alike 4.0 International license

248    Nina Leen/Getty Images

272    Cortesía del autor

280    Witthof, N., J. Winawer y D. M. Eagleman, «Prevalence of Learned Grapheme-Color Pairings in a Large Sample of Synesthetes», *PLOS ONE*, 10 (2025), (3): e0118996. http://doi.org/10.371/journal.pone.0118996

282    Cortesía del autor

# ÍNDICE

1. EL TEJIDO VIVO Y ELÉCTRICO . . . . . . . . . . . . . .  9
   El niño con medio cerebro . . . . . . . . . . . . . . . . .  10
   El otro secreto de la vida . . . . . . . . . . . . . . . . .  16
   Si le falta la herramienta, créela . . . . . . . . . . . . .  19
   Un sistema siempre cambiante . . . . . . . . . . . . . .  22

2. NO HAY MÁS QUE AÑADIR EL MUNDO . . . . . . . . .  26
   Cómo criar un buen cerebro . . . . . . . . . . . . . . .  26
   La experiencia es necesaria . . . . . . . . . . . . . . . .  28
   La gran apuesta de la naturaleza . . . . . . . . . . . . .  31

3. EL INTERIOR REFLEJA EL EXTERIOR . . . . . . . . . . .  37
   El caso de los monos de Silver Spring . . . . . . . . . .  37
   La otra vida del brazo derecho de lord
      Horatio Nelson . . . . . . . . . . . . . . . . . . . . .  42
   El momento lo es todo . . . . . . . . . . . . . . . . . . .  46
   La colonización es un negocio a tiempo completo  47
   Cuanto más, mejor . . . . . . . . . . . . . . . . . . . . .  52
   Cegadoramente rápidos . . . . . . . . . . . . . . . . . .  57
   ¿Qué tiene que ver el sueño con la rotación
      del planeta? . . . . . . . . . . . . . . . . . . . . . . .  60
   Dentro, igual que fuera . . . . . . . . . . . . . . . . . .  65

4. ENVOLVER LOS INPUTS . . . . . . . . . . . . . . . . . . .  68
   La estrategia del Señor Patata que conquistó
     el planeta . . . . . . . . . . . . . . . . . . . . . . . . . . . . . .  72
   Sustitución sensorial . . . . . . . . . . . . . . . . . . . . . .  80
   La especialización . . . . . . . . . . . . . . . . . . . . . . . .  86
   «Eye tunes» . . . . . . . . . . . . . . . . . . . . . . . . . . . . . .  92
   Buenas vibraciones . . . . . . . . . . . . . . . . . . . . . . .  99
   La mejora de los periféricos . . . . . . . . . . . . . . . . 108
   Imaginar un nuevo sensorio . . . . . . . . . . . . . . . . 115
   Imaginemos un nuevo color . . . . . . . . . . . . . . . . 128
   ¿Está preparado para una nueva sensación? . . . . . . 135

5. CÓMO CONSEGUIR UN CUERPO MEJOR . . . . . . . . 139
   Por favor, ¿podría levantar las manos el auténtico
     Doc Ock? . . . . . . . . . . . . . . . . . . . . . . . . . . . . . 139
   No existen los modelos estándar . . . . . . . . . . . . . . 141
   Balbuceo motor . . . . . . . . . . . . . . . . . . . . . . . . . . 147
   La corteza motora, los malvaviscos y la Luna. . . . . 155
   Autocontrol . . . . . . . . . . . . . . . . . . . . . . . . . . . . . 165
   Los juguetes somos nosotros . . . . . . . . . . . . . . . . . 168
   Un cerebro, infinitos planos corporales . . . . . . . . . 172

6. LA IMPORTANCIA DE LO IMPORTANTE . . . . . . . . . 174
   Las cortezas motoras de Perlman y Ashkenazy . . . . 175
   Modelar el paisaje . . . . . . . . . . . . . . . . . . . . . . . . . 179
   Emperrado . . . . . . . . . . . . . . . . . . . . . . . . . . . . . . 182
   Permitir que cambie el territorio . . . . . . . . . . . . . . 186
   El cerebro de un nativo digital . . . . . . . . . . . . . . . 191

7. POR QUÉ EL AMOR NO SABE LO PROFUNDO
   QUE ES HASTA LA HORA DE LA SEPARACIÓN . . . . 198
   Un caballo en el río . . . . . . . . . . . . . . . . . . . . . . . 198
   Hacer visible lo esperado . . . . . . . . . . . . . . . . . . . 202
   La diferencia entre lo que pensaba que ocurriría...
     y lo que acabó ocurriendo . . . . . . . . . . . . . . . . 207

Ir hacia la luz. O el azúcar. O los datos . . . . . . . .  212
Adaptarse a esperar lo inesperado . . . . . . . . . . . .  215

8. EN EQUILIBRIO EN EL FILO DEL CAMBIO . . . . . . .  216
   Cuando el territorio desaparezca . . . . . . . . . . . .  217
   Cómo desplegar a los traficantes de drogas
   de manera uniforme . . . . . . . . . . . . . . . . . . . .  223
   Cómo expanden su red social las neuronas . . . . . .  231
   Las ventajas de una buena muerte . . . . . . . . . . .  234
   ¿Es el cáncer un ejemplo de que la plasticidad
   no ha funcionado? . . . . . . . . . . . . . . . . . . . . . .  235
   Salvar la selva cerebral . . . . . . . . . . . . . . . . . . .  236

9. ¿POR QUÉ ES MÁS DIFÍCIL ENSEÑAR NUEVOS
   TRUCOS A UN PERRO VIEJO? . . . . . . . . . . . . . . . . .  238
   Nacido como muchos . . . . . . . . . . . . . . . . . . . .  238
   El periodo sensible . . . . . . . . . . . . . . . . . . . . . .  242
   Las puertas se cierran a diferentes velocidades  . . .  247
   Cambiando aún después de todos estos años  . . . .  252

10. ¿RECUERDA CUÁNDO...? . . . . . . . . . . . . . . . . . . . . .  257
    Hablarle a su futuro yo  . . . . . . . . . . . . . . . . . .  258
    El enemigo de la memoria no es el tiempo,
    sino los demás recuerdos . . . . . . . . . . . . . . . .  264
    Hay partes del cerebro que enseñan a otras
    partes . . . . . . . . . . . . . . . . . . . . . . . . . . . . . .  266
    Más allá de las sinapsis . . . . . . . . . . . . . . . . . . .  268
    Encadenar una serie de escalas temporales . . . . . .  272
    Muchos tipos de memoria . . . . . . . . . . . . . . . . .  281
    Modificado por la historia . . . . . . . . . . . . . . . . .  284

11. EL LOBO Y EL ROVER DE MARTE . . . . . . . . . . . . .  287

12. EN BUSCA DEL AMOR PERDIDO DE ÖTZI . . . . . . .  299
    Hemos conocido a los metamórficos,
    y son nosotros . . . . . . . . . . . . . . . . . . . . . . . .  302

Agradecimientos . . . . . . . . . . . . . . . . . . . . . . . . . . . . .    307
Notas . . . . . . . . . . . . . . . . . . . . . . . . . . . . . . . . . . . . . .    309
Lecturas adicionales . . . . . . . . . . . . . . . . . . . . . . . . .    371
Índice de nombres . . . . . . . . . . . . . . . . . . . . . . . . . . .    391
Créditos de las ilustraciones . . . . . . . . . . . . . . . . . . . .    407